자유로운 건축, 개념의 구조로서 건축

Understanding Contemporary Architectural Thought

자유로운 건축

개념의 구조로서 건축

장 정 제 지음

Spacetime

스톤헨지 Stonehenge. Wiltshire. England

개념을 안다는 것은 보이는 것과 느끼는 것 이면에 존재하는 의미들에 다가가게 합니다. 형태가 가진 형식과 원리, 그리고 과정에 다가갈 수 있습니다. 우리는 은연중에 스톤헨지가 두 개의 원형에 근거하여 중첩된 형태라는 것을 깨닫고 그것이 태양의 위치와 관계있다는 것을 알 수 있습니다. 그것은 바로 형태가 가진 개념의 파악으로부터 얻을 수 있는 의미이며 가치입니다.

Understanding Architectural Thoughts

Jungjae Jang

이 세상 모든 것은 자연 그대로의 것을 제외하고는 모두가 인간이 부여한 질서를 갖게 됩니다. 우리는 우리 주변의 모든 것에 질서를 부여하고 그것은 바로 의미이고 개념입니다. 모든 것들이 여러분이 지켜보고 있는 동안 질서를 얻습니다. 우리가 물건을 정리하고 가구를 배치하고 옷가지를 걸어 놓으면서도 어떠한 질서를 만들어 냅니다. 이 녹차밭도 인간에 의하여 만들어진 자연입니다. 인간은 스스로 삶을 만들고 자연을 변화시킵니다. 그러한 과정에서 생겨나는 형태와 인공의 구조물은 바로 건축 자체입니다. 여러분이 살아 있는 한 건축은 지속됩니다.

모든 목차, 어떠한 순서는 이미 질서를 만들기 시작합니다. 개념은 질서를 만드는 것과 그다지 다르지 않습니다. 개념은 그 자체의 의미는 물론이며 여러가지 대상 가운데에서 관계를 만들어가는 것과 같습니다. 그 질서가 혼란을 막고, 사고와 디자인의 관계를 정연하게 만들고 통일된 의미를 만들어 냅니다. 그리고 개념은 이미 만들어진 대상으로부터 읽어 낼 수 있습니다. 인간은 그렇게 모든 것에 자신의 생각과 질서를 부여합니다. 건축은 그 가운데 가장 거대한 것입니다.

목차

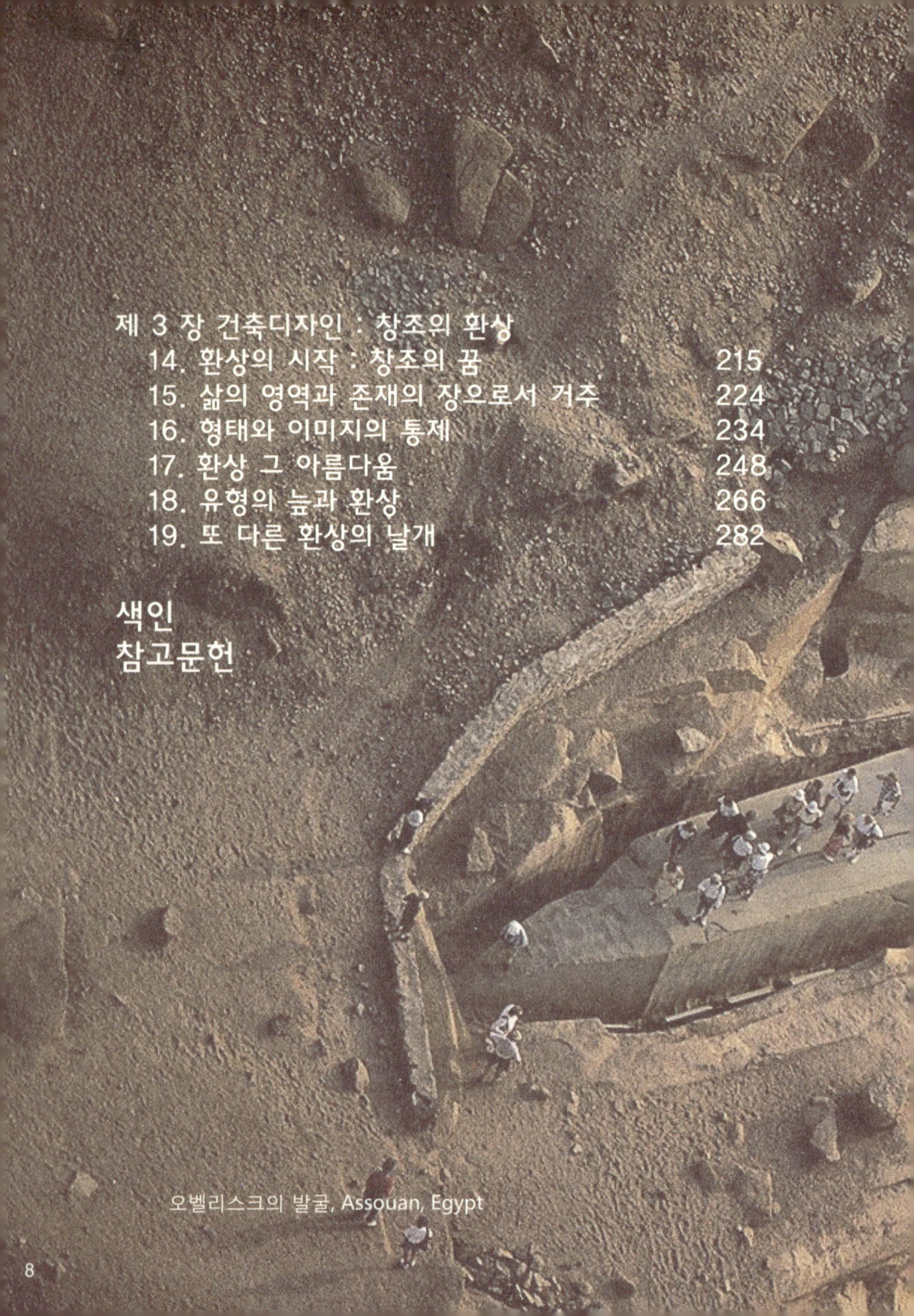

제 3 장 건축디자인 : 창조의 환상

오벨리스크의 발굴, Assouan, Egypt

건축개념을 찾아 가는 것은 건축적 사고의 시작입니다. 그것은 가장 기본이 되는 이해의 시작입니다. 따라서 하나하나 발견해가는 기쁨을 주는 것이며 그 가운데 놀라운 것을 깨닫게 됩니다. 아주 오래된 기억으로부터 현재를 거쳐 미래를 바라볼 수 있는 통찰력을 얻게 해 줄 것입니다.

머리말

모든 책은 그 나름의 목차와 흐름을 가지고 있습니다. 사실 그러한 흐름은 책의 내용이 가지고 있는 내용들 사이에 생겨나는 흐름입니다. 그러므로 그 어떠한 내용도 책을 읽는 사람들의 기호나 취향에 맞게 선택된 것은 아닙니다. 사람마다 건축물, 옷, 장신구, 책, 음식…… 모든 것에 다른 취향을 가지고 있습니다. 그러므로 건축을 접하는데 있어서 중요한 관심사도 다를 뿐 아니라 먼저 읽히고 의미를 얻는 순서도 다를 것이 분명합니다. 이 책은 독자 여러분이 관심이 있는 것부터 이해하길 바랍니다. 그렇지 않다면 결코 여러분은 최고의 흥미를 느끼기 어려울 것입니다. 모든 개념은 그 첫 번째 퍼즐을 무엇으로 두는가에 따라 다른 모습을 만들어 냅니다. 그리고 반드시 하나의 퍼즐을 정하고 그 퍼즐로부터 그림을 만들어 나가야만 합니다. 여러분이 그 어떠한 것을 선택하든지 간에 그것이 건축의 한 분야이거나 요소라면 상관이 없습니다.

우리는 많은 경우 자신이 마음에 드는 옷, 가방, 신발, 시계 등을 구입합니다. 무언가 다르고 색다른 표현과 멋을 찾습니다. 그것은 그 상품이 어떠한 메이커인지, 어디서 누가 만든 것인지 그리고 어떠한 의도로 만들었는지 내가 좋아하는 것과 무관하지 않습니다. 그리고 우리 주변의 물건들을 자신의 의도대로 정리합니다. 먼 것, 가까운 것, 쓰지 않는 것, 좋아하는 것…… 건축 역시 마찬가지로 그러한 개념과 의도가 중요합니다. 매일 만나는 모든 것에서 우리는 나름의 멋나 자신의 질서 즉, 상품의 개념이거나 작가의 철학을 통해서 많은 것을 이해하고 얻게 됩니다. 그러므로 건축에서 여러분 나름의 개념을 얻어야만 하고 건축을 이해하고 판단할 수 있어야만 합니다. 중요한 것은 스스로 원하고, 즐겁고, 먼저 마음이 가고, 곁에 두고 싶거나 가고 싶은, 그러한 건축의 무엇이 여러분의 마음을 끌고 있는가를 숙고할 필요가 있습니다. 그것이 여러분이 갖게 될 개념의 첫 번째 퍼즐이기 때문입니다.

생각한다는 것은 잘 모르고 얽혀있는 수많은 실오라기를 하나하나씩 풀어내는 것입니다. 또 여럿을 모아 한줄기씩 땋아 어떠한 앎의 상태를 만들어내는 과정이라고 할 수 있습니다. 그러므로 생각한다는 것은 나를 이전에 몰랐던 세계 속에 위치시키는 것입니다. 그리고 그 관계를 가늠하여 세계를 이해하는 것이며, 동시에 필요한 대상을 내가 처한 세계 속에 위치시키게 되는 것입니다.

우리가 건축을 한다는 것은 건축적 사고를 한다는 것과 다르지 않습니다. 또 그 말은 건축실무에 관계한다는 것이기도 하고 학생으로서 배우는 과정이거나 멋진 건축물을 감상하는 사람들, 그리고 은연중에 관심을 가진 열정적인 사람들이 해내고 있는 것 모두를 "건축한다"라고 이야기 할 수 있습니다. 건축을 한다는 것은 건축을 이해하고 안다는 것을 바탕으로 합니다. 어떻게 해야만 그 관계들을 이해할 수 있을까? 어떠한 관계가 존재하는가? 그리고 얼마나 많은 가능성이 존재하는가? 이와 같은 질문의 답들이 아주 오래 동안 즐겁고 행복한 건축을 하도록 도움이 될 것입니다. 이러한 가운데 이 모래알을 부여잡을 수 있는 통찰력을 얻을 수 있기를 바랍니다. 이제부터 여러분은 사막을 가로지르는 탐험가가 될 수 있습니다.

이 책은 바로 그러한 일반적이고 중요한 개념에 관하여 알기 쉽게 소개하고자 하는 것입니다. 전문적인 내용을 소개하는 것도 아니며, 어떠한 주제를 가지고 접근해가고자 하는 것도 아닙니다. 학문적으로 검증하는 것과 논리적인 연결을 강요하는 것은 되도록이면 피하고자 합니다. 이 책은 너무나 쉬운 이야기처럼 읽히면 좋겠다는 바램에서 준비하였습니다. 또한 이렇게 이해되는 생각들이 독자의 머릿속에서 날개를 달고 자유롭게 날아다니기를 바랍니다. 수많은 개념의 둥지를 어렵지 않게 연이어 날아가면서 즐거움을 느낄 수 있기를 바랍니다.

미리 이야기 하자면, 건축을 하는 것도, 건축이 추구하는 것도, 건축적인 사고를 하는 것도, 즐거움을 느끼는 것도 그리고 이 책을 읽으면서 여러 독자들이 느끼기를 바라는 것도 자유로움입니다. 그래서 여러분들이 더욱 자유로움을 느끼기 바랍니다.

이 책을 쓰는데 부드러운 애정과 에너지를 북돋아 주신 나의 부모님, 동생 유진이에게 감사를 드립니다.

20070605 장 정 제

개념을 얻는 것은 흩어진 생각들을 맞추는 퍼즐놀이와 같습니다.

건축은 형태의 창조이며 공간의 창조입니다. 그러나 무엇보다도 사회의 의식과 문화를 반영하는 것입니다. 즉 모든 건축은 인간의 사고를 반영합니다. 그리고 그것은 바로 건축적 개념의 시작이 됩니다. 그것을 읽어내고 표현하는 순간에 개념은 중요해집니다. 어떠한 형태인가를 바라보면서 왜 그러한가에 대한 궁금증과 생각이 개념을 낳게 합니다.

왜 이집트인들은 거대한 피라미드와 스핑크스를 건축하였을까요 ? 무엇을 의미하고 언제 어떻게 세웠습니까 ? 누가 세웠습니까 ? 어디에 사용하였으며 어떠한 변화를 겪었습니까 ? 이 건축물은 어떠한 감정과 의미를 전해줍니다까 ? 그 사회와 문화는 무엇을 요구하였고 무엇을 표현하였습니까 ? 그것이 바로 우리가 건축에 관하여 알고자 말하는 대상입니다.

제1장 즐거운 건축으로부터

고대 사회의 상징은 신화와 종교, 그리고 무의식적인 집단의식에 근거하고 있습니다. 따라서 인간의 한계와 죽음, 기원으로부터 시작됩니다. 궁극적으로 건축물은 사회의 표현이자 유지를 위한 수단이며 통제, 권력, 강제의 표현이기도 했습니다. 무엇보다도 그 강력한 형태와 스케일은 훌륭한 선전효과와 교육적인 의도가 잘 드러납니다.

건축이란 무엇입니까

전통건축, 풍토적 건축, 지역주의 건축, 맥락주의적 건축은 현대 도시 건축과 무엇이 다릅니까?

그것은 단순히 건축물 자체에 국한되는 상황에 의한 것은 아닙니다. 전통건축은 신분제도, 환경, 기후, 종교, 사회조직, 친족구조, 경제구조와 같은 근본적인 배경에 의하여 제한받는 것입니다.

1. 건축 : 개념의 구조체

건축을 안다는 것은 무엇일까?
안다는 것은 무엇일까?
나와 여러분들이 건축에 대하여 무엇을 알고 있는 것일까?
건축이란 우리가 생각하고 있는 물음 그 자체입니다. 우리는 우리가 알고자 하는 것이 건축이라는 것을 알고 있을 뿐입니다. 다만 그러한 과정에서 막연히 무언가를 떠올리고 있는데 그것이 바로 얻고자 하는 대답이 됩니다. 그렇게 보자면, 실은 알고자 하는 것은 바로 내가 물음을 던지고 있는 목적이라고 할 수 있습니다. 우리는 우리가 생각하고 있는 바를 얻고 질문하는 바에 대하여 대답을 얻게 됩니다. 건축과 건축적 개념이 만들어내는 세계는 바로 그 질문으로부터 만들어진다고 할 수 있습니다.

건축이란 우리가 생각하고 있는 물음 그 자체입니다. 그리고 그 해답이 건축적 개념을 완성합니다. 그리고 그 해답은 시대와 지역에 따라 다릅니다.

우리가 알고 있는 대부분의 전통적이라고 하는 건축물은 그 형식에 있어서 오늘날과 같은 다양성을 갖고 있지 않습니다. 그러나 형식 내에서 참으로 많은 변화와 가능성을 모색하고 있습니다. 그러한 시도는 진정으로 그 시대와 여건에서 가능했던 것을 성취한 것입니다.

우리의 한옥은 무엇에 큰 제한을 받았을까요?

우리가 주의를 집중하는 것은 현대의 건축일수도 있고 오래된 것 일수도 있고 고대인들의 무덤일수도 있습니다. 우리는 모르는 것이 무엇인지에 대하여 현명한 질문을 던질 필요가 있습니다. 올바른 질문은 올바른 해답을 얻는 길을 제시하고 더 많은 사고를 가능하게 합니다. 모르고 있다는 것이 무엇인가를 확인하는 과정에서 문제는 더욱 세련되어집니다. 그 결과 우리는 거대한 의문들로 이루어진 건축을 접하게 됩니다. 하지만 그 질문의 답이 우리가 알게 되는 건축을 만들어 냅니다. 여기에서 중요한 것은 어떠한 관심의 결과라고 할 수 있는 질문이 없다면 주어지는 사실들과 개념들은 무한히 펼쳐져 있는 사막의 모래알과 같이 흩어져 버린다는 것입니다. 그것은 안다고 할 수 없습니다. 단지 무용한 정보일 뿐입니다. 정보를 앎의 끈으로 꿰어 놓아야만 우리가 접하는 모든 것은 하나의 체계를 갖게 됩니다.

Hypostyle Hall (Amun Temple, Karnak, BC1290-1250)

왜 고대인들은 그들의 건축물에 그토록 많은 정보를 남기고자 하였을까요 ¿

고대의 건축물은 수많은 사실들을 대답해주고 있습니다.그 건축물을 왜 건설하였는가, 그리고 어떻게 사용되고 어떠한 사람들이 언제 건설하였는가와 어떠한 기술이 필요하였는가를 이야기합니다. 그리고 그 사람들의 사회와 문화를 이야기 합니다.

건축은 지나간 역사를 담고 있는 그릇입니다. 그러므로 지나간 시대의 모든 유적은 건축의 중요한 내용이 되는 것입니다. 그리고 그들은 중요한 내용을 그들의 건축물에 남기고자 했습니다. 그들은 건축물이 오래 남고 강력한 의사소통 도구임을 알고 있었습니다.

건축에서 알고자 하는 것은 무엇입니까 ?

건축에서 알고자 하는 것은 바로 기쁨을 주는 것이 무엇인가 하는 것입니다.

그렇다면 우리는 새로운 질문을 던질 수 있습니다. 그것은 「건축이 무엇인가?」가 아니라 「우리가 건축에 관하여 무엇을 알고자 하는가?」입니다. 이러한 사고 방식은 지금으로부터 그다지 멀지 않은 최근에야 생겨난 것입니다. 건축의 주체로서 건축가와 사용자 그리고 건축주의 관계가 생겨난 것입니다.

건축에서 알고자 하는 것은 우리가 건축을 배워가면서 더 많은 의문을 낳게 됩니다. 그리고 또 한걸음 전진해가면, 그보다 더 많은 의문들이 생겨납니다. 그렇다면 우리는 해답을 얻기보다는 수많은 질문을 더 많이 찾게 됩니다. 그리고 그 답을 겨우 하나 찾기도 전에 훨씬 많은 질문에 질식하게 됩니다. 세련된 질문은 바로 우리가 건축을 볼 수 있는 눈을 만들어 줍니다.

그러나 어느 순간, 관심을 끌게 되는 무엇이 생겨날 것임에 틀림이 없습니다. 건축을 선택한 순간, 굉장한 건축물을 보게 되는 순간, 디자인을 완성하는 짜릿한 순간, 그 많은 순간에 여러분은 건축을 하면서 어떠한 기쁨과 행복을 느끼게 됩니다. 정작 얻고 싶은 것은 건축이 묻고 있는 해답이 아니라 바로 그 기쁨과 즐거움임을 알게 됩니다. 우리가 건축을 하고 있는 것은 바로 그 기쁨이고 즐거움이기 때문입니다. 우리가 건축에서 알고 싶어 하는 것은 대단한 건축물도, 건축적 진실도, 아름다움도, 디자인도 그리고 그 밖에 무엇도 아닙니다. 우리가 찾고 싶은 것은 건축을 통하여 얻게 되는 기쁨이고 우리 자신의 자유로움입니다. 그러므로 그 기쁨과 자유로움을 전해주는 것을 건축에서 찾고 싶은 것입니다.

이제 우리가 건축에서 알고자 하는 것은 우리 자신의 기쁨임에 틀림이 없습니다. 그리고 그 기쁨을 통하여 우리 자신을 실현하고자 하는 기회를 얻을 수 있습니다. 아무리 즐겁고 행복하고 의미있는 일이라도, 건축이 우리 자신을 실현시키는 수단이 될 수 없다면, 결국은 무거운 짐이 되고 말 것입니다.

사실 그 기쁨 안에 견고함, 아름다움, 편리함이 존재한다는 것을 깨닫게 될 것입니다.

False dome of Sant' Ignazio
(1694, Andrea Pozzo)

건축에서 우리가 기쁨을 얻을 수 있는 것이 무엇입니까?

처음부터 무리한 답이나, 숨 막힐 것 같은 심오한 내용 혹은 수백 페이지의 이론에서 줄줄이 나열된 항목들은 일단 잊는 것이 좋겠습니다. 그래야만 여러분의 뇌세포가 자유롭게 숨 쉬고 많은 생각들을 가능하게 할 것이라 생각됩니다. 그 기쁨을 주는 건축적 대상은 굉장한 건축물일 수도 있고 나의 가족을 위한 아늑한 집이거나 성스러운 성당, 취향으로부터 선택되는 멋진 공간일 수도 있고 항상 기대했던 아름다움으로 가득 차 있는 장소일 수도 있습니다. 무언가를 팔 수 있는 또 사고 싶은- 걷고 싶은-쉬고 싶은- 그리고 많은 사람이 만나는 장소, 오래된 장소와 기억, 나아가 연인과의 추억이 남은 장소일 수도 있습니다. 그러한 건축물이 아니라면, 그것은 디자인일수도 있습니다. 무엇인가를 창조하는 과정, 우리가 항상 예술이라고 불러왔던 건축, 고대의 건축물로부터 얻을 수 있는 진실, 역사가 알려주는 수많은 이야기. 집요한 작업 과정일 수도 있습니다. 건축은 우리에게 너무나 많은 것을 이야기해주고 또 너무나 많은 것을 요구합니다. 고대의 건축물은 수많은 사실들을 대답해주고 있습니다. 그 건축물을 왜 건설하였는가, 그리고 어떻게 사용되고 어떠한 사람들이 언제 건설하였는가와 어떠한 기술이 필요하였는가를 이야기합니다. 그리고 그 사람들의 사회와 문화를 이야기 합니다. 건축은 지나간 역사를 담고 있는 그릇입니다. 그러므로 지나간 시대의 모든 유적은 건축의 중요한 내용이 되는 것입니다.

? 건축에서 무엇이 기쁨을 주는 것입니까

현대 건축가와 현대인은 어떠한 건축을 원하고 있습니까 ?

기쁨을 주는 건축적 대상은 굉장한 건축물일 수도 있고 나의 가족을 위한 아늑한 집이거나 성스러운 성당 취향으로부터 선택되는 멋진 공간일 수도 그리고 건축작업에 참여하는 가운데 느끼는 성취감일 수도 있습니다.

새로운 개념, 새로운 기술, 새로운 구조, 새로운 재료, 새로운 기능은 새로운 형태를 창조해냅니다. 그러나 그것이 반드시 창조적 건축물로 평가되는 것은 아닙니다. 건축물은 받아들이는 사회와 그 구성원의 시대정신과 일치할 때 좋은 평가를 받게 됩니다.

Walt Disney Concert Hall (Los Angeles, USA.1999-2003, Frank O Gehry)

기쁨과 감동을 주는 건축은 어떠한 건축입니까?

장소와 시대에 적합하고 더 큰 공간과 더 긴 시간을 지속하고 사용하는 사람들에게 편리한 건축입니다. 의미있는 건축입니다. 그리고 여러분에게 의미를 전해주는 건축입니다.

여러분은 이 건축물에서 시간의 기억을 느끼십니까? 건축물은 시간을 통하여 더 안정되고 주변과 조화로운 흔적을 남길 때 좋은 것이라는 느낌을 줍니다. 따라서 시간을 기억할 수 있는 재료와 구조, 형태는 종종 매우 훌륭한 것으로 받아들여지기도 합니다. 고전은 그러한 이유로 수없이 다시 나타납니다.

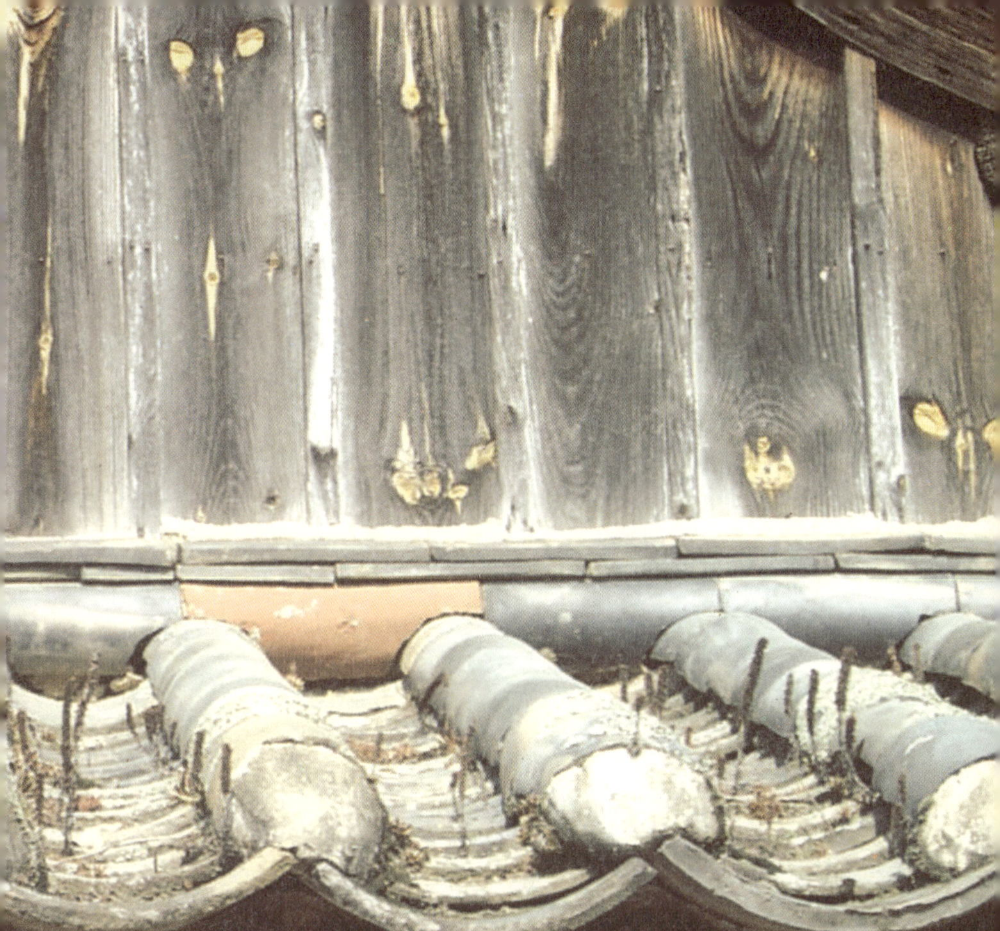

그런데 문제는 여기에 있습니다. 건축은 그 사회와 문화 그리고 그 지역의 사람들이 만들어내는 것입니다. 그러므로 사회와 문화가 변화하고 그 구성원이 변화하면 건축도 따라서 변화해 왔습니다. 바로 다양성이 가진 가치가 생겨났습니다. 또한 시간이 흐르면서 건축물은 스스로 모습을 바꾸어가고 있습니다. 건축은 시간을 따라서 숨쉴 수 있고 건축물이 서 있는 장소와 훌륭한 관계를 유지할 수 있다면, 더욱 커다란 즐거움과 감동을 선사합니다. 그러므로 우리는 감동을 위하여 즐거운 건축물에 관심을 갖게 되고 나아가 훌륭한 건축물에 관심을 갖게 됩니다. 우리가 일컫는 건축은 결국 훌륭한 건축을 의미하는 것입니다.

건축에서 우리는 왜 개념을 중시합니까

이 놀라운 형태의 건축물은 어떻게 계획되었으며 건축가는 왜 이러한 건축물을 건설하였습니까?

이 모든 것은 여러분이 건축을 처음 떠올릴 때, 알고 싶은 것이고, 질문의 대상이며, 확인하고 싶고, 시각적으로 실현하고자 하는 것입니다. 이 결과에 의하여, 우리는 의도적으로 알아가면서 건축을 구성하게 됩니다. 이러한 해석은 우리를 건축의 새로운 면으로 몰아갑니다. 지금까지의 건축을 전혀 다르게 구성하는 방법을 얻게 된 것입니다. 즉 우리는 실체가 아닌 개념으로 건축을 조율하고 다룰 수 있게 된 것입니다. 우리자신의 의도에 의하여 의미적으로 건축을 구성한다는 것을 인정하게 되는 것입니다.

Tenerife Auditorium Santa Cruz (Spain, 2003, Santiago Calatrava)

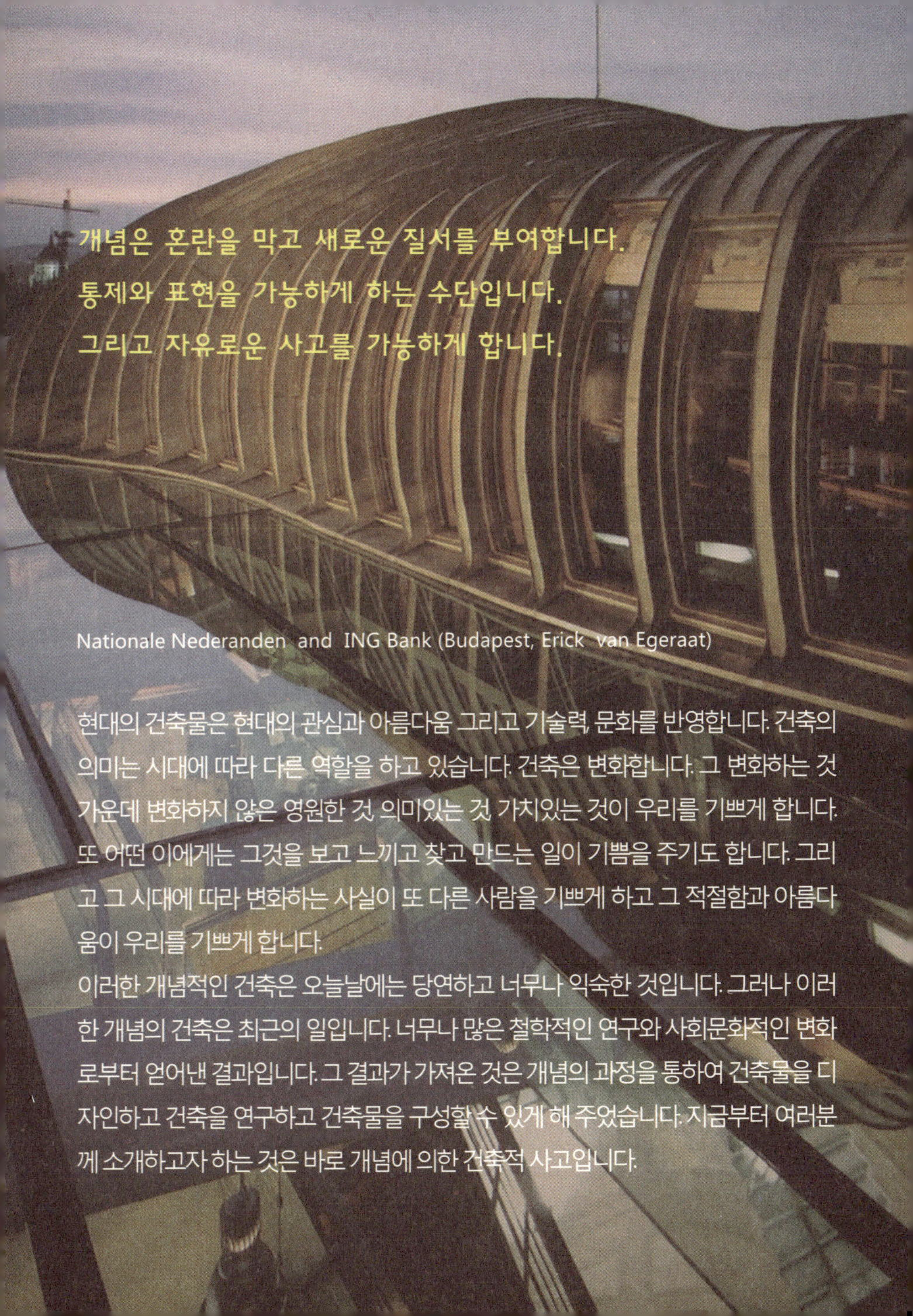

개념은 혼란을 막고 새로운 질서를 부여합니다.
통제와 표현을 가능하게 하는 수단입니다.
그리고 자유로운 사고를 가능하게 합니다.

Nationale Nederanden and ING Bank (Budapest, Erick van Egeraat)

현대의 건축물은 현대의 관심과 아름다움 그리고 기술력, 문화를 반영합니다. 건축의 의미는 시대에 따라 다른 역할을 하고 있습니다. 건축은 변화합니다. 그 변화하는 것 가운데 변화하지 않은 영원한 것, 의미있는 것, 가치있는 것이 우리를 기쁘게 합니다. 또 어떤 이에게는 그것을 보고 느끼고 찾고 만드는 일이 기쁨을 주기도 합니다. 그리고 그 시대에 따라 변화하는 사실이 또 다른 사람을 기쁘게 하고 그 적절함과 아름다움이 우리를 기쁘게 합니다.

이러한 개념적인 건축은 오늘날에는 당연하고 너무나 익숙한 것입니다. 그러나 이러한 개념의 건축은 최근의 일입니다. 너무나 많은 철학적인 연구와 사회문화적인 변화로부터 얻어낸 결과입니다. 그 결과가 가져온 것은 개념의 과정을 통하여 건축물을 디자인하고 건축을 연구하고 건축물을 구성할 수 있게 해 주었습니다. 지금부터 여러분께 소개하고자 하는 것은 바로 개념에 의한 건축적 사고입니다.

이 책을 통하여 어떠한 건축적 개념이 존재하고 그것이 무엇이며 서로 어떻게 연관이 되는가를 개략적으로 알게 될 것입니다. 이 사고가 여러분에게 새로운 자유를 불어넣을 것이라고 생각합니다. 여러분이 선택하고 구성하는 개념이 건축을 만들게 하고 그러므로 여러분의 의도가 건축물에 반영되는 것입니다. 그것은 개인의 표현을 가능하게 하고 한 개인의 사고가 건축전체를 조정하게 만듭니다. 그것으로 인해 건축디자인은 통제 받게 됩니다. 그러므로 개념을 확고히 한다는 것은 건축전체를 명확하게 하는 근거가 됩니다. 우리가 알고자 하는 것은 바로 그 명확한 건축이 가져다 주는 어떠한 기쁨입니다. 명확하지 않다는 것은 근본적으로 커다란 혼란을 가중시킵니다. 그리고 건축적 결과를 좋지 못한 방향으로 이끌어가도록 내버려두는 것이 됩니다. 통제의 수단을 잃게 되는 것입니다.

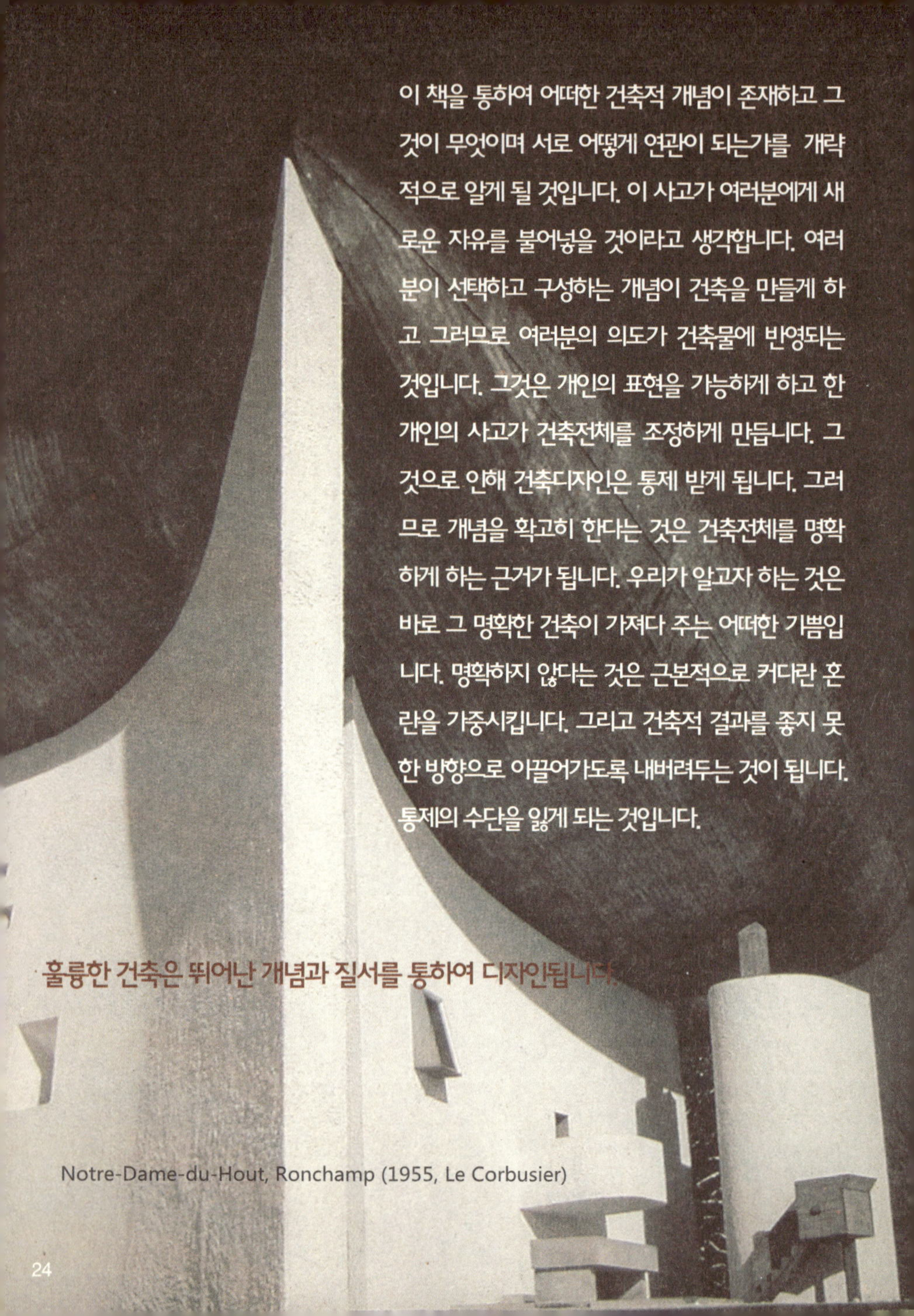

훌륭한 건축은 뛰어난 개념과 질서를 통하여 디자인됩니다.

Notre-Dame-du-Hout, Ronchamp (1955, Le Corbusier)

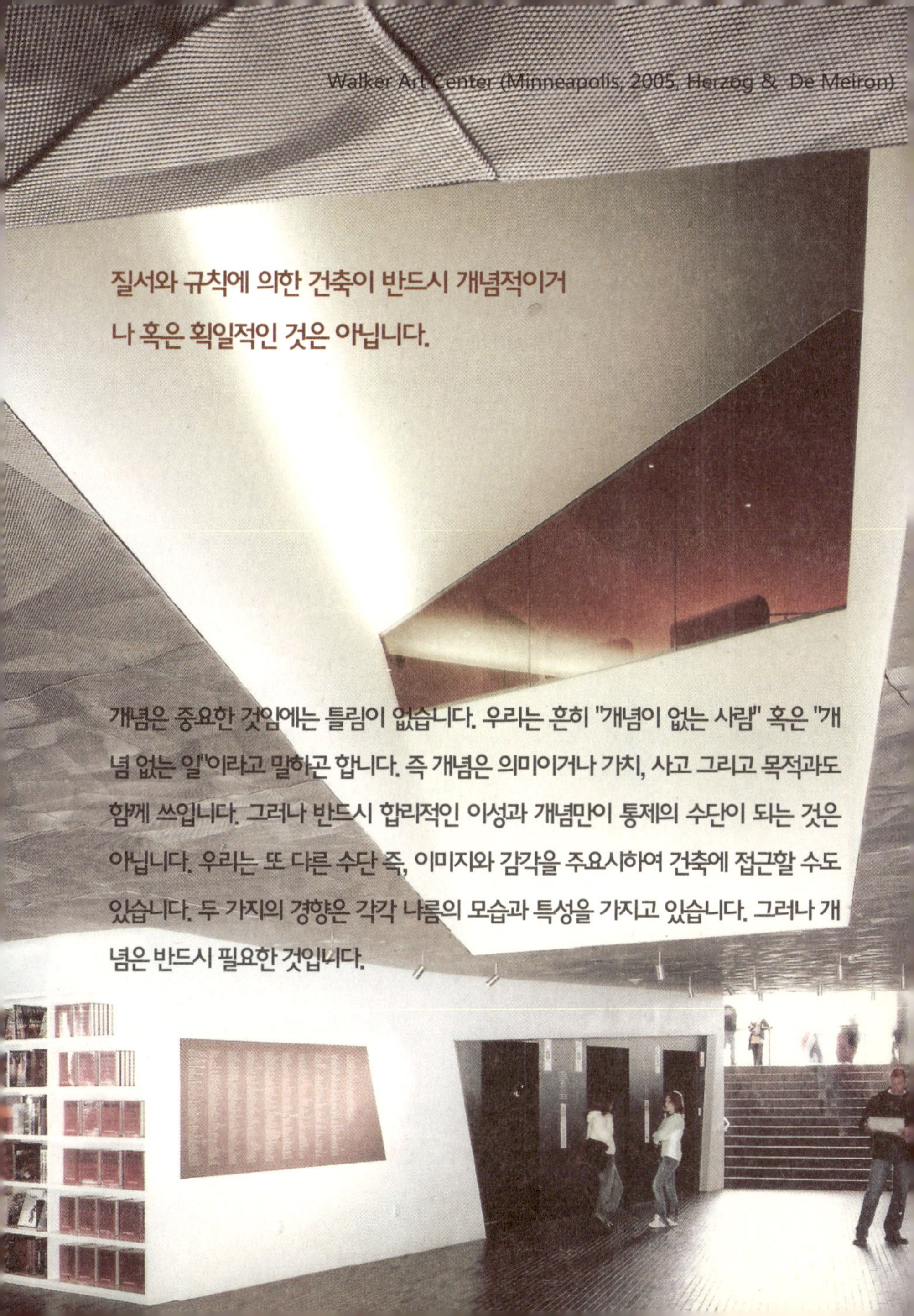

Walker Art Center (Minneapolis, 2005, Herzog & De Meiron)

질서와 규칙에 의한 건축이 반드시 개념적이거나 혹은 획일적인 것은 아닙니다.

개념은 중요한 것임에는 틀림이 없습니다. 우리는 흔히 "개념이 없는 사람" 혹은 "개념 없는 일"이라고 말하곤 합니다. 즉 개념은 의미이거나 가치, 사고 그리고 목적과도 함께 쓰입니다. 그러나 반드시 합리적인 이성과 개념만이 통제의 수단이 되는 것은 아닙니다. 우리는 또 다른 수단 즉, 이미지와 감각을 주요시하여 건축에 접근할 수도 있습니다. 두 가지의 경향은 각각 나름의 모습과 특성을 가지고 있습니다. 그러나 개념은 반드시 필요한 것입니다.

2. 개념의 자유로움

공통적·일반적 성질로서 표상(表象). 일반적으로 사물의 관념 혹은 심상(心象)을 뜻합니다. 넓게 개요·개관지식·사고방식 등의 의미로 사용됩니다. 철학적으로는 경험되는 낱낱의 사물, 즉 개물(個物)과 개체(個體)와 한 단계 차원이 높은 추상적 보편적 존재를 뜻합니다. 개념의 의미는 논리학, 심리학, 의미론, 기호학, 언어학과 같은 다양한 학문적 접근에 따라서 구별된 의미를 가지고 있습니다.

Con + cepts

개념은 영어단어로는 Concept이라 하는데, 'con'에는 결론적으로라는 뜻 ,'cept' 라는 말에는 '잡다'라는 뜻이 함축되어 있습니다.
사전적으로는 다음과 같습니다.

Concepts
Etymology: Latin *conceptum,* neuter of *conceptus,* past participle of *concipere* to conceive
-more at CONCEIVE : something conceived in the mind
: **THOUGHT, NOTION** : an abstract or generic idea generalized from particular instances

(Merriam-Webster)

개념이라고 하는 존재는 홀로 존재하지 않습니다. 어떠한 개념이 있다면 반드시 그 개념은 연쇄적인 의미들, 개념들과 관계를 지닙니다. 하나의 개념을 생각한다는 것은 그것을 포함하는 개념들과 그 개념의 관계 그리고 계열을 생각하는 것입니다. 개념 하나 하나가 마치 그 안에 다른 개념들을 접고 있는 주름과 같다고도 이야기 합니다.개념은 실제로 거대한 그물과 같이 얽혀 있습니다. 많은 어휘와 많은 의미, 사고, 언명들에 의하여 짜여진 거대한 피륙과 같습니다.

한자로는 **槪念** 으로 씁니다.
여기에서 한자의 의미를 살펴볼 필요가 있습니다.

槪

㉠대개 ㉡절개 ㉢절조 ㉣대강 ㉤평목 ㉥평미레 ㉦풍채 ㉧느끼다 ㉨개탄하다 ㉩물대다 ㉪씻다

개념이라고 할 때, 槪라고 하는 단어는 평미리치는 것을 말합니다. 설명하자면, 나무를 판판하게 고르는 것을 뜻합니다. 우리의 복잡한 경험들을 특정한 개념으로 일반화하고 추상화하는 것이며 평균화한다는 의미를 지니고 있습니다. 개념의 성립과 확립은 필연적으로 대상을 규정함과 동시에 어떠한 틀 속에 한정하여야 한다는 것을 의미하며 개별화와 특수화에 반대되는 의미를 가집니다.

개념은 왜 필요했을까요 ?

세계의 질서를 위하여 그리고 인간의 앎의 의지를 충족시키기 위하여 많은 수단을 사용합니다. 그 가운데 언어는 무엇보다도 굉장한 일들을 만들어 냈습니다. 인간의 문화를 발전시키고 그 많은 업적과 가치를 다음 세대에 전달할 수 있었습니다. 동시에 한 개인을 발전시키고 실현할 수 있는 의미의 세계를 만들어 냈습니다. 분명한 것은 현대의 사고와 철학, 인간의 존재와 주체는 언어를 통하여 확립될 수 있었습니다. 그 시작은 개인의 사고이며 정리이지만, 결과는 세계의 해석과 정립을 가져올 수 있었습니다. 그것은 건축도 마찬가지입니다. 개념은 건축을 확립하고 다음세대에 전달하고 건축가를 탄생시키고 건축가가 자신을 표현할 수 있는 수단을 제공하였습니다. 반대로 문화를 가진 사회와 개인 그리고 건축가는 개념을 필요로 하고 있습니다.

건축적 개념은 어떻게 구성됩니까

이 신전은 어떻게 구성됩니까

건축적 개념은 의미를 전달하는 건축언어의 관계를 통하여 구조화됩니다. 하나의 언어는 개념을 담은 그릇이며 매개체입니다. 건축물은 그 사고의 질서를 구현한 실체입니다.

Temple of Amun(Karnak, BC 1300)

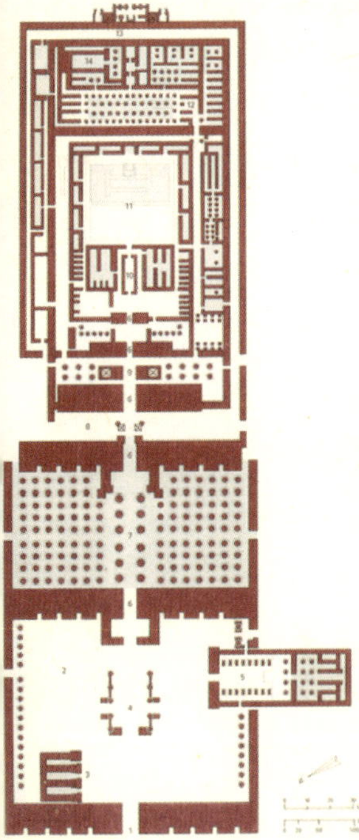

건축적 개념을 형성하는 의미는 구조적인 관계를 가집니다. 의미는 이미 단독으로 결정되지 않습니다. 인간은 살아 있는 동안 스스로 행복하고 나은 삶을 추구하고자 합니다. 그 순간부터 의미에 관한 물음은 불가피한 것입니다. 즉 의미는 본능에서부터 삶 전체에 걸쳐 결정되어 있습니다. 의미란 언제나 원칙적으로 모든 것에 관계하며 그 전체성에 있어서만 의미가 있으며, 의미는 특정한 구조 내에서만 주어집니다. 의미가 말하는 바는 의미구조의 전체 그림으로서 파악할 때만 전달된다고 볼 수 있습니다. 의미는 사회와 문화 속에서 규정됨으로써 역사적인 배경에서 창의적인 해석과 표현으로 작용합니다. 의미를 담는 형태는 형식적, 지각적 특징으로 구성되고 의미는 개념으로 구성됩니다. 건축적 개념을 전달하는 건축언어는 이제 건축적 사고와 개념의 최소단위로서 작용합니다. 건축언어는 그 시대와 문화에 따라 다른 양상을 보여줍니다. 건축적 의미를 담고 있는 대상을 지시하거나 그 뜻과 대상을 전달하기 위한 의사소통체계를 일컫기도 합니다. 그것은 언어로서 존재하고 권력과 종교의 절대적인 원칙으로 존재하기도 했고 미학적인 발견으로 존재하기도 했으며 기록하고 뜻을 전달하기 위한 건축용어이기도 했습니다. 또한 의미를 넘어 상징을 뜻하기도 했습니다. 고전적 건축언어는 형태의 원리와 형식적 관계를 의미하였고 현대에는 비실체적인 개념의 관계로까지 확장되었습니다. 다음의 문장은 좌측의 신전을 설명하는 문장입니다.

가장 인상적인 부분은 BC 1500 년 경부터 시작된 신전의 전면에 건축한 다주실이다. 입구의 라일론은 람세스 1 세가 세웠으며 천장이 좁은 간격으로 받혀져 있는 이 공간은 53m X 102m 이며 성소로 가는 통로를 다시한번 일체화 시키고 있다. 양측의 약간 낮은 부분의 기둥은 직경이 2m가 넘으며 간격보다도 크다. 중앙의 높은 부분은 상대적으로 부각되고 종교적인 행렬이 있었던 것으로 짐작 된다. 어두운 낮은 부분은 신비한 종교의식이나 神託을 위한 장소로 생각된다. 중앙의 높은 기둥 주두는 종모양으로 되어 있으며 낮은 기둥은 봉오리 형태의 주두를 갖고 있다. 이들은 기둥에 부조를 위하여 띠를 만들어 둘렀고 구조적인 강조는 들어나지 않는다. 다주실의 공간형태는 낮고 밀집된 공간이며 중앙에 덜 밀집된 공간이 드러난다. 여기서 선 또는 수평축이 주된 요소가 드러난다. 구성의 원칙은 대칭, 균형, 대조 이다. 영속성이라는 주제를 꾸준히 고집하는 이집트의 건축은 여기에서 거대하고 초인간적인 형태로 표현되고 있다.

건축적 서술은 무엇을 내포하고 있습니까

이러한 문장은 단순히 건축적 형태와 사실을 기술하는 것을 넘어서 많은 의미를 전달하고 있습니다. 이 문장 내에서 발견할 수 있는 것은 이집트의 장묘와 종교의식 그리고 그들이 구성한 고대의 구조물의 재료와 크기 그리고 어떠한 방들로 구성되어 있는가를 보여줍니다. 나아가 치수적인 축조방법, 구조의 방법, 공간의 위계, 형태까지도 제시하게 됩니다. 간단한 단락의 문장이 제시하는 것은 건축적인 사실을 넘어서 그것을 유지하는 사람과 존재이상의 의미관계를 규정합니다. 따라서 건축언어는 단순한 사실이상으로 사회문화적 배경과 연관되어 있습니다. 그것은 개념의 확장이 가지고 있는 단계와 관계에 의한 것입니다.

최소한의 개념은 어떻게 정의됩니까

Pilaster : 벽체로부터 돌출된 평평하고 직사각경의 수직부재, 이것은 주초와 주두 capital를 가지며 수직 홈이 파여 있다.
Capital : 기둥의 최상부로서 주신에서 인방으로 전이하는 역할을 한다.
Pilotis : 건축을 받치는 지주 stilts나 기둥 pillar에 대한 프랑스어로서 지층을 개방시키고 2층까지 기둥을 들어올린 구조
Pillar : 보통 피어 pier 또는 기둥과 같이 하중을 전달하는 부재이며 가끔 기념적 목적으로 사용된 독립된 자유구조물

의미규정에 사용되는 어휘들은 다른 어휘들에 의존하고 있습니다. 즉 건축어휘의 사전적 의미는 하위 어휘의 조합에 의하여 규정됩니다. 위의 사전적 정의에서 볼 수 있듯이 언명(言明)들은 어휘의 개념을 위하여 다수의 어휘를 필요로 하고 있음을 보여줍니다. 각각의 건축적 어휘는 다른 어휘를 사용함으로써 정의되고 의미를 구성합니다. 그 것은 실제의 형태적 관계와 표현을 내포하고 있습니다. 그리고 어휘의 정의는 오른쪽 그림과 같은 모든 실체를 지시하는 어휘이며 실체의 관계를 규정하는 정의입니다.

Cornice and Capital of Corinthian order (Iacomo Barozzi da Vignola)

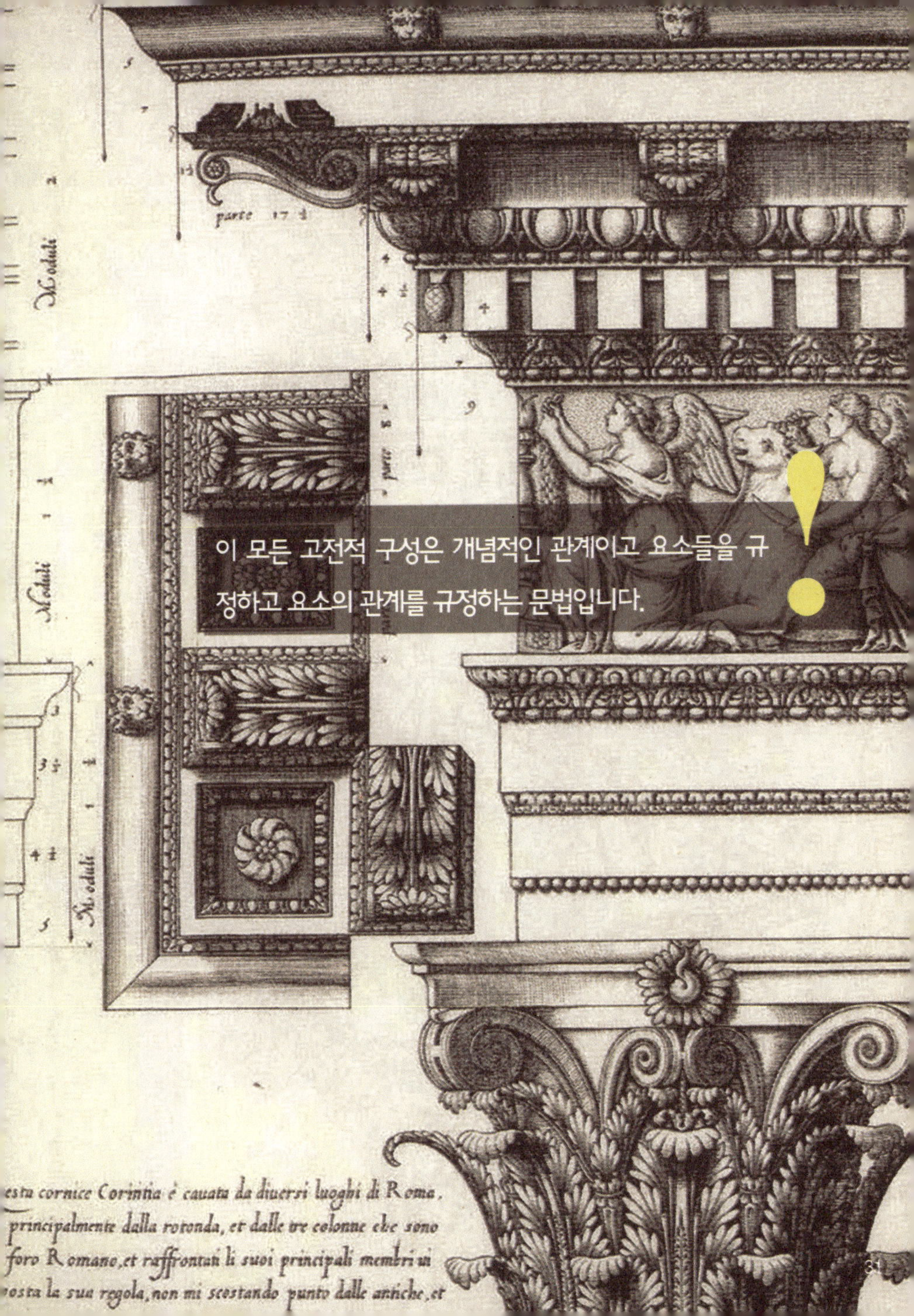

이 모든 고전적 구성은 개념적인 관계이고 요소들을 규정하고 요소의 관계를 규정하는 문법입니다.

건축가 건축가 건축개념 건축과 문화 건축과 사회 건축과 역사 건축과 영화 건
예술 건축과 음악 건축과 인간 건축과 철학 건축 건축교육과 학습 건축도서 건
건축사 건축사 건축언어 건축의미 건축작품 건축적 사고 건축적 요소 건축표현
성당 고인돌 공간 광장 구성의 승리 구조의 본질 권력 규격화 일반화 표준화 그
와 로마 근대건축, 국제주의 기능 기호학 도면과 모형 도시 동선 디테일 르네상스
박물관 법규 비례 비평 빛 사용자 상징과 기호 색채 생태건축 설계 스튜디오 스
시간 신화 아방가르드 아치와 돔 원리 유비쿼터스 유형학 이미지와 심상 이즘
척도 장소성 장식 재료 재생과 회복 전통건축 점, 선, 면 제도 조경 집 창조성 체
구조 포스트 모던 피라미드 한국건축 한옥 합리와 감성 해석 해체주의 현대건축
형태구성원리 형태에서 기능으로 환경 환경의 조절 훌륭함 적절함 새로운 건축 틀
축 현대 건축의 개념 모스크 기둥 수나 지각의 형태 형태화 공간 조율 하늘 창조성

사실상 모든 개념은 서로 관계를 지니고 있습니다. 그리고 서로 영향을 미치고 있습니다. 개념들을 찾고 그 체계를 찾는 것은 거의 모든 건축적 연구의 근본이 됩니다. 이러한 테마는 나름대로 세계의 질서를 구축합니다. 언어는 실제를 대변하고 언어의 체계는 실체의 체계를 구성합니다. 공적인 의미와 이미지로서의 개념은 언어만을 통하여 세계를 파악하고 질서를 구축하는 것을 가능하게 합니다. 그것은 개념이 언어라는 훌륭한 수단을 도구로 삼기 때문입니다.

? 리좀구조는 어떻게 개념적 세계를 구축하는가

들뢰즈와 가타리는 '천개의 고원' 서문에서 리좀구조를 제시하였습니다. 이 철학자가 제시한 것은 기존의 수목구조의 사고 방식으로부터 새로운 전환은 제시한 것입니다. 지금까지의 사고 방식은 나무를 모델로 삼아 온 것으로서 항상 중심이 존재했습니다. 그것을 바탕으로 그 다음을 구분하여 확장되는 연속적인 논리가 지배해 왔습니다. 리좀적 사고는 그 중심이 없는 다양성입니다. 무한히 펼쳐진 끊임없는 사고와 개념의 바다를 제시한 것입니다. 가장 중요한 개념들이 그물의 체계, 리좀구조의 중심이 됩니다. 결국 세계는 개념의 뿌리들이 연관된 끊임없는 주름으로 이해할 수 있습니다. 우리로서는 그 많은 어휘들을 가늠하는 것조차 너무나 힘든 것이 사실입니다.

개념은 서로 어떠한 관계를 구축하는가

현대의 건축 어휘들은 참으로 많은 관계를 가지고 있습니다. 수많은 개념들을 서로 결합하여 새로운 관계의 결과를 만들어 냅니다. 현대건축에서 이들 개념들은 서로 적절한 관계를 통하여 하나로 묶여 건축디자인의 개념이 되거나 이즘의 전형적인 특성이 되기도 합니다. 이렇게 새롭게 생산되는 개념은 거의 무한하다고 할 수 있습니다. 문제는 근본이 되는 최소 단위의 개념들이 어떻게 생산되고 창조되는가 하는 문제입니다. 우리가 이야기하는 개념은 모든 단계를 함께 일컫습니다. 이러한 구조에서 개념을 이해한다는 것은 단순한 의미를 얻는 것이 아니라 대단히 힘든 선택과 평가를 요구합니다. 그래야만 우리는 체계를 얻고, 어떠한 줄기가 되는 개념을 얻을 수 있습니다.

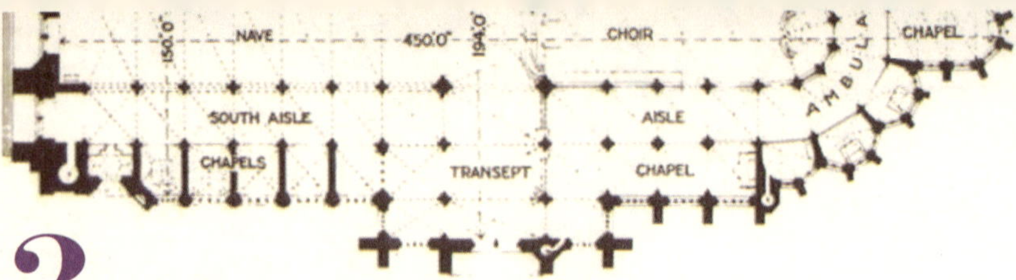

건축개념의 최소단위는 무엇입니까

$$X \in P1,P2,P3,P4,P5,P6,P7,,,,$$

하나의 어휘 X 는 하위 어휘 P1,P2,P3,P4,P5,P6,P7 등의 어휘를 사용해야만 정의할 수 있습니다. 관계는 다양한 상관관계의 요소간의 관계가 됩니다, 그리고 이러한 요소는 하위의 요소관계들로 이루어져 있습니다. 또한 이러한 언명의 관계는 다양한 관계를 갖고 있는데, 하위 단계의 내포와 전체 외연의 관계를 지니고 있습니다.

도대체 무엇이 무한한 순환을 만들게 됩니까

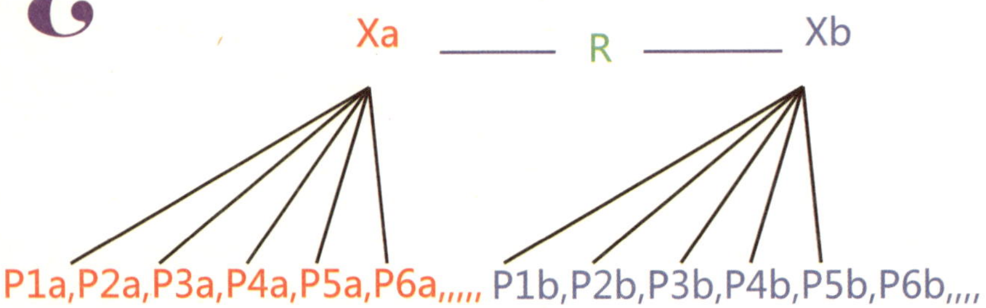

이러한 어휘와 어휘가 만나서 또 다른 복합적인 개념을 형성합니다. 그리고 문장을 만들어 냅니다. 개별적인 단위로서 어휘는 다른 개념의 외연이자 어휘가 만드는 언명의 내포가 됩니다. 이러한 어휘에는 무한히 많은 단계가 존재합니다. 우리는 어떠한 개념을 정의하기 위하여 끊임없이 또 다른 어휘를 필요로 하게 됩니다. 상호규정을 위한 무한한 순환의 고리가 존재하게 됩니다. 즉 스스로 완전한 어휘는 존재하지 않습니다. 어휘의 정의는 관계에 의하여서만 가능합니다. 그 단순한 관계는 최소한의 정의로부터 거대한 성당의 볼트를 높이 세워 올리는 데까지 발전합니다. 그리고 그 놀라운 평면의 분화에 이르게 됩니다.

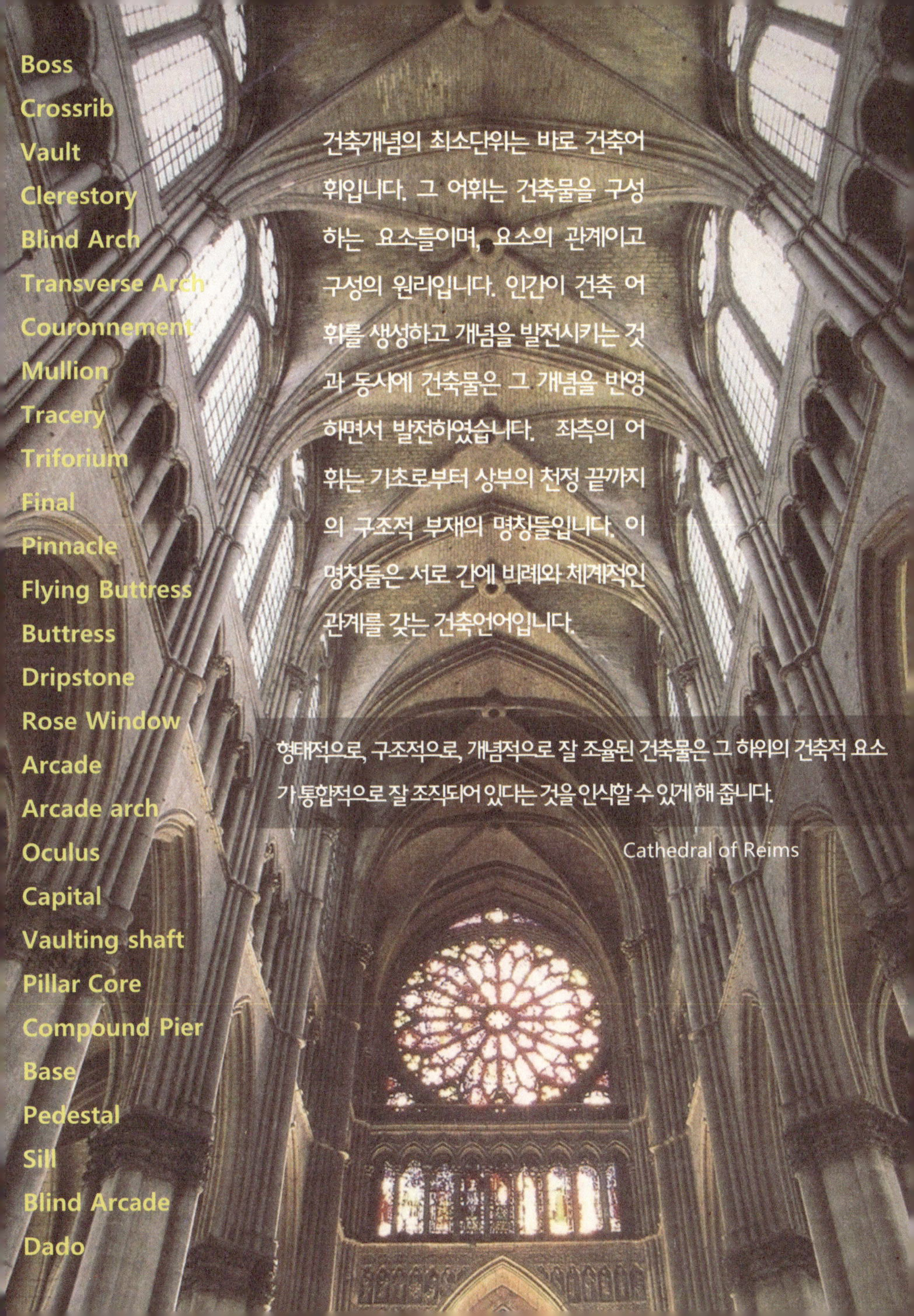

Boss
Crossrib
Vault
Clerestory
Blind Arch
Transverse Arch
Couronnement
Mullion
Tracery
Triforium
Final
Pinnacle
Flying Buttress
Buttress
Dripstone
Rose Window
Arcade
Arcade arch
Oculus
Capital
Vaulting shaft
Pillar Core
Compound Pier
Base
Pedestal
Sill
Blind Arcade
Dado

건축개념의 최소단위는 바로 건축어휘입니다. 그 어휘는 건축물을 구성하는 요소들이며, 요소의 관계이고 구성의 원리입니다. 인간이 건축 어휘를 생성하고 개념을 발전시키는 것과 동시에 건축물은 그 개념을 반영하면서 발전하였습니다. 좌측의 어휘는 기초로부터 상부의 천정 끝까지의 구조적 부재의 명칭들입니다. 이 명칭들은 서로 간에 비례와 체계적인 관계를 갖는 건축언어입니다.

형태적으로, 구조적으로, 개념적으로 잘 조율된 건축물은 그 하위의 건축적 요소가 통합적으로 잘 조직되어 있다는 것을 인식할 수 있게해 줍니다.

Cathedral of Reims

건축적 표현은 개념, 프로그램 그리고 언어와 유사한 것으로 여겨지고 있습니다. 차이는 있으나 이 모두는 건축적 질서를 위한 수단입니다. 보이는 관계는 모두 체계를 형성합니다.

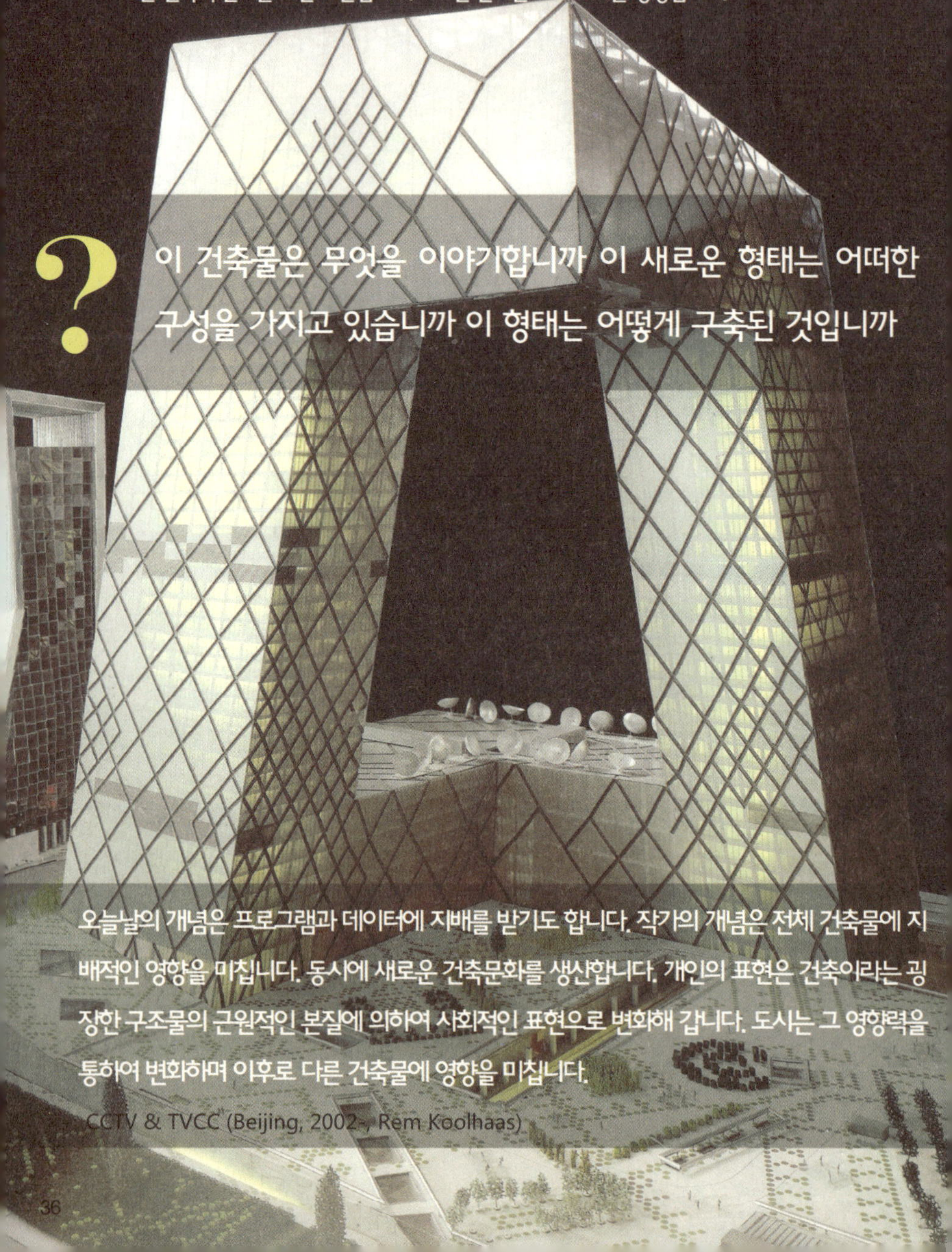

? 이 건축물은 무엇을 이야기합니까 이 새로운 형태는 어떠한 구성을 가지고 있습니까 이 형태는 어떻게 구축된 것입니까

오늘날의 개념은 프로그램과 데이터에 지배를 받기도 합니다. 작가의 개념은 전체 건축물에 지배적인 영향을 미칩니다. 동시에 새로운 건축문화를 생산합니다. 개인의 표현은 건축이라는 굉장한 구조물의 근원적인 본질에 의하여 사회적인 표현으로 변화해 갑니다. 도시는 그 영향력을 통하여 변화하며 이후로 다른 건축물에 영향을 미칩니다.

CCTV & TVCC (Beijing, 2002-, Rem Koolhaas)

건축 개념, 어휘, 사고에는 체계가 있습니다

… P1 ∈ P2 ∈ P3 ∈ P4 ∈ P5 ∈ P6 ∈ P7 …

P3 는 상위와 하위의 무한한 개념과 관계합니다.

우리는 하나의 개념, 하나의 어휘, 하나의 의미를 설명하기 위하여 그 하위개념의 어휘를 무한히 필요로 하지만, 어느 하나의 어휘를 최소의 공리처럼 받아들임으로써 그 무한한 순환, 무한한 의미의 연속되는 회귀로부터 탈출할 수 있습니다. 즉 그 어휘는 개념을 담고 있는 최소 단위가 됩니다.

Church : 기독교의 주된 종교적 건물로서 입구로부터 Nave, Crossing, Choir, Apse 로 이어지고 Apse에는 Ambulatory를 따라 Radiating Chapel이 둘러져 있다. 또한 Crossing의 양측으로 Transept이 연결된다. 기둥으로 분리된 Aisle을 가진다.
Nave : Church에서 출입구와 Choir사이의 부분으로서 피어 Pier나 기둥으로 Aisle과 분리된다.
Pier : 기둥과 구별되는 것으로 견고한 석조의 지주

사실상 모든 무한 순환은 우리의 사고와 건축적인 작업을 지배하고 있습니다. 어휘는 다른 어휘들을 사용하여 의미를 정의하고 있습니다. 이 어휘사이에는 어떠한 형식미학적, 종속관계가 존재합니다. 교회 Church의 한 부분으로서 Nave는 Church 에 의하여 정의되고 있습이다. 그러나 분명 Nave와 Church 사이에는 부분과 전체, 요소와 종합, 원인과 결과 그리고 그 이상의 관계가 존재합니다. 동시에 이 개념은 여러 대상을 지시하고 있습니다. 언명 사이에는 단순한 지시 이상의 관계가 존재한다는 것을 확인할 수 있습니다. 여기에는 많은 관계로서의 위계와 체계가 있습니다.

n, capital/capita, picturesque 진화의 나무. Chales Jenks, Modern Movement in Architect

itation, collaboration, collage, colossal, communication, competition, complexity,
ponent, computer, concept, confinement, construction, context, convergence, cr
bernetics, design, diagram, difference, differentiation, digital, drawing, durability,
gy, edge, edutainment, E-gora, electronic marketplace, electro-sphere, entropy, e
nany, evolution, excavation, exhibition, expansion/lateral, experience, experiment
feedback, field, film, form, frame, frontier/edge/margin, function, generation, gec
, Grobal, history, house, home, hybrid, idea/concept, identity, image, impurity, in
minacy, index, individual/individualism, information, infrastructure, instrumental,
isciplinary, interface, intuition, Jury, knowledge, kyozone, landmark, landscape, la
ge, light, line, link/linkage, local/global, love, map/mapping, margin, mass product
naterial/materiality, media, memory, methodology, model, modern/modernism, n
ge, movement, multiple, museum, music, mutation, narcissism, nature, network, N
rk, nonlinear, normative, nostalgia, organic/organicism, organization, ornament,
, painting, particles, pattern, pedagogy/Columbia, perception, performance, perip
phenomenon/phenomenology, picturesque, place, postmodernism, potential. pr
, practice/client, prefabrication, pressure, private, process/reverse, program, prop
da, public/private, real, regionalism, representation, research, resistance, romanti
pling, science, seriality/mass production,
helter, site, skin, slice, space, space frame
tacle, standardization, stopping problem, structure, studio/practice, studios/adva
studios/core, style, suburb, surface, symmetry, system, teaching, technique, tech
gy, tectonic, theory, time, trace, tradition, transformation, trend, type, typology, ar
tonic, urban, virtual/actual, waiting, water, watercolor, window

3. 다양한 테마의 놀이

건축적 사고는 무수한 테마들로 구체화된 거대한 체계입니다. 이 체계는 다중적인 구조를 가지고 있으며 수없이 많은 의미의 가닥들이 한데 모여 있습니다. 단순히 의미상의 관계뿐만 아니라 역사를 통하여 통시적인 관계도 지닙니다. 그러므로 단순한 그물망을 형성하는 것이 아니라 다양한 층위와 계열을 가지게 됩니다. 아주 촘촘한 의미관계를 갖는 많은 개념들의 연관관계가 생겨나는 것입니다.

찰스 젠크스 Chales Jenks는 이미 그의 책 Modern Movement in Architecture에서 이와 같은 관계를 진화의 나무로 표현하였습니다. 그는 이미 그의 다이어그램에서 많은 작품과 건축가 그리고 이즘들은 서로간에 다중적인 연관관계를 지니고 있다는 것을 구체화하였습니다. 이러한 사고의 발전은 개념들이 결코 고립되어 있지 않다는 것을 의미합니다. 이 구조는 들뢰즈와 가타리의 리좀 구조와도 같습니다.

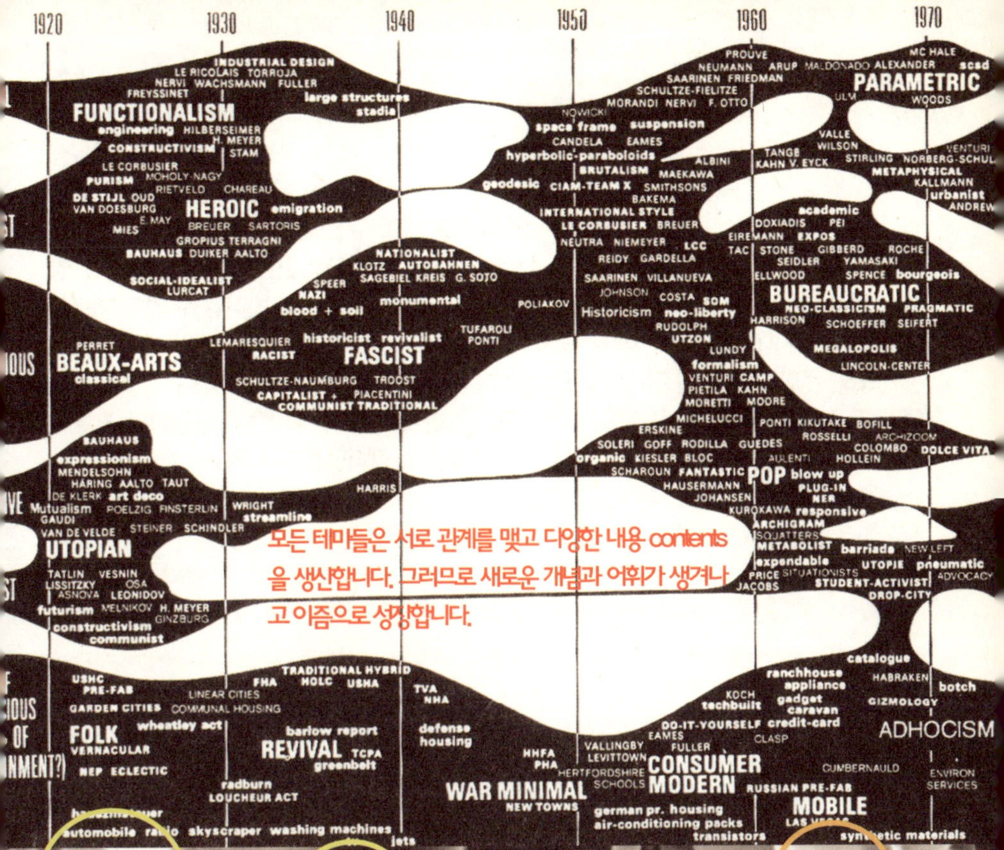

모든 테마들은 서로 관계를 맺고 다양한 내용 contents 을 생산합니다. 그러므로 새로운 개념과 어휘가 생겨나고 이즘으로 성장합니다.

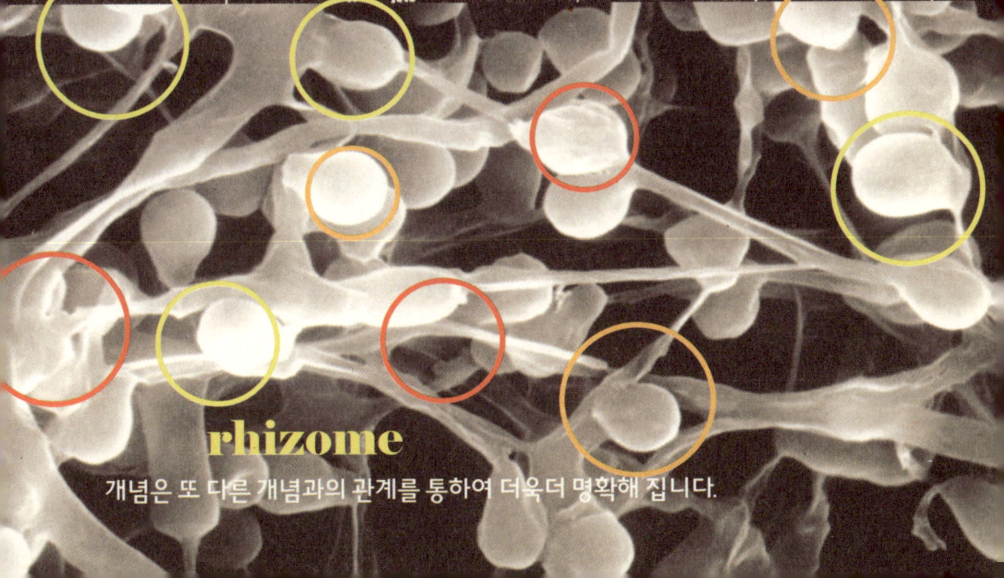

rhizome

개념은 또 다른 개념과의 관계를 통하여 더욱더 명확해 집니다.

오늘날 Computer 는 건축적인 공간과 시간의 단위를 변모시켰고 새로운 형태의 가능성을 제공하였습니다. 그리고 프로그램건축과 구조적 한계, 형태적 한계를 제거할 것입니다. 이와 같은 현상은 Digital Architecture과 같은 분야를 만들어 냈습니다. 사실상 기존의 방식으로는 접근할 수 없는 놀라운 정보의 처리와 분석, 무한한 발전을 제공할 것입니다. 건축은 항상 어떠한 Ideology의 표현을 피할 수 없었습니다. 그것은 건축이 어떠한 지역과 공간, 물리적 정신적 공간과 의식, 행위를 통제하는 근본적인 수단이 될 수 밖에 없었기 때문입니다. 그리고 우리가 알고 있는 모든 것은 건축을 벗어날 수 없기 때문입니다. 건축은 시대와 장소에 따라서 변화해 왔습니다. ISM은 그러한 시대와 지역을 넘어서 사회와 문화 즉 사회와 개개인의 의식에 더 큰 영향을 받아 생겨난 것입니다. 양식의 시대가 가고 문명의 발전은 새로운 변화를 가져 왔습니다. 그것이 바로 이즘입니다. 오늘날은 이즘의 시대입니다. 그러한 상황을 연구한 쿤은 과학혁명을 제시하고 Paradigm의 개념을 정립하였습니다. 오늘날 패러다임은 가장 중요한 개념의 하나가 되었습니다. 쿤은 지속적 발전이 아닌 단절과 도약을 인정하게 해 주었습니다. 건축에 있어서 우리가 일컫는 의미의 이면에는 바로 훌륭함이 존재합니다. 건축의 Quality는 그 지역, 문화, 환경, 사회와 적절한 관계에 의하여 판단됩니다. 그리고 시간과 공간을 넘어서 개개인의 관계를 근거로 합니다. 사실상 훌륭한 건축물의 판단은 건축적 비평과 작업의 근본입니다. 이즘의 시기 이전에 Style은 한 시대의 평가를 담고 있으며 시대의 건축적 기준일 뿐 아니라 안전한 규범으로서 역할하는 장치였습니다. 또한 스타일은 건축적 양식, 특성, 문체, 개성과 같은 의미로도 쓰였으며 스타일로서 정립은 오늘날에 이루어진 것임을 잊지 말아야 합니다. 우리는 거장의 작업을 통하여 새로운 가치를 얻고 새로운 비전을 얻었습니다. 오늘날 건축은 개념을 제시한 건축가와 비평가로부터 방향을 잡게 됩니다. 건축개념은 건축의 의미를 담고 있는 그릇입니다. 건축적 사고는 바로 개념의 관계지음이고 체계화입니다. 건축은 모든 것과 관계합니다. 반대로 오늘날 건축과 무관하게 유지될 수 있는 것은 없다고도 할 수 있습니다. 건축과 문화 건축은 당연히 문화의 일부이며 문화의 대변자입니다. 건축과 사회 한 사회는 그 사회가 요구하는 건축을 올바르고 적절한 것으로 받아들입니다. 그러므로 모든 지역에서 문화와 사회가 존재하는 곳에는 건축적인 역사가 존재합니다. 건축과 역사, 건축과 영화 오늘날 영화는 새로운 사회와 문화를 제시하고 동시에 건축적인 실험을 제공합니다. 나아가 건축을 재현하고 의미적 환기를 불러 일으킵니다. 건축과 예술 건축은 언제나 예술이었습니다. 그리고 모든 예술품들을 건축물 내부에 소장되거나, 건축물을 치장하는 일부였습니다. 모든 예술은 건축물의 안팎에서 이루어지고 있습니다. 일찍이 음악과 무관한 예술은 존재할 수 없었습니다. 건축과 음악 건축 역시도 음악적 조화와 질서의 표현이 되어야만 했습니다. 우리는 건축을 동결된 음악으로 부릅니다.

스스로 건축 개념과 언어를 정리하는 것은 한번쯤 해볼 만한 작업입니다 여러분도 스스로 가장

건축과 인간 건축은 바로 인간을 위한 것입니다. 건축은 인간의 쉘터로부터 시작하여 인간의 의식과 삶이 접근할 수 있는 한 어디에나 존재합니다. 인간에게 건축은 세계의 개척이며 완성이며 자신의 표현입니다. 그러므로 건축은 가장 실제적인 존재적 문제와 관계합니다. 그와 같은 결과는 어마어마한 노력에 의한 것입니다. **건축과 철학** 철학은 세계를 변화시키고 모든 의식을 변화시키고 그 중심에 있는 인간의 능력을 확대 시켜 주었습니다. 인간의 정신을 탐험하는 것은 세계를 탐험하는 것이 되었으며 궁극적인 지평을 열어 주었습니다. **건축 관련직** 건축에 관련된 일들을 너무나 광범위합니다. 그것은 사실상 건축 밖의 거의 모든 부분에 관련이 있습니다. 그 이유는 인간이 살고 있다는 것, 생활한다는 것, 움직인다는 것은 사실상 건축과 관련이 있으며 건축적 사고의 대상입니다. 오늘날 건축 디자인의 프로세스는 **건축교육과 학습** 에 의한 것입니다. 건축이 산업사회와 다수의 요구에 부흥하기 위하여 교육기관이 생겨났습니다. 전문화되고 도시적 여건에 적응하기 위하여 조직을 통하여 그들만의 형식을 유포시키고 건축적 과정에 적용시켰습니다. **건축도서 LIST** 문자는 문명을 비약적으로 발전시키고 가속화하였습니다. 그리고 그것은 다양한 수단의 기록매체를 탄생시켰습니다. 책은 그 중 가장 오래되고 뛰어난 정보전달 수단입니다. 여러분이 읽고 있는 이 책도 건축 도서입니다. 훌륭한 도서는 사고를 개척하고 생명력 있게 만들어 줍니다. 건축물은 건축 자체입니다. 그리고 거장의 건축물은 우리에게 가장 많은 것을 가르쳐 주고 훌륭한 사례가 됩니다. **건축물 LIST** 한때 건축물의 답사와 스케치는 당연한 과정으로 여겼습니다. **건축사**는 건축을 설명하고 건축이 왜 발전하는가에 대한 무대에 눈을 돌리도록 합니다. 건축사의 이해가 없다면 건축적 사실은 모두 낯선 시도가 될 뿐입니다. 우리는 과거를 통하여 훌륭한 판단을 얻을 수 있습니다. **건축언어**는 건축사고의 매개체이며 인간이 사고하는 근거가 됩니다. 언어는 그 자체로 의미이며 오늘날 심리학, 정신분석학, 언어학, 기호학을 통하여 가히 그 범위는 무한하다고 할 수 있습니다. 건축이 다른 예술과 마찬가지로 언어를 선택한 것은 오래된 역사를 지니고 있으며 궁극적으로 인간의 역사를 만들어가는 과정임을 보여줍니다. 우리가 알고 있는 **건축의미**는 건축이 담고 있는 내용이며 뜻이며 가치입니다. 의미는 구조를 통하여 형성되며 개념을 형성합니다. 의미를 파악하는 것은 그러므로 건축적 사고의 첫 번째 단계에 접근하는 것입니다. 궁극적으로 건축적 사고에 접근하게 됩니다. 우리가 원하는 것은 자유로운 건축적 사고입니다. 당연히 올바르고 가치 있으며 질서를 갖는 사고를 원하게 됩니다. 우리의 건축적 사고는 건축적 창조와 가까이 있습니다. 건축물은 물리적으로 무엇으로 구성되어 있는가를 알 수 있다면 더 명확한 구조를 구성하는 것이 가능해집니다. 건축적 요소는 언어의 수 만큼이나 다양합니다. 공간적, 물리적, 구조적 요소를 구분하는 것은 건축의 구축적인 사고에 접근해 있습니다.

중요한 건축적 어휘를 100개를 선택하고 그 의미와 정의를 정리해 보시길바랍니다.

건축적 요소 LIST 건축에 있어서 표현과 해석은 가장 중요한 문제중의 하나입니다. 건축가로서의 표현과 사용자의 해석은 궁극적으로 건축의 목적에 가까운 문제들입니다. **건축표현** 무엇을 어떻게 표현하는가 그리고 어떻게 해석하는가는 역사를 통하여 가장 중요한 테마였습니다. **고딕성당**은 인간과 종교, 사회와 문화, 기술과 공간, 빛과 구축이라는 많은 테마들의 정점을 형성합니다. 그와 같은 가치는 이 시기가 단순한 발전의 결과라기 보다는 새로운 시기를 위한 인간의지의 표출이며 역사적, 사회문화적인 배경에 의한 것이라고 할 수 있습니다. **공간**은 그 어떠한 표현의 대상보다도 늦게야 나타났으며 가장 늦게 이론화되었고 또 구체화될 수 있었습니다. 사실상 공간은 논리적으로 추상적으로 유추 가능한 대상이며 인간의 관념에서 체계를 지니고 난 후에야 건축 이론의 중심에 서게 되었습니다. 오늘날의 건축은 형태로부터 공간으로 그리고 주체가 포함된 장소, 최종적으로 환경으로 그 논의를 옮겨 가고 있습니다. **광장**은 어떠한 도시의 중심을 형성하고 사람들의 모임이 가능한 공간을 만들어 냅니다. 광장의 역할은 거주지의 범위 내에서 관계를 유시시키고 소속감을 강화하며 지역적인 공동체를 형성할 수 있는 배경이 된다는 것입니다. 오늘날의 건축은 요소들의 구성으로 나아갑니다. 형태를 빚어낸다기 보다는 요소들을 어떠한 원칙에 의하여 구성합니다. 그 결과 구조적 발전과 표피의 강조에 자연스럽게 다가갈 수 있었습니다. 오늘날 구성적인 건축은 재료적인 측면과 기술적, 경제적인 측면과 함께 가장 효율적인 결과를 만들어 냈습니다. 이와 같은 면에서 **구조의 본질**은 건축적인 실현에 훌륭한 수단을 제시해 주었습니다. 고대의 건축물에서 구조는 사실상 건축적 형태를 결정한 원인이 되었습니다. 오늘날 구조는 새로운 가능성을 열어주는 수단입니다. 건축이 사회적인 영역으로 영향력을 지니게 되면서, 단일한 건축물 너머에 까지 계획하게 되었습니다. 그러므로 다수의 사람들을 대상으로 하고 공간적으로 물리적으로 더 광대한 영역을 통제하게 되었습니다. 그 결과 건축은 **권력**을 표출하는 수단이 되었습니다. 사실상 건축은 단순한 공간의 질서와 체계를 다루는 것이 아니라 그 공간 안에서 활동하는 인간을 통제하게 된 것입니다. 산업사회를 거쳐 예술은 대량생산과 공장생산 그리고 **규격화, 일반화, 표준화** 등과 격렬한 마찰을 일으킵니다. 당시에 수공예운동과 독일 공작연맹은 이러한 과정을 거쳐야만 했습니다. 이들은 건축가의 자유로운 표현과 감성은 규격화와 일반화, 표현화가 서로 상충되는 것이라고 보았습니다. 오늘날 서양건축은 **그리스와 로마**의 건축으로부터 시작되었습니다. 특히 비례의 원칙과 오더의 질서는 이후 르네상스시기에 부활되었다가 현대의 포스트 모던에 까지 이르렀습니다. 이들의 건축은 말 그대로 고전이 되었으며 변화하지 않는 절대적 가치를 얻게 되었습니다. 오늘날 의 건축은 **근대건축, 국제주의**에 의하여 시작되었습니다. 이들 건축은 근본적으로 새로운 시각과 건축적 양식을 제시하였습니다. 그 결과 세계는 새로운 건축물에 의하여 장악되었습니다.

발달된 교통수단에 의한 새로운 재료와 디자인의 전파는 세계를 동일한 방식으로 변모시켰습니다. 이 시대는 그 어떠한 역사적 제약과 사회적인 한계를 넘어서 개인의 시대, 개인의 표현이 중심이 되는 시대를 만들어냈습니다. 또한 새로운 요구들은 기능에 의한 건축에 자연스럽게 관심을 집중하였습니다. 이전시대에 없었던 수많은 시설들이 요구되었으며, 그 시설을 사용하는 사용자들이 나타났으므로 기능의 탐구는 당연한 것이었습니다. 그러나 일차적으로는 형태의 구성에 그쳐야만 했습니다. 기호학은 의미에 접근하고 의미의 체계와 관계를 연구하는 새로운 수단을 제공했습니다. 기호학은 정신분석학, 사회학, 심리학, 철학의 발전으로 인하여 인간의 다양한 의식적 층위와 인정되고 그 의미가 가치를 인정받음으로써 더욱 힘을 얻을 수 있었습니다. 즉 보이는 것과 부르는 것, 이름 붙여진 것과 느끼는 것과 공유하는 것이 다르고 차이가 있음을 제시해주었습니다. 그 결과 모든 예술은 더 많은 표현과 의미를 부여 받을 수 있었습니다. 건축적인 표현은 도면과 모형을 필요로 합니다. 도면의 형식과 체계는 사실상 3차원적 해석의 도구를 제공하여 하나의 실제적인 완성으로서 모형을 가늠할 수 있게 돕고 개인의 건축적 표현을 형상화시키는 도구가 됩니다. 따라서 훌륭한 표현은 그 개인의 사고와 능력에 대한 가늠자가 될 수 있습니다. 또한 실제적인 건축작업과 실무에 더 큰 정확성과 건설의 여건을 제공합니다. 현대를 살고 있는 사람들 모두 도시적 여건을 벗어나기 쉽지 않습니다. 물론 여전히 문명이 들어가지 못한 곳도 많으며 도시적 문화를 누리지 못하는 것도 사실입니다. 그러나 건축은 도시적 상황을 생산하고 밀도를 확장해갑니다. 오늘날의 도시는 하나의 문화가 발생하는 바탕이 되고 있습니다. 현대 건축에서 디테일은 기술력의 표현입니다. 이전의 시기에 디테일은 장식이고 구조이기도 했습니다. 오늘날 디테일은 건축적 기능을 좌우하는 중요한 요소이기도 하고 더 높은 수준의 개인의 창조성을 표하는 수단이기도 합니다. 오늘날의 건축과 건축가, 건축 상황을 제시할 수 있었던 것은 르네상스의 결과입니다. 르네상스는 그 무엇보다도 인간을 많은 속박으로부터 풀어 놓았다는 것이 가장 중요합니다. 인간은 모든 예술의 중심이 되었으며 곧 사회와 문화의 중심이 됩니다. 그러한 배경에서 오늘날의 모든 학문적 과학적 성과가 나올 수 있었습니다. 또한 예술이 진정한 예술로서 인정받을 수 있었습니다. 동시에 자연에 근거한 美가 궁극적인 가치로서 등장할 수 있었습니다. 고대의 미는 도덕적인 광의의 미 개념을 지니고 있었습니다. 그것은 전적으로 미학적인 개념이었습니다. 미가 감각이 되고 그 것을 표현할 수 있었던 것은 최근의 일입니다. 바로크, 로코코, 낭만주의를 거쳐서야 개인의 감정은 미의 개념에 속할 수 있었습니다. 나아가 본능과 주관적인 감각을 포함하게 되었습니다. 건축의 기본적인 역사는 극도로 선택적인 것입니다. 그들은 적어도 20세기 중반까지 비례, 기하학, 대칭 그리고 알베르티에 의하여 명확해진 신성한 원리들과 같은 비밀스러운 원칙들에 기초를 둔 건축물에 집중하고 있었습니다.

이와 같은 절대적 원칙을 벗어날 수 있었던 것은 근대에 와서야 가능한 것이었습니다. 우리는 건축물을 좋아할 필요가 있습니다. 왜냐하면, 그러한 과정에서 건축물을 이해하고 건축물을 공생적으로 연관시킴으로써, 사람들은 파편화되고 낯설어지는 현대 도시의 세계에서 올바른 것을 찾을 수 있기 때문입니다. 이 모든 것은 비평을 통하여 가능합니다. 건축에 관여하는 우리 모두는 비평에 관여하고 있습니다. 빛은 오랜 세월 동안 궁극의 진실과 신의 전능을 대신하는 것이었습니다. 오늘날 기능적인 요구와 미학적인 필요에 의하여 사용되는 빛은 공간과 형태를 드러내는 중요한 수단입니다. 빛은 고대의 사원과 종교적 건축물에서는 빠질 수 없는 주제였습니다. 환경과 장소의 의미가 부각되면서 사용자에 대한 관심이 부각되었습니다. 이전의 건축가들에게 건축물의 사용자는 심각한 고려대상은 아니었습니다. 그러나 오늘날에는 건축적 의미가 건축물과 관계를 유지하는 개개인 주체에 있음을 중시하게 되었습니다. 건축물은 단순한 형태가 아니라 역사와 문화가 제공하는 상징과 기호를 내포합니다. 그러므로 당연히 그 문화와 시대에 따라 다른 표현들이 이루어지고 그 표현의 상징과 기호가 생겨납니다. 그것은 믿음으로부터, 인간의 신체로부터, 지역으로부터, 형태로부터, 수학적 진실로부터 생겨납니다. 사실상 형태와 색채의 관계는 미약합니다. 실제로 색채 만의 분리된 의미와 진실은 색채에 더 많은 가치를 부여하였습니다. 지금까지는 건축의 경험은, 색채가 적용된 정교하고 상징적인 용도로서, 시각적으로 확장되어 왔습니다. 고대인들은 채색은 예술 작품으로서 도시의 예술적 창조를 대신할 수 없다는 믿음을 가지고 있었습니다. 그들의 대리석 사원과 조상들은 거의 완전히 색채 안료로 채색되었습니다. 역사는 도시 공간의 디자인에서 주의와 관심이 도시공간을 축제기분에 적합한 환경으로, 모든 사람들의 사회적 이벤트에 적합한 환경으로, 모든 사람들이 참여하는 기능을 가진 행위들에 적합한 환경으로 만들고, 모든 도시 거주민에게 시민의식을 고무시키고 있습니다. 따라서 도시 디자인에 더욱 생태적인 접근이 요구되어지고 있습니다. 생태적 측면은 건축의 재조직, 지속가능, 자기조직과 같은 개념을 낳았습니다. 건축적 작업에서 스케치, 다이어그램, 그래프, 공식 혹은 텍스트와 같은 것을 사용하면서 표현할 수 있습니다. 이러한 표현의 수단은 다양성과 적합성을 부여하고 이상적으로는 유연하고 융통성이 있는 작업을 만들어 냅니다. 그리고 스케치는 항상 창조적 건축가의 학습과 영감에 관계 있다고 여겨져 왔습니다. 시간이 건축에서 중요한 테마가 된 것은 형태로부터 공간으로 공간으로부터 시간으로 전이 단계를 따르고 있습니다. 따라서 시간은 공간과 분리될 수 없습니다.

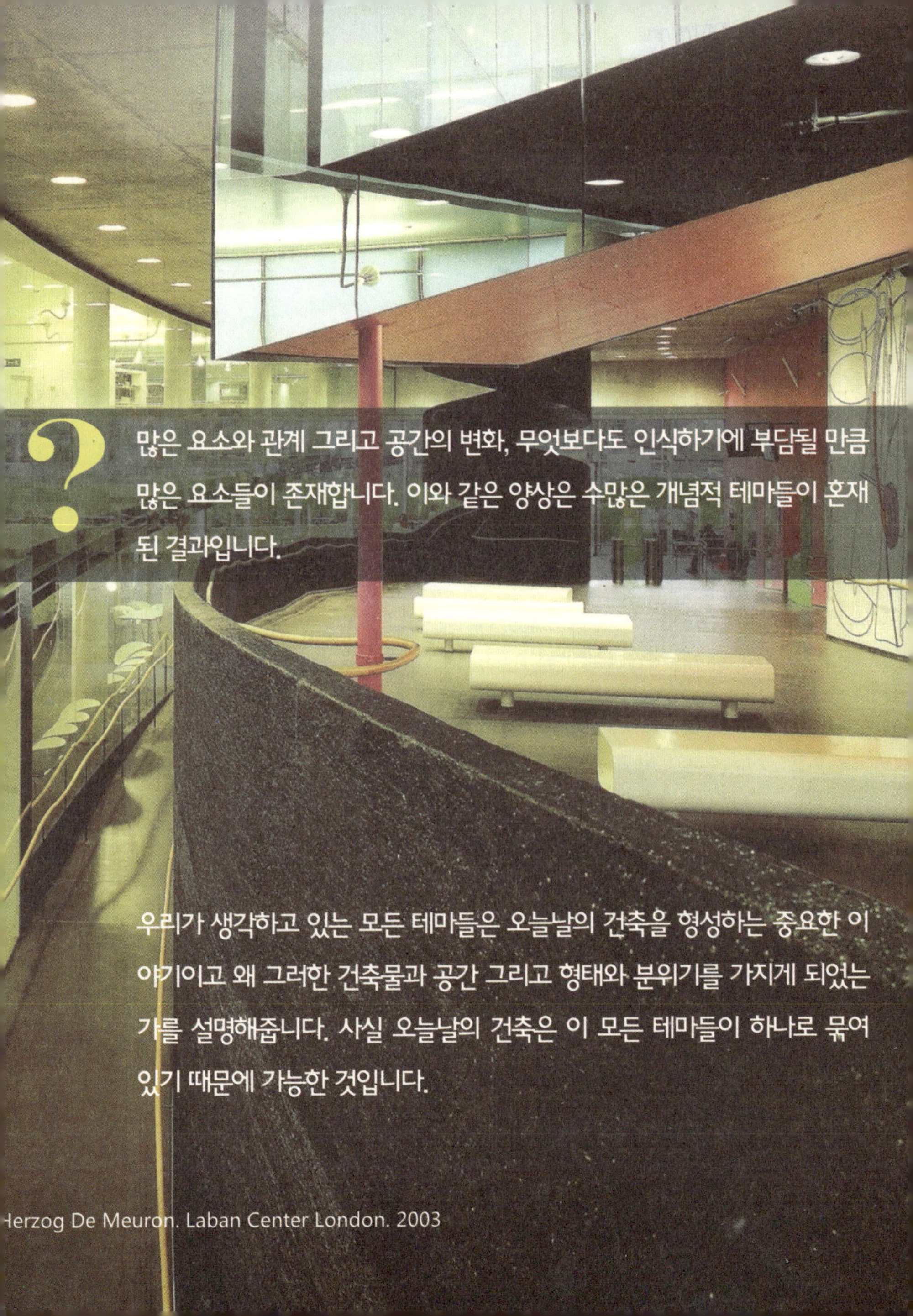

많은 요소와 관계 그리고 공간의 변화, 무엇보다도 인식하기에 부담될 만큼 많은 요소들이 존재합니다. 이와 같은 양상은 수많은 개념적 테마들이 혼재된 결과입니다.

우리가 생각하고 있는 모든 테마들은 오늘날의 건축을 형성하는 중요한 이야기이고 왜 그러한 건축물과 공간 그리고 형태와 분위기를 가지게 되었는가를 설명해줍니다. 사실 오늘날의 건축은 이 모든 테마들이 하나로 묶여 있기 때문에 가능한 것입니다.

Herzog De Meuron. Laban Center London. 2003

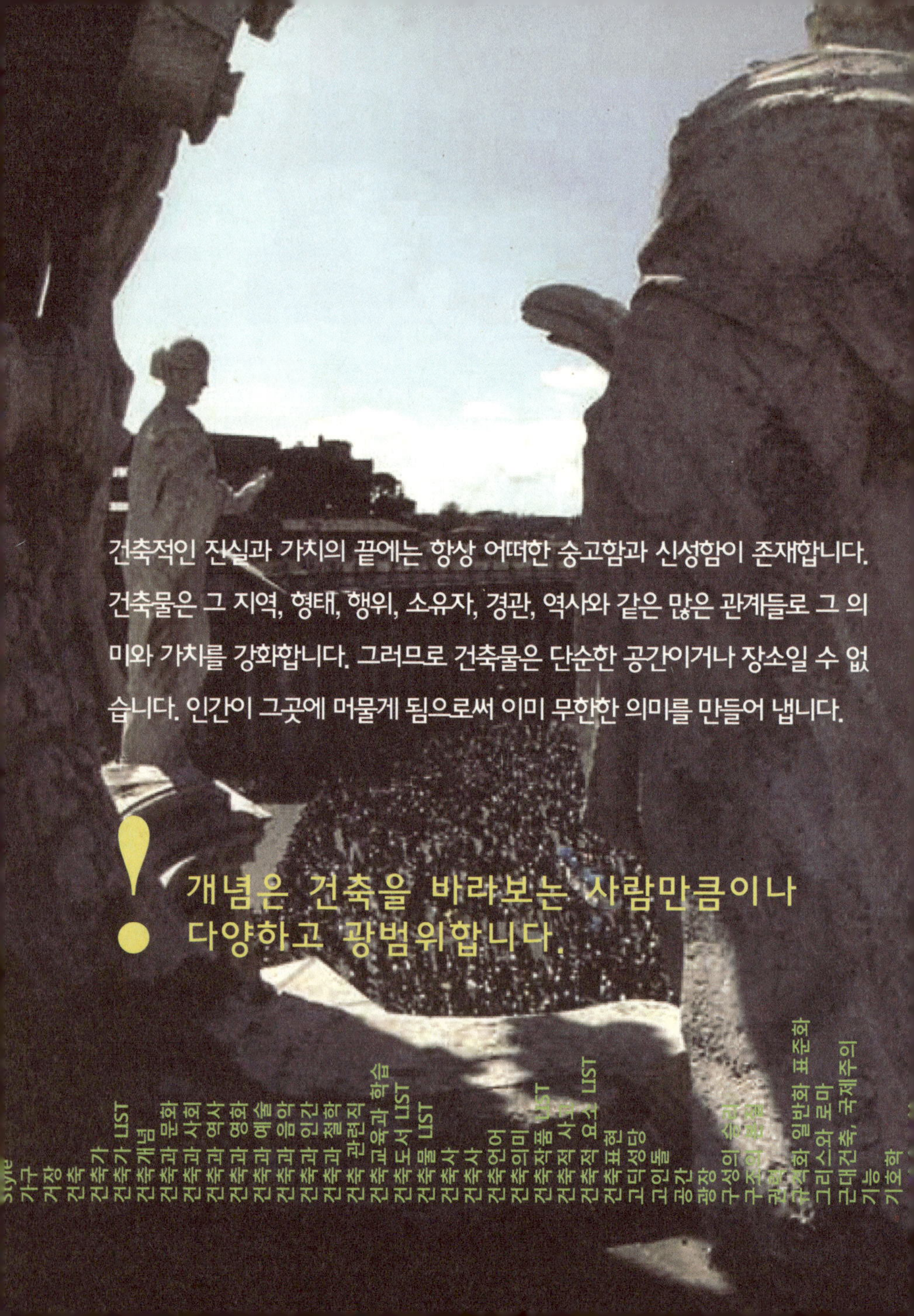

건축적인 진실과 가치의 끝에는 항상 어떠한 숭고함과 신성함이 존재합니다. 건축물은 그 지역, 형태, 행위, 소유자, 경관, 역사와 같은 많은 관계들로 그 의미와 가치를 강화합니다. 그러므로 건축물은 단순한 공간이거나 장소일 수 없습니다. 인간이 그곳에 머물게 됨으로써 이미 무한한 의미를 만들어 냅니다.

! 개념은 건축을 바라보는 사람만큼이나 다양하고 광범위합니다.

Style
가구
거장
건축
건축가
건축가 LIST
건축개념
건축과 문화
건축과 사회
건축과 역사
건축과 영화
건축과 예술
건축과 음악
건축과 인간
건축과 철학
건축 관련지
건축교육과 학습
건축도서 LIST
건축물 LIST
건축사
건축사
건축언어
건축의미
건축작품 LIST
건축적 사고
건축적 요소 LIST
건축표현
고딕성당
고인돌
공간
광장
구성의 승리
구조의 본질
권위
규격화 일반화 표준화
그리스와 로마
근대건축, 국제주의
기능
기호학

그러므로 건축은 훌륭한 통찰력을 필요로 합니다. 그러한 통찰력만이 수많은 의미들 가운데 선택과 평가, 판단할 수 있는 능력을 가질 수 있기 때문입니다. 그러한 능력은 건축적 사실에 대한 훌륭한 비평을 가능하게 합니다. 우리는 모두 훌륭한 건축가이고 비평가이고 사용자가 될 수 있습니다.

4. 비평의 눈 (Critics & Criticism)

Patrick Nuttgens Mark Dudek Thomas A. Markus Ben Farmer Hugh Casson Bruce Allsopp Suzanne H. Crowhurst Lennard Henry L. Lennard Steven Tiesdell Taner Oc Stuart Cameron Chris Abel Jorge Anzorena Hala Kardash Nicholas Wilkinson Jay Appleton Ronald Brunskill Barrie B. Greenbie Madani Pour Hartmut H. Topp Dietrich Garhrecht Tom Ellis Steven Croak Anthony D. King Evelyn Lip Ben Fanner Miles Danhy Charles McKean Bill Risebero Ben Farmer Roger Day James Powell Michael Wigginton David Lowenthal Jakub Wujek Ramon Gutierrez Michael Manser Jennifer Scarce Dimitri Philippides Denis De Lucca Joseph Gutmann James Stevens Curl Derek Linstrum Peter Fowler James S. Ackerman Robert Mark David Yeomans Fazlur R. Khan Ian Murphy John Martin Sabine Chardonnet Marcel Maarek Robert Lawlor Hans van der Laan Tom Heath Andrew Ballantyne Hen tie Louw Tom Porter Pieter de Bruyne Stuart Durant Peter Aspinall Michel Foucault Paul Rabinow David Gosling Cornelis Van de Ven Herman Neuckermans Henry Plummer Robert Adam Micha Bandini Kenneth Frampton Mark Gelernter Geoffrey Baker Juhani Pallasmaa Svetlozar Raev Lucien Kroll Charles Moore Stephen Grahow Werner Szamhien Aziz Aba Al-Khali Amos Ih-Tiao Chang Robert Harbison Henry van de Velde Stanford Anderson Werner Oechslin Nils-Ole Lund Jane Fawcett David Canter Willie Charlton Henryk Skolimowski Cesar Pelli Birgit Cold John Onians Louis Hellman Juan Pablo Bonta Wayne Attoe John Ruskin Giuseppe Intini Manfredo Tafuri Reonardo Benevolo James Gorman Manuel Gausa Sigfrid Giedion ....

? 우리는 과연 얼마나 많은 비평가를 알고 있습니까

건축적 비평은 수많은 비평가의 비평을 접함으로써 익숙해질 수 있습니다. 그들의 평가와 비평을 읽고 판단하고 따라해 보면서 많은 것을 얻게 됩니다. 그리고 수많은 건축물을 보고 생각하고 느끼는 것이 중요합니다. 훌륭한 건축물은 더 많은 것을 이해하고 사고하게 해 줍니다. 그러나 반드시 훌륭한 건축물이 비평의 대상은 아닙니다. 건축적 비평은 건축을 전공한 사람만이 가능한 것은 아닙니다. 사실은 건축에 관계하는 모든 사람 그리고 건축물을 사용하는 사람들까지 비평가가 될 수 있습니다.

비평의 범위는 건축물과 그 역사 그리고 건축물이 관계하는 모든 사실들과 관련된 사람들, 사회와 문화에 까지 확대될 수 있습니다. 그러나 그러한 사실은 단지 사실의 서술이며 명확한 기술(記述)입니다. 그러므로 사실상 건축의 비평은 반드시 건축을 전공한 사람만이 하는 것은 아닙니다. 예술학, 예술사, 미학을 전공한 사람들이 비평가로서 활동하고 있습니다. 또 인문학 Humanities을 전공한 누구나 비평가가 될 수 있습니다.

건축적 비평은 반드시 훌륭한 건축물을 대상으로 하지 않습니다. 물론 훌륭한 건축물은 훌륭한 언어와 개념 그리고 사고와 요소들, 원리들을 발견할 수 있습니다. 그것은 큰 기쁨이지만 건축의 전부라고 할 수는 없습니다.

Pantheon (St Genevieve, Paris, 1756-90, Jacquee Germain Soufflot)

창문을 열고 밖을 쳐다본다면, 그리고 집을 나서서 접하게 되는 모든 것, 이 도시에서 보이는 모든 것은 건축의 영역에 속해 있습니다. 그러므로 우리가 보고 듣고 느끼고 생활하는 모든 행위는 건축의 범위 안에서 이루어집니다. 이제 모든 것이 비평이 대상이고 여러분이 생각하고 느끼는 것은 비평의 내용이 됩니다. 그 가장 큰 이유는 이 건축이 바로 인간의 삶으로부터 시작하였기 때문입니다. 인간을 둘러싼 모든 것의 구축은 건축의 대상입니다. 우리 주변의 모든 것을 건축해 왔습니다.

그렇다면 과연 건축이 아닌 것은 무엇입니까 ?

? 지금 무엇을 보고 있습니까
무엇을 느끼고 있습니까

이 도시의 건축물, 도로, 광장, 공원 그리고 수많은 시설들. 도시는 거대한 그물을 형성하고 있습니다. 사람들과 건축물 그리고 비어있는 공간은 서로 묶여 있습니다. 건축적 경험은 이제 더 큰 공간과 장소로 확대됩니다. 장소의 개념과 경험은 도시적 상황에서 중요한 개념이 됩니다. 도시적 차원에서는 더 광범위한 비평의 시각을 고려해야 합니다. 일반적으로 스스로 거주(居住)하는 범위 내에서 더 많은 것을 보고 생각하고 의미를 부여하게 됩니다. 이미 공간과 장소는 의식 내에서 자리를 잡아야만 존재하는 것입니다.

지금 보이는 것을 어떻게 비평합니까

홍익대학교 16층 타워에서 상수동방면

? 이 건축물은 무엇을 보여주고 있습니까

누가
왜
언제
어디서
무엇을
어떻게
누구를 위하여
어떠한 과정으로

보고 느끼고 아는 사실을 어떻게 전달할 것입니까

Description
건축적 기술

Cathedral Laon, Nave와 Crossing(1180s)

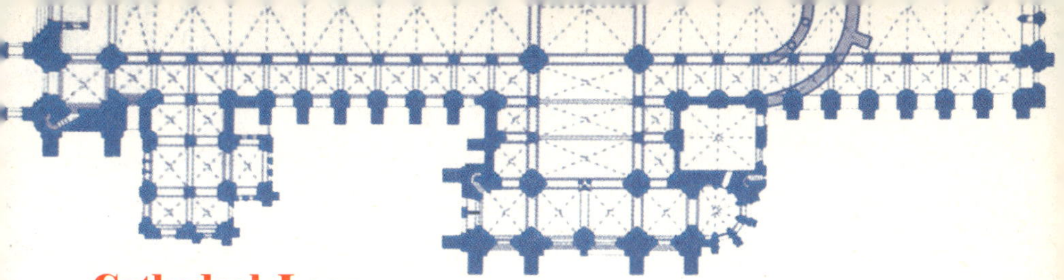

Cathedral Laon

성당은 교대식 지지체계가 다른 초기고딕 교회보다는 덜 강조되어있다. 아케이드의 아래층은 둥근 피어들이 연속되어 있으며 그 주두의 상부는 3개 혹은 5개씩 모여진 속주(束柱)가 벽면에 부착되어 6분 볼트의 리브로 연결되어 있다. Laon의 건축가는 로마네스크의 공간 효과만으로는 만족하지 못하여 동쪽에서 서쪽으로 이어지는 통합되고 단일한 공간을 창출하였다. 오토시대로부터 발전해온 교대식 지지체계는 라옹 성당에 와서 그 지지기반을 잃어 버렸다. 주두는 통일되어 Crocket 형식으로 불리우는데, 코린티안 주두를 극단적으로 순화시킨 것이다. 또한 아케이드의 기둥 역시 동일한 모습을 지니고 있으며 외관에 있어서 현관은 깊이 후퇴되어 있고 탑은 전체의 한 부분으로 되어 있다. 건물내부의 높이는 외관에 그대로 드러나며 벽면을 깊이 파내고 후퇴시켜 벽면의 느낌을 최소화 시키고 있으며 그 가장자리는 정교하게 처리하였다. 라옹 성당에서는 신비의 수 7에 따라서 7개의 탑을 두고 있으며 다른 경우에는 모두다 완성되지 못한 경우가 대부분이다. 7개의 탑은 정면의 2개와 양측 트란셉 끝부분에 각각 2개의 탑과 교차부에 1개를 설치하였다. 성당의 중앙현관 상부에는 장미창의 초기적인 형태가 나타난다.

제시된 문장에서 보는 바와 같이 『라옹성당, 아케이드, 피어, 주두, 볼트, 리브, 코린티안, Crocket, 7, 트랍셉, 장미창 등』의 건축어휘들은 존재하는 대상들을 지시하는 하위어휘에 의하여 존재형식과 상태를 기술하고 있습니다. 서로 간에 위치와 조형의 방식, 그리고 형상을 기술하고 있습니다. 이러한 존재의 사실은 대상과 직접적으로 대응하는 상태의 기술로 이루어지고 각부 요소들이 어떻게 서로 관계를 갖는가와 건축적 구성, 구조형식을 설명하고 있습니다. 비평의 첫 번째 역할은 바로 기술(記述) 입니다.

건축적 기술은 가장 우선적인 비평의 방식이며 역할입니다. 올바른 기술은 건축물에 대한 정보를 남기고 건축물을 명확히 드러내 줍니다. 건축적 기술은 그러므로 1차적인 판단과 지시작용에 의한 의미를 전달합니다.

건축가.해석자.표현.해석.의사소통. 역할.환경형태,공간,요소,색채,빛,장식,장소,재료,스타일구조,원리,건축관,소양,가치관,역량,창조성,재능,취미,윤리관 연령,성별,욕구,성향,사용자,비평가,프라이버시,즐거움,만족 디자인,창조,설계,계획,시공,건설,언어,표현,개념 등각,비평,인지,행태,심리,적응,이해,이미지,적합성,유용성 등,법칙,이론,공공성,커뮤니티,사회윤리,관습,의사소통 건축의 가치, 목적건축사,과학,예술,환경,전통,세계관,도시,기술,면적, 위치,개요,용적,법규, 배경,성향,기원,기능 ..... 사실상 건축물을 정확히 있는 그대로 기록하여 남기는 것은 가장 중요한 일입니다. 또한 건축작업과 건축문화 전반을 기록할 수 있습니다. 그러나 무엇보다도 중요한 것은 있는 명확한 기술과 함께 관찰자의 의식을 요구합니다. 그러므로 건축을 바라보는 여러분이 무엇을 생각하는가를 정확히 남겨야 하는 것입니다.

우리는 알지 못했던 사실, 보지 못했던 사실, 깨닫지 못하고 느끼지 못하고 미쳐 생각하지 못했던 것을 명확히 기술하여야 합니다. 그것은 건축디자인에 있어서도 마찬가지입니다. 우리는 그러한 사실들에 관심과 노력을 기울여야 합니다.

반원이거나 원통형 또는 구 아니면 이 세 가지가 조합된 경우 발생하는 완전한 원형이 아닌 원은 군중의 접근 경로가 가지는 축에 의해 파괴된 중앙집중적인 경계를 제공하고 이 불완전한 원형의 지배 속에 존재하는 접근 축의 벡터도 포섭한다. 수직적인 차원에서처럼 아치나 쿠폴라(반구천장)는 수직 상승을 정지시키며 고양된 중심으로 상승하는 시각적 역동성의 흐름을 취합한다. 그리하여 앱스나 채플은 수평적인 차원에서 접근 하는 방문객들을 수용하여 이들을 고요함의 정점에 안주하게 만든다. 돔이나 쿠폴라에서처럼 중심성이 압도적일 때 방문객들은 이 중심성에 압도되어 매료당한다.

ST. Peter's

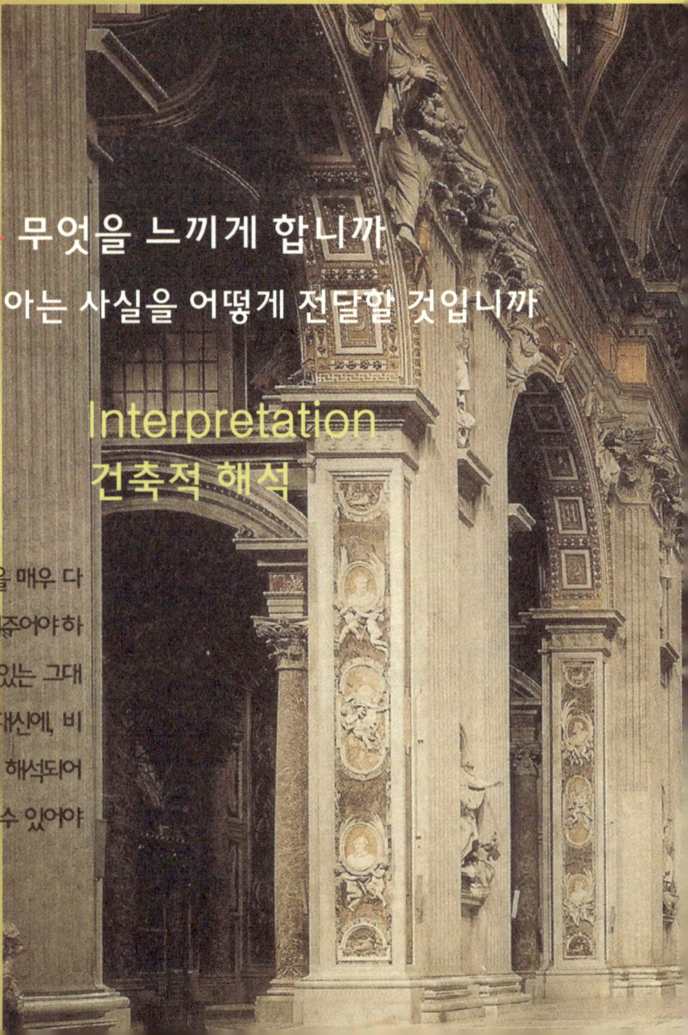

? 이 공간은 무엇을 느끼게 합니까

보고 느끼고 아는 사실을 어떻게 전달할 것입니까

Interpretation
건축적 해석

비평가의 두 번째 역할을 매우 다른 무엇을 드러내서 보여주어야 하는 것입니다. 건축물을 있는 그대로의 것으로 보여주는 대신에, 비평가는 어떻게 건축물이 해석되어질 수 있는가를 보여줄 수 있어야 합니다.

건축적 기술의 내용과 의미들은 그것을 깨닫거나 확인하는 그리고 표현하는 개인과 자연스럽게 연결됩니다. 주체의 감정과 의식 그리고 미묘한 이성적인 판단에까지 연결됩니다. 이러한 과정은 2차적 의미작용이며 현시작용이라고도 합니다. 현시는 명제와 상응하는 욕구와 신념을 표현하는 언명으로 나타납니다. 바로 '지시' 에서 '현시'로서의 변화의 순간은, 즉 논리적인 이동 Cogito이 일어나는 순간입니다. 그리고 주체가 생겨나는 것입니다. 질서와 통일성은 바로 이 현시작용이 언명으로 드러나는 순간 일어난다고 볼 수 있습니다. 이것은 대상을 내면적으로 해석함으로써 가능해 집니다.

해석의 문장은 이미 사실적인 대상이 주체와의 만남에 의하여 다양한 감정과 의식의 결과를 보여줍니다. [중심 집중적, 불완전한 원형, 포섭, 상승을 정시, 고양, 고요, 안주, 압도, 매료 등]의 어휘들은 이제 존재하는 것은 존재 이상의 것을 생성합니다. 여기에는 감각과 감정과 그 이상의 판단이 의식을 주도하며, 나아가 형태는 강력한 힘과 아름다움을 지니게 됩니다. 현시작용은 바로 나와 세계 사이에 존재하는 또 다른 의미를 생산해냅니다.

우리는 언제나 세계와의 관계에서 정체성을 확인합니다. 관계만이 우리에게 소속감과 정위를 깨닫게합니다.

건축적 해석은 어떻게 이루어집니까

은유적으로 해석을 시도하거나, 건축물이 확인되어야만 하는 방식을 통하여 해석할 수 있습니다. 비평가는 청중과 건축물 사이에 놓여 있는 해석의 장막을 걷어내기 위하여 많은 수단을 사용합니다. 특별한 비전에 공헌하는 건축가와 이론가들은 건축을 이해하는 특별한 방법을 통하여 건축물을 보여줍니다. 많은 비평가들에게, 이러한 역할, 즉 해석 Interpretation은 기술 Description보다도 가장 도전적이고 가치 있는 것입니다. 왜냐하면, 해석은 상상력과 전략을 요구하기 때문입니다. 건축물을 이해하는 특별한 방식들을 옹호하고 기대할 수 있습니다. 비평가는 설득력 있는 직유와 은유를 선택하여야만 합니다.

단순한 유추와 판단 그리고 연상을 통해 사고합니다.

사실상 기술과 해석, 그리고 판단은 동시에 일어납니다. 그러나 개개인의 관심과 역량에 따라서 비평의 수준은 달라집니다.

IN 건축잡지, 비평서, 신문, 전문서적, 논문, 협회지……

그러나 비평은 확고한 진실이 아닙니다. 개인이 더 나은 진실과 판단에 접근하기 위하여 필연적으로 따르는 과정이며 수단입니다. 비평은 비평의 대상, 방법, 과정 등에 의하여 여러 가지로 구분할 수 있습니다.

역사적인 유적, 성스러운 교회, 오랜 동안 믿음의 장소는 이미 가치의 평가 밖에 있습니다. 즉. 가치는 시각적 아름다움이나 원리, 작가의 의도, 작품의 완결성과 같은 평가를 통하여 얻어지는 것만은 아닙니다.

개념은 이미지와 결합하여 구조화될 수 있습니다.

Louis Hellman, Language of Architecture(현대건축의 사고)

비평은 누구나 할 수 있습니다. 비평은 유일하게 스스로 배울 수 있는 건축적 방법입니다. 그리고 진정으로 우리를 자유롭게 만들 수 있는 유일한 방법입니다.

건축적 해석은 어떻게 나타납니까

해석과 비평은 모두 다른 말은 아닙니다. 해석의 결과들은 종종 언어가 아닌 다른 표현 수단을 통하여 더 잘 드러납니다. **일반적인 비교표, 작성된 다이어그램, 간단한 스케치, 기호들, 새로운 어휘의 작성, 원리와 원칙의 제시는 가장 흔한 해석의 시작입니다.** 그리고 그 결과들은 보이는 것 보다는 더 많은 의미를 담고 있습니다. 왜냐하면 그것은 많은 것을 담고 있는 너무나 강력한 함축의 도구이기 때문입니다. 다음의 다이어그램은 그러한 사실을 잘 보여줍니다.

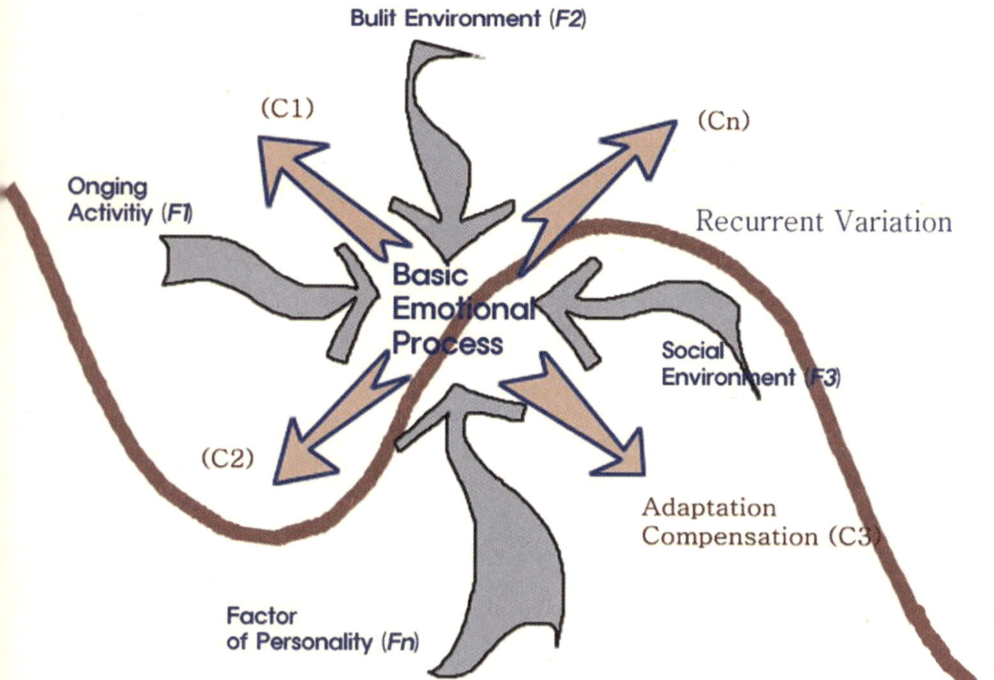

Man- Environment Model ; Kuller

스웨덴 환경심리학자 리카르드 쿨러 Rikard Küller는 인간-환경 상호작용 모델에서 인간은 부분적으로 물리적 환경 physical environment (F2)에 영향을 받으며 부분적으로는 사회적인 연대 social network (F3)에 영향을 받는다는 것을 보여주었다. 그는 덧붙여 인간과 환경의 상호작용은 관계된 행위 activities (FI)에 영향을 받는다. 이와 같은 영향은 그 범위에 있어서 시간이 흐르면서 다양하다. 이 영향력은 그들 자신의 개인적인 자원들, 성격, 경험 등(Fn)에 의하여 조정된다. 환경이 다양한 방식으로 그들에게 영향력을 미치는 반면에, 동시에 인간은 적응하거나 보상을 통하여 그들의 상황에 대하여 통제력을 획득하고자 노력한다.(Cl-Cn)

건축 비평은 예술 비평과 해석으로부터 방법을 얻어왔습니다.

어떠한 작품과 작가 혹은 디자인의 과정에 이르기까지 새롭거나 중요한 사실들은 이해하는데 있어서 단지 보는 것만으로는 충분하지 않습니다. 그 작품의 의미를 설명하고 이해하고 발견하고 혹은 깊은 감명을 받는데에는 그만한 정보의 수집과 시간이 필요합니다. 그리고 그러한 평가가 많은 사람들에게 받아들여지는데에는 더 많은 시간을 필요로 합니다. 애토 *Wayne Attoe* 에 의하면 비평은 규범비평, 해석비평, 서술비평으로 구분되고 규범비평에는 교리비평, 체계비평, 유형비평, 척도비평이 있고, 해석비평에는 옹호비평, 동조비평, 인상비평이 있으며, 서술비평에는 묘사비평, 전기비평, 맥락비평이 있다고 언급하였습니다. 비평 criticism은 사실상 '비판하다', '판결을 내리다', '흠을 잡다'와 같이 부정적인 의미만을 가지고 있지 않습니다. 그 어원이라고 할 수 있는 그리스어 krinein은 '식별하다, 판별하다, 분리하다, 체로 거르다'와 같은 의미를 가지고 있으며 어떠한 장단점을 판별하고 평가하는 것이라고 할 수 있습니다. 비평이라는 것은 그러므로 작품의 주제, 기원, 성격, 구조, 기교, 맥락에 대한 단순한 조사와 서술도 포함됩니다.

전통적으로 예술적인 해석방법으로서 도상학 혹은 도상해석학, 전기비평, 역사결정론, 미적 유물론, 순수시지각 등은 관심과 이해를 위하여 중요한 도구를 제공하였습니다. 우리가 일반적으로 접근하고 있는 비평의 대상은 건축의 전체 분야와 다르지 않습니다. 그러나 건축적 비평은 일반적인 주요한 관심사를 크게 벗어나지 않습니다. 그것은 바로 건축적 의미이고 개념이고 건축의 역사이며 또한 건축이기 때문입니다.

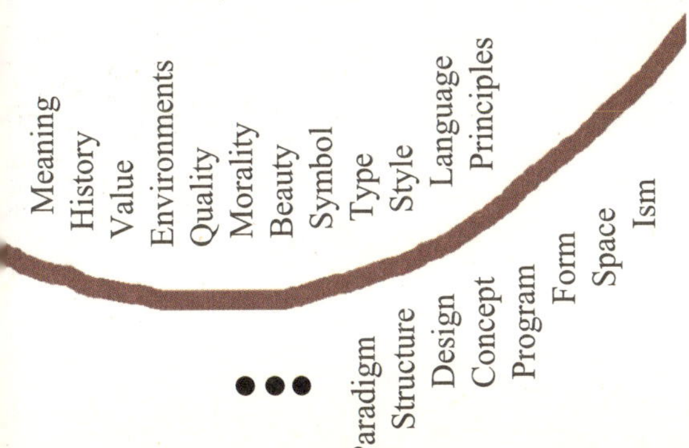

각각의 개념을 파악하고 해석한다는 것은 매우 중요합니다. 그것이 비평적 사고를 가능하게 합니다.

우리는 건축물을 언제나 평가하고 있습니다.

우리는 언제나 건축물을 평가합니다. 좋다/싫다, 밝다/어둡다, 무겁다/가볍다, 재미있다/없다, 훌륭하다/나쁘다, ~하고 싶다/싫다… 평가는 우리자신의 감정은 물론 자체의 가치를 기준에 따라 구분하고 평가합니다. 그러나 그러한 평가는 임의적으로 이루어질 수는 없습니다.

평가는 명확한 기준에 의하여 이루어집니다.

누구나 알고 있는 올바른 건축의 기준은 하나의 규범이라고 할 수 있습니다. 그것은 단순히 건축각론이나 법규만으로 구성되지 않습니다. 그것은 한 사회의 문화와 역사에 의하여 선택되어집니다. 이슬람 세계에서는 구상적 형태를 피하고 코란과 수나에 의하여 건축물이 규정됩니다. 오늘날 많은 곳에서 교통과 통신의 발전은 지역적으로 재료와 구축기술의 제한을 뛰어넘어 풍토적 건축을 사멸시키고 있습니다. 그러나 지역적인 건축, 풍토주의적 건축, 컨텍스트에 적합한 건축은 아니라고 할 수 있습니다.

인간, 사회적 관습, 역사, 문화, 자연환경, 종교, 제도, 법률, 건축기준……

따라서 건축적 기준은 매우 광범위한 규범들로부터 이루어집니다. 우리는 그것을 단순한 치수적 차원이나 최소 기준으로 여길 수도 있고 한 지역과 문화를 가능하게 하는 정신이라고 할 수도 있습니다. 전통적으로 건축은 역사에 의하여 지역에 적응한 결과입니다. 그러므로 오늘날에도 우리의 전통한옥은 물론 외국의 전통건축은 나름의 기준을 갖고 있습니다. 그리고 무엇보다도 그 기준의 중심에는 인간이 존재합니다. 건축적으로 훌륭한 평가는 인간의 존재와의 관계에 의한 가치를 무시할 수 없다는 것은 분명합니다.

광장에서 지켜본 St Mark's의 전경

Judgement
건축적 판단

우리는 무엇을 평가할 수 있습니까?

가장 영향력 있는 건축 비평가로서 John Ruskin의 The Stones of Venice(1853)은 훌륭한 비평의 예를 보여줍니다.

J. Ruskin (1853) The Stones of Venice, Vol. 2 of 3 vols, London: Elder Smith; Everyman edn 1907, ed. E. Rhys, London: Dent.

§ XVII 그가 누워있는 방을 둘러보자. 이 방의 바닥은 화려한 모자이크로 치장되어 있으며, 붉은 대리석의 낮은 의자들이 주변을 둘러싸고 있다. 벽체들은 마노석으로 되어 있다. 그러나 심하게 닳아있으며, 부서져 있고 세월에 의하여 어두운 얼룩이 남겨져 거의 폐허와 같은 모습이다. 여기저기에 대리석 스라브가 무너져내려있으며 울퉁불퉁한 벽돌들이 눈앞에 나타난다. 그러나 모든 것이 아름답다. 황폐해지는 균열들이 줄마노 벽들 위를 가르며 홈을 만들어내고 군데군데 섬을 이루듯 정신없이 균열들을 만들어내고 있다. 시간의 얼룩이 반투명의 덩어리들 위에 어두운 흔적을 남기는데 깊은 바다속으로 태양이 비출 때 나타나는 해초의 색조와 같은 황금색 브라운 바탕위에 남기는 것으로 보인다. 빛은 제단을 향한 작은 공간 깊숙한 곳까지 흩어져 사라진다. 시선은 그 뒤에 있는 그리스도의 세례를 표현한 얕은 부조의 선들에까지 거의 닿을 수 없다. 그러나 지붕의 볼트에 있는 인물상들은 분명하다. 그리고 그 위에 두 개의 커다란 원을 발견할 수 있다. 하나는 천상의 장소에 권위와 권품천사들에 의하여 둘러싸여져 있다. 그 것은 밀턴 Milton이 하나의 육중한 선으로 고대의 분할을 표현한 것이다. 즉 좌품천사, 주품천사, 권품천사, 역품천사, 능품천사와 그 밖의 천사들, 예수의 12제자, 예수는 그 한 가운데 놓여 있다. 벽체에는 또 다시 반복하여 표현되어 있다. 요한의 허름한 모습이 표현되어 있으며, 그의 모든 삶의 배경과 죽음, 요단강이 갈라진 바위틈 사이로 굽이쳐 흐르는 물결의 모습이 그려져 있다. 그리고 해변에 서 있는 열매 없는 나무뿌리에는 도끼가 놓여 있다. 모든 나무들이 모두 훌륭한 과실을 낳는 것이 아니며 그렇지 않은 나무들은 베어질 것이다. 그리고 불속으로 던져질 것이다. 그렇다. 진실로 불로서 깨끗이 하고, 그 안에서 허물을 벗을 것이다. 이것은 모든 인간들에게 놓인 선택이다. 그 모든 행렬의 그림들은 여전히 쇠창살이 쳐진 창을 통하여 웅얼거리며 이야기를 전하고 있다. 그리고 우리 귓전에서 심판의 판결들과 소리를 내며 뒤섞이고 있다. 이 판결은 고대 그리스인들이 침례교 벽에 써 두었던 것이다. 베니스는 그녀의 선택을 그 벽에 옮겨 놓았다. 브론즈로 짜놓은 육중한 출입문은 그 나머지 장소를 걸어 잠그고 있다. 그 곳을 통해서, 교회 안으로 들어가 보자. 이곳은 여전히 더 깊은 박명으로 가려져 있다. 그 안에서 시선은 잠시 동안 어두운 곳에 적응해야만 할 것이다. 그리고나서 건물의 형태가 나타나기 시작한다. 이제 우리에게 거대한 공간이 동굴처럼 열려져 있고 십자가 형태로 열려 있음을 발견하게 된다. 그리고 많은 열주들에 의하여 어둡게 드리워진 아일 aisles로 나뉜다. 지붕의 돔 주변으로 좁은 틈을 통하여 마치 거대한 별빛과 같은 태양 빛이 내부로 굽이쳐 들어온다.

St Mark's의 내부

여기저기에 하나 혹은 훨씬 먼 두 곳의 빛줄기가 어둠 속에 넘쳐흐르고, 솟구치고 가라앉는 바닥면에 수많은 색조를 가진 대리석의 물결무늬 위에 가냘픈 빛줄기를 만들어낸다. 무엇인가 다른 빛이 있다면 예배당의 한 구석에서 횃불로부터 나온 것이거나 은으로 만든 등잔에서 끊이지 않고 타오르는 빛줄기다. 지붕은 얇은 금으로 둘러져 있으며, 윤기 나는 벽체는 마노석으로 치장되어 모든 모서리와 둥글게 돌려진 부분에서 불꽃들에 답하며 희미한 불빛을 나타나고 있다. 조각된 성자들의 얼굴 주변의 광채들은 우리가 지나쳐가면서 보자면 번쩍이고 있었다. 그리고 다시 어둠으로 사라졌다. 발아래 그리고 머리 위에서, 끊이지 않고 연속되는 많은 이미지들은, 한 그림이 지나면 또 한 그림이 나타나면서, 마치 꿈을 꾸는 듯하다. 이 모든 것은 아름다움을 만들어내고 서로 마구 뒤섞여 간다. 용들, 악마들 그리고 먹이를 찾는 미친듯한 야수들, 우아한 새들이 흘러내리는 분수로부터 목을 축이고 있으며 크리스탈 그릇으로부터 먹이를 먹고 있다. 인간의 삶에서 열정과 기쁨들은 모두 함께 상징되었다. 그리고 구원의 신화들, 서로 얽힌 선들과 변화하는 그림들로 짜여진 미로는 항상 마지막으로 십자가를 향하고 있다. 십자가는 모든 장소에서 그리고 모든 석재위에 위로 받들어지고 조각되어 있다. 종종 꿈틀이는 교활한 악마, 뱀으로 감겨져 있으며, 어떤 경우는 그 팔 아래 비둘기들이 있기도 하며 그 발아래 초본들을 키우기도 한다. 그러나 무엇보다도 똑똑하게 드러나 보이는 것은 제단 앞에 교회를 가로지르는 거대한 십자가 상 위에 있는 것이다. 그것은 앱스의 음영과는 대조적으로 밝고 화려하게 만들어져 들어올려져 있다. 비록 아일과 채플의 구석자리에 놓여 있고 향 연기에 흐릿하게 드러날 지라도, 대리석위에 희미한 선을 따라서 모양을 확인할 수 있을 것이다. 그리고 한 여성이 그의 눈을 천상을 향하여 고래를 들어 쳐다보고 서 있다. 그리고 그녀의 위로 한 글귀가 새겨있는데, 성모마리아 Mother of God라고 적혀있다. 그녀는 여기에서는 신성을 얻고 있지 않은 모습을 보여준다. 여기에서 처음 볼 수 있는 것은 바로 십자가이다. 항상 이 신전의 한 가운데서 타오르고 있으며.....(이하 생략)

건축적 기술, 해석, 판단

記述, 解釋, 判斷.

비평은 비평 자체를 해석하고 판단할 수도 있습니다. 그리고 그 나름의 형식으로 예술이 될 수도 있습니다. 그러나 그 모든 비평의 목적은 더 나은 건축의 가능성과 역사를 정립하기 위한 것입니다. 문제는 그 목표를 어떻게 성취하는가 입니다. 비평가는 종종 참으로 훌륭한 사실과 견해를 밝히고 미래를 제시합니다. 그런 경우에 비평가는 스스로 디자인에 참여할 수도 있고 건축에 영향을 미칠 수도 있습니다. 비평은 그러한 신중하고 통찰력 있는 논의를 통하여 더욱 진지한 건축 디자인의 바탕이 됩니다.

건축에 참여하는 우리는 훌륭한 비평가일 필요가 있습니다. 우리가 스스로 발견하고 창조할 수 있는 능력을 필요로 합니다.

Forum 2004 Building and Plaza(Barcelona, 2004, Herzog & De Meuron)

개념은 다양한 범주와 체계, 가능성을 가집니다.

개념은 디자인과 사고, 비평의 바탕입니다. 개념을 얻지 못한다면 우리는 진정한 창조와 이해를 할 수 없습니다. 그러나 반드시 이 책과 동일한 구조의 개념을 가질 필요는 없습니다. 그 체계는 스스로 선택하는 것입니다.

건축적 개념은 디자인이론으로서 적용이 되며 건축물에서 선택되는 형태적 논의 이전에 본질적인 근거가 됩니다. 흔히 디자인 과정에서의 논의보다 먼저 선택의 문제와 관심의 문제에 관여합니다. 디자인 이론은 물론 건축적 개념에는 범주와 관계가 존재합니다. 이 범주는 당연히 역사적이며, 사회의 발전과 함께 합니다.

「해체 Deconstructivism, 폴딩 Folding, 디지털 Digital, 하이브리드 Hybrid, 헤테로스코프 Heteroscope, 데이터스케이프 Datascape, 랜드스케이프 Landscape, 네오모더니즘 Neo-modernism, 신이성주의 New-Rationalism 등」의 다원적인 이즘, 「경계소멸, 다원성, 응집성, 변화, 네트워크, 흐름, 상관성, 비유클리드, 상호텍스트, 카오스, 탈구조, 불확정성, 3차원성, 다차원성, 탈유기, 이질성, 복수성, 접속, 흐름, 비위계, 프로그램 등」의 다의적인 사고, 「V. M. Lampugnani, Robert Venturi, G. Broadbent, P.G. Rowe, D. Watkin, C. Norberg Schulz, Charles Jencks, J. Lang, K. Frampton 등」의 건축사가의 다양한 이론과 견해, 「미학, 예술철학, 존재론, 형이상학, 인식론, 심리학, 기호학, 윤리론, 가치론 등」의 다학문적 접근이 보여주듯이 현대 건축의 이론과 양상들은 다양하고 방대합니다. 때문에 이와 같은 관계를 이해하는 것은 쉽지 않다고 하겠습니다. 이 모두를 깊이 있게 연구하기 전에는 결코 전부를 알았다고 할 수는 없습니다. 그러나 반드시 전부를 완전히 알아야만 하는 것은 아닙니다. 적어도 건축적인 사실을 가늠할 수 있도록 알 수 있다면, 건축적 사고는 충분한 자유를 얻을 수 있고 많은 사고들을 충분히 이해할 수 있을 것입니다.

무엇을 기준으로 평가하고 사고하고 디자인하는 것이 바람직합니까?

5. 변화하는 가치, 변화하지 않는 가치

당신은지금무엇을보고있습니까 무엇을보고자하는가에대한질문과목적그리고방향을 설정하는것은무엇보다중요합니다그리고그것이개념을만들어내는이유이고근거입니다

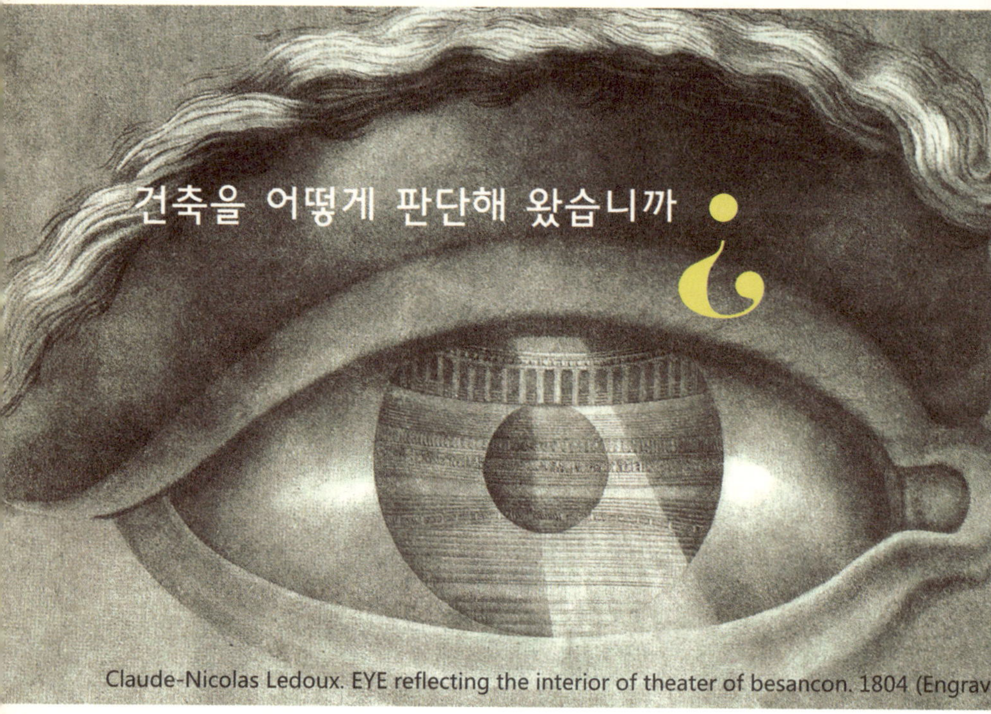

Claude-Nicolas Ledoux. EYE reflecting the interior of theater of besancon. 1804 (Engrav

대부분 우리가 바라보는 것은 훌륭함, 아름다움, 유용함, 견고함.....과 같은 미학적인 대상이었으며 동시에 건축적인 가치를 형성해 왔습니다. 우리 모두는 바로 그러한 건축을 완성하고 찾아내고 실현하기 위하여 노력해 왔습니다. 그리고 그것이 진정으로 즐거움을 제공한다는 것을 알고 있습니다. 이러한 사실은 위대한 건축가와 비평가들 역시 다르지 않습니다. 다이노그라테스 Dinocrates 로부터 비트루비우스 Vistruvius, 러스킨 Ruskin, 라이트 Wright, 오늘날의 건축가들에게까지 변하지 않았습니다.

최초의 은신처로부터 매우 복잡한 구조물을 형성한
인간은 진정한 휴식처를 얻었습니까?

Viollet-le-Duc의 First Shelter

살기위한 기계 : Le Corbusier

지금까지 건축은 정의로부터 접근해 왔습니다. 최초의 건축은 인간을 비바람 및 햇볕과 같은 외부의 환경과, 맹수나 다른 종족들로부터 보호해 주기 위한 울타리(Shelter)로부터 시작되었습니다. 그것은 형식을 지닌 집이 아니라 동굴이었음에 분명합니다. 건축은 **"인간의 모든 생활을 담도록 만들어진 그릇"**이라고 요약할 수 있습니다. 심지어 르코르뷔지에(Le Corbusier)는 "건축은 살기위한 기계"라고 극단적으로 정의하기도 하였습니다. 건축을 하나의 종합적인 공간예술로 파악할 수도 있습니다. 건축이 지닌 미적 측면을 강조하여 '건축은 동결된 음악이다' 또는 '건축은 수정(水晶)이다' 라고 말하기도 합니다. 인간의 육체적, 정신적 생활을 쾌적하고 안락하게 영위할 수 있는 장소를 마련해 준다는 원칙에는 변함이 없습니다.

비트루비우스 Vitruvius 는 BC25년경 『建築十書 The Ten Books on Architecture』에 편리 commoditas, 견실 firmitas, 우미 venustas의 세 가지를 건축의 목표라고 적었습니다. 오늘날의 '기능, 구조, 미'라는 3대 요소가 되고 있습니다. 그리고 르네상스 시대의 이탈리아 건축가 알베르티 (Leon Vattista Alberti ; 1404 - 1472) 는 편리 commoditas, 견실 firmitas, 육감 voluptas로 정의 하였습니다.

Architecture의 어원

그리스어의 Architekton, 또는 라틴어의 Architectura. 어느 것이나 <Archi=大> <Tectura=기술>을 의미합니다. 따라서 건축이란 '종합적으로 계획하고 구축하는 기술'을 의미합니다. '건축가', 즉 Architect 는 원래 기술을 종합하는 사람이었습니다. 비트루비우스 시대에 Architect는 천문, 지리, 의술 등 여러 가지 기술을 다루었습니다. 그 후에 세상이 발달하고 기술이 다방면으로 분화되어가기 시작하면서 건축가는 집을 짓는 것만이 전문이 되었습니다.

건축의 정의는 무엇을 의미합니까?

건축적 요구사항은 바로 건축의 내용을 의미합니다. 그리고 건축의 개념이 되고 정의가 되었습니다. 그러므로 실은 건축의 평가는 바로 그 정의가 내포하고 정의하는 내용과 크게 다르지 않습니다. 사실상 건축의 광범위한 내용을 알 수 있다는 것은 그 내용의 올바른 의미와 가치를 안다는 것입니다. 그리고 적절함과 바람직한 상태를 알고 있다는 것입니다. 물론 건축의 내용과 의미 그리고 가장 중요한 기준은 시대에 따라 조금씩 변화해 왔습니다.

우리가 건축을 정의한다는 것은 건축이 담고 있는 요소들과 내용을 어떠한 어휘로 한정하는 것과는 다릅니다. 건축은 그 요소와 부분들을 모두 모아서 어떠한 특별한 생명력과 의미를 지닙니다. 건축물이 그러한 특별한 상태에 도달할 수 있는 것은 부분들의 종합 이상의 관계가 존재한다는 것입니다.

건축은 더 포괄적인 관계를 지니고 있습니다. 유기적 관계는 포괄적인 상호 조화와 균형을 전제로 합니다. 그러므로 건축의 요소들을 조정하고 통제하는 질서의 개념을 필요로 합니다. 질서는 건축에 있어서 미의 원리이기도 하고 예술적 경험이기도 하며 건축 철학이기도 합니다. 건축을 정의하는 것은 장님이 거대한 코끼리의 다리를 만지는 것과 같습니다. 우리는 코끼리 다리, 꼬리, 코, 귀, 눈 ..... 하나하나를 만져볼 수 는 있지만, 결코 거대한 코끼리 자체를 가늠할 수 없습니다. 우리는 코끼리를 전부 볼 때까지 거대한 이야기를 짜맞추어야만 합니다. 충분히 가치 있는 정의를 내릴 수 있는 것은 올바른 개념에 의한 것입니다.

?

새로운 건축은 무엇입니까 과거의 건축과 다른 새로운 건축을 정의하기 위하여 무엇이 필요합니까 과거의 건축과 현대건축의 차이는 무엇입니까

우리가 이해하고자 하는 건축은 우리가 정의해야 하는 건축입니다.
건축을 정의 한다는 것은 새로운 건축의 기준과 이 시대의 정신을
전달할 수 있는 정의를 의미합니다.

Seattle Central Library, 2004., Rem Koolhaas

!

현대의 건축은 새로운 건축의 정의에 의하여 결정됩니다. 새로운 건축은 새로운 요구와 새로운 내용을 필요로 합니다.

건축의 발전, 건축 개념의 발전, 그리고 건축 규범의 발전은 디자인 개념과 원칙의 발전이 주도해왔습니다. 그것은 건축자체입니다.

그러므로 우리가 찾는 건축적 정의와 가치판단의 기준은 디자인 원칙이 중심이 되었으며 건축이론의 역사는 디자인 개념이 주도하게 된 것입니다. 따라서 역사는 단순한 사실의 참고서가 아니라 그 연관관계와 변화를 보여주는 훌륭한 스승입니다. 오늘날은 세워지지 않는 고딕의 성당과 로마의 신전, 베니스의 궁전들은 소멸되어가는 구시대의 유산이 아니라 우리들이 필요로 하고 사용하는 개념과 디자인 원리의 근거가 됩니다. 따라서 건축의 역사는 건축 디자인이 표방해온 원칙과 정신에 의하여 주도되었습니다.

그 형태와 구조방식, 형태구성의 원리, 건축재료, 기능의 분화, 사용자의 요구, 권력의 소재, 사회의 구성원, 외부공간의 조직, 공간의 분화, 연속성····· 모두가 다릅니다. 그리고 변화해 왔습니다. 그것은 시대의 정신을 구성합니다.

건축의 정의는 시대정신이며 가치판단의 기준입니다.

건축물의 형태는 분명 절삭과 투상의 방식에서 구성과 요소의 조합으로 변화하고 있습니다. 건축사은 그 자체로 단절된 사건과 건축물의 연속적인 등장으로 기술됩니다. 그러므로 연대표는 건축물의 등장 시기와 지역, 활동한 건축가를 중심으로 기록됩니다. 다양한 기능적 요구가 부족하였으며, 건축의 주체와 사용자의 분화와 권력의 미비함은 당연히 한 시대의 건축적 양식을 통일시키도록 만들었습니다. 또한 구조적 해결과 기술적인 문제는 이를 가중시켰음이 당연합니다. 스타일은 그러므로 한 시대의 형태와 구조, 요소와 디자인 경향과 원칙을 대변해 왔습니다.

무엇이 변화하였으며 무엇이 변화하지 않았습니까

Temples of Deir el-Bahari(Egypt, BC 1470) 2. Parthenon(Acropolis, BC 447-438)
Abbey church of Saint-Denis(Paris, 1231-41) 4. Il Redentore(Venice, 1574-76)
Villa Savoye(1917-28, Le Corbusier) 6. De Young Museum(Golden Gatepark, 2005)

건축물의 형태는 어떻게 변화해 왔습니까

여러분은 이 건축물이 시대에 따라서 변화하고 있다는 것을 확인할 수 있습니다. 그리고 더욱 복잡해지고 더 많은 구성요소를 지니게 됩니다. 좀더 세련되고 좀더 많은 형태적 시도가 보입니까?

기제 피라미드 BC2550-2470

스톤헨지 BC2000

핫셉수트 여왕

므네시클레스 BC437

파르테논 BC 447-432

트리야누스

막센티우스 바실리카 306-325

산 비탈레 540-548

크세노폰

여러분이 더 많은 차이와 공통점을 찾기 바랍니다.

과연 각 시대 건축의 정의는 무엇입니까

사실, 이 모든 형태는 당시의 주도적인 건축적인 의미이며 원칙이었습니다. 그 원칙들은 그 시대가 이 건축물에 부과한 요구였습니다. 대부분의 경우 사회권력과 종교적인 차원이었습니다. 그러나 곧 새로운 양상으로 변화하게 됩니다.

C 1458

사자의 문 BC1300

아몬 레 신전 BC 1500-320

D 1-2C

콜로세움 72-82

판테온 120-124

D550

하기아 소피아 532-562

피사대성당 1163-1272

그것이 의문을 만들 것이고 또한 해답을 찾게 할 것이기 때문입니다.

진지한 건축적인 예술적인 의지를 발견할 수 있습니까

고전 이후 건축형태는 어떻게 변화합니까

여전히 건축물은 그 시대의 제약을 벗어날 수 없습니다. 그러나 그 형태적인 자유로움은 오늘날의 표현과 해석에 가까워지고 있습니다. 구조적 형태는 이제 면과 공간을 포함하고 조작된 표면을 가집니다.

점점 거대하게?

점점 세밀하게?

부르주 성당 1190-1275　　랭스 대성당 1211-1481　　팔라쪼 푸블리코

이 많은 요소를 통제하는 것이 건축적 원리입니다.

에스코리알 궁전 1562-1582　　빌라 로툰다 1565-1569　　일 제수

일정시기 유지된 정치사회구조는 건축적 배경이 됩니다.

루브르궁전 1665　　세인트폴대성당 1675-1710　　트레비분수 1732

이들 건축물은 무엇을 보여줍니까? 시대와 양식을 볼 수 있습니까?

시대의 규범과 원칙은 어떻게 변화합니까

여러분은 이 간략한 비교에서 무엇이 먼저 눈에 뜨입니까 ? 그것이 다른 시대에 어떻게 영향을 미치고 어떠한 형태를 만들어내는가를 발견하는 것은 시대의 관계를 이해하는 기초가 됩니다. 그래서 여러분은 양식적인 차이를 짐작하게 됩니다.

점점 복잡하게 ?

밀라노성당 1385-1485

산안드레아 1472-1494

점점 세련되게 ?

템피에도 1502

원리는 개념이 되고 표현수단이며 창조의 의지입니다.

68-1584

산피에트로대성당 1506-1626

콰트로폰타네 1638-1677

한시대의 양식은 거대한 관련 배경의 집합입니다.

치즈웍하우스 1725

팡테옹 1755-1792

여러분이 이 건축물을 알고 있습니까 ? 이름과 건축가는 .... ?

각각 건축물은 건축사에서 어떤 의미를 지닐까요

현대적 건축 형태를 발견할 수 있습니까

신고전주의 이후로 새로운 기능의 요구와 형태적인 실험은 아방가르드의 승리를 가져왔습니다. 과거의 건축적 규범들은 모두 거부되었습니다. 그러므로 새로운 형태는 당시의 다양한 활동과 공간적인 요구를 만족시켜야만 했습니다.

놀라운 다양성을 느낄 수 있습니까?

알테스 무지엄 1823-1830

미국 국회의사당 1793-1867

건축의 다양성은 사회와 문화의 다원성으로부터 시작됩니다.

까사 파밀리아 1884 -

로비하우스 1908

슈레더 하우스 1923-1924

건축가의 의지를 느낄 수 있습니까?

위니떼 따비따시옹 1946-1952

세이나찰로 시청사 1950-1952

노뜨르담 뒤

기능이 건축의 주요 테마로 등장한 것은 당연한 것이었습니다.

새로운 시도는 자유를 부여하기 시작하였습니다!

사실, 현대는 다원적인 정의와 규범들에 의하여 건축을 이해하고 접근하도록 해 주었습니다. 초기의 모더니즘은 현대문명이 가져다 준 장점들을 활용하여 지금까지와는 다른 세계를 창조하였습니다. 새로운 공간들은 우리의 도시와 거주지를 변모시키고 동시에 우리는 새로운 삶의 방식을 얻게 되었습니다.

영국 의회 1836-1851 수정궁 1851 카슨피리스콧 1899-1904

크라이슬러빌딩 1928-1930 빌라 사보아 1928-1931 낙수장 1935-1937

1950-1954 마더하우스 1962-1964 포틀랜드 시청사 1980-1982

동시에 많은 사람들이 진정으로 자신의 의도를 표출하게 되었습니다.

새로운 세기는 상상할 수 없는 표현의 극한까지 자유를 끌어 올렸습니다. 그 어떠한 시대보다도 더 자유로운 표현이 가능해졌습니다. 이성이 가능하게 할 수 있는 것은 모두 이루어질 수 있게 되었습니다.

Fansworth House, 1951, Mies van der rohe

Seagam, 1958, Mies van der rohe

Athemeum, 1979, Richard Meier

Pompidou, 1977, Renzo Piamo, Richard Ro

High Museum, 1986, Richard Meier

오늘날 건축가 나름의 개성적인 표현은 인정받지만 한편으로 전 지구적인 기술의 전파, 재료의 공유, 개념의 공유를 가져왔습니다. 그것은 지역적이고 풍토적인 그리고 컨텍스트에 적절한 건축물은 설 자리가 없게 만들고 있습니다. 강력한 사회적 문화적 통제보다는 개개인의 표현과 사회적 의식이 더 크게 작용합니다.

건축가의 의지와 새로운 형태가 보여집니까

Phoenix-Rheinrohr AG, 1960, Helmut Hentrich

Richard Doley Center, 1965, C.F.Murphy Associates

Smith House, 1967, Richard Meier

Lioyd BLD, 1986, Richard Rogers

Shanghai Bank, 1986, Foster Associates

다음세기는 참으로 놀라운 건축물이 나타났습니다. 그러한 표현의 자유는 천천히 인정받기 시작했습니다. 그리고 그 사고는 전세계로 퍼져가기 시작했습니다. 세계화는 더 많은 문화를 포섭하고 더 많은 건축가의 무대를 열어주게 됩니다.

20세기의 건축은 무엇을 느끼게 합니까

새로운 재료, 구조역학, 그리고 기하학, 현대의 시술은 예전에 느끼지 못한 새로운 미학적인 가능성을 열어주었습니다. 사실상 이즘의 시대는 수많은 사고의 양상들을 일컫기 시작하고 대신 모든 건축가의 표현의 자유를 인정해주는 수단이 되었습니다. 우리가 얻는 것을 수 있는 것은 수많은 개념과 어휘들이 만들어내는 가능성입니다. 어느 순간 지금까지의 개념과 표현의지는 새로운 패러다임에 구속되기 시작했습니다. 과거와의 단절과 도약을 전제로 건축은 또 다른 지평을 찾기 시작하였습니다. 우리는 또 다른 건축적 정의와 가치를 향해 나가고 있습니다.

오늘날 주변에서는 어떠한 변화가 일어납니까
새로움과 상상의 자유를 느낄 수 있습니까?

Laban Dance Center, 2005, Herzog & De Meuron

2005
Allianz Arena, Herzog & De Meuron

MUSAC, 2004, Mansilla+Tunon

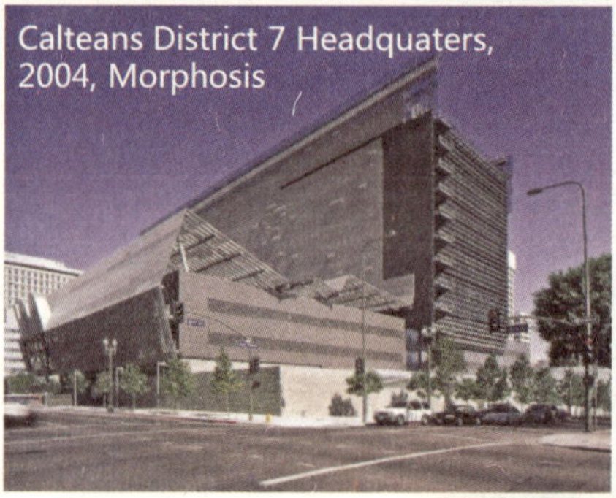

Calteans District 7 Headquaters, 2004, Morphosis

Netherlands Embassy, 2003, Rem Koolhaas

Seattle Library, 2004., Rem Koolhaas

MOMA Expansion 2004., Yoshio Taniguchi

IKMZ BTU CottBUS, 2004
Herzog & De Meuron

Arhus Mu
Schmidt H

다음의 작품이 현재의 양상을 전부 소개할 수는 없습니다. 이미 이 책 전체로도 설명할 수 없을 만큼 광범위한 현상들과 건축물이 나타났습니다. 이 시기는 과거와는 달리 이루 헤아릴 수 없는 건축가와 작품 그리고 그들의 생각과 수많은 시도들로 가득차 있습니다.

Loisium Visitor Center and Hotel
2005, Steven Holl

Asymptote, 2005,
Gugenheim Guadalajara

Walker ArtCenter, 2005, Herzog & De Meuron

Walt Disney Concert Hall ,2003,
Frank O Gehry

3,
Rassen

Holocaust Museum, Yad Vashem
2005, Moshe Safdie

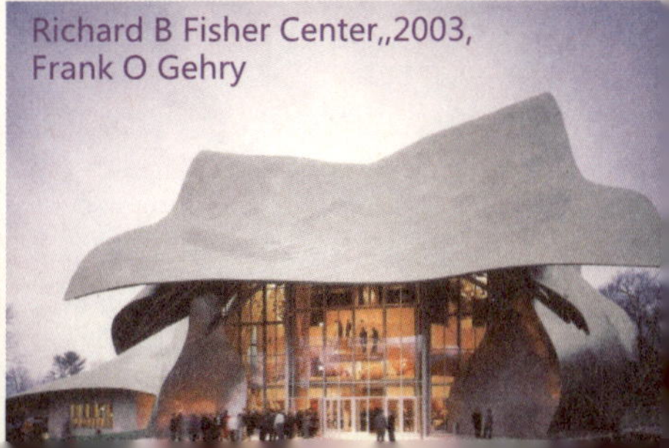

Richard B Fisher Center,,2003,
Frank O Gehry

● 건축을 가늠하는 척도는 하나가 아닙니다. 그러나 여전히 우리는 공통의 가치를 갖고 있습니다. 변하지 않는 것은 무엇입니까

다음의 그림은 찰스 젱크스가 그의 책 'New Paradigm in Architecture'에서 정리한 것입니다. 그는 현대건축의 다양한 양상을 상위의 이즘과 작가, 작품으로 구분하였습니다. 이러한 표에서 보여주는 바는 매우 많은 사고가 동시에 다양한 양상으로 나타나고 있음을 보여줍니다. 또한 은연중에 어떠한 위계와 체계를 인정하고 있음을 볼 수 있습니다. 그것은 이미 모든 건축적 사고와 판단에 구조주의적 접근이 받아들여지고 있다는 것입니다. 또한 형태언어가 아닌 개념언어가 건축적 경향을 구분하고 있다는 것입니다. 사실상 건축물과 건축물, 작가와 작가, 이즘과 이즘 사이에 경계는 없으며 혼용된 상황에서 차이와 연속적인 변화만이 있을 뿐입니다. 그것은 이 시대가 만들어 낸 매우 훌륭한 창조입니다. 하나의 흐름으로 보이는 양상은 혼합과 분화이며 개념의 흐름이라는 것입니다. 이제 건축적 정의와 기준은 수많은 개념, 즉 많은 구성요소의 조합에 의한 선택적인 창조이며 의도적 구축입니다.

고립된 건축적 개념과 사고가 존재할 수 있고 흐름의 사고에서 창조와 소멸이 가능합니까?

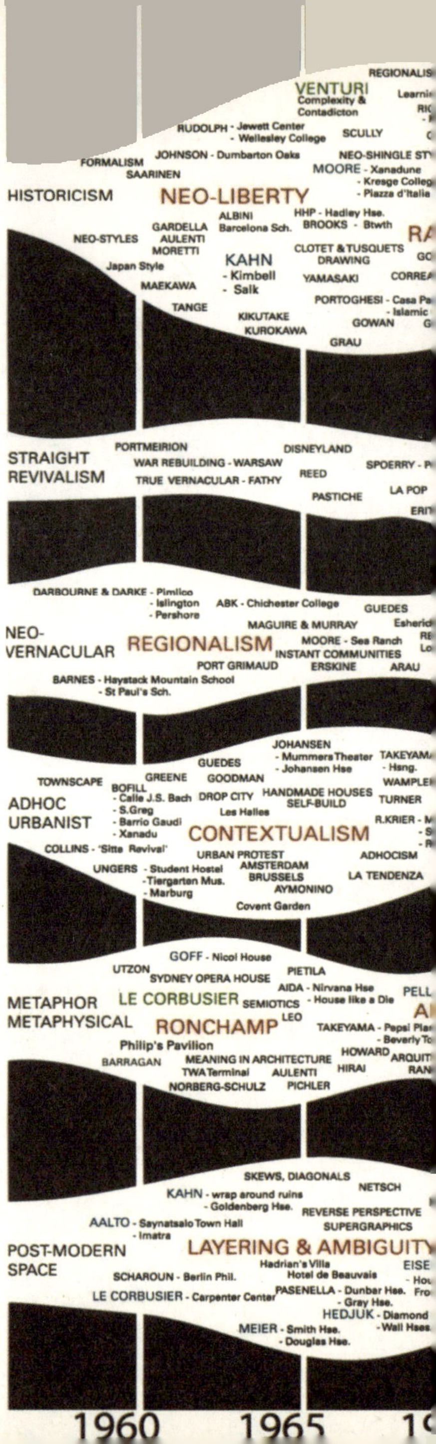

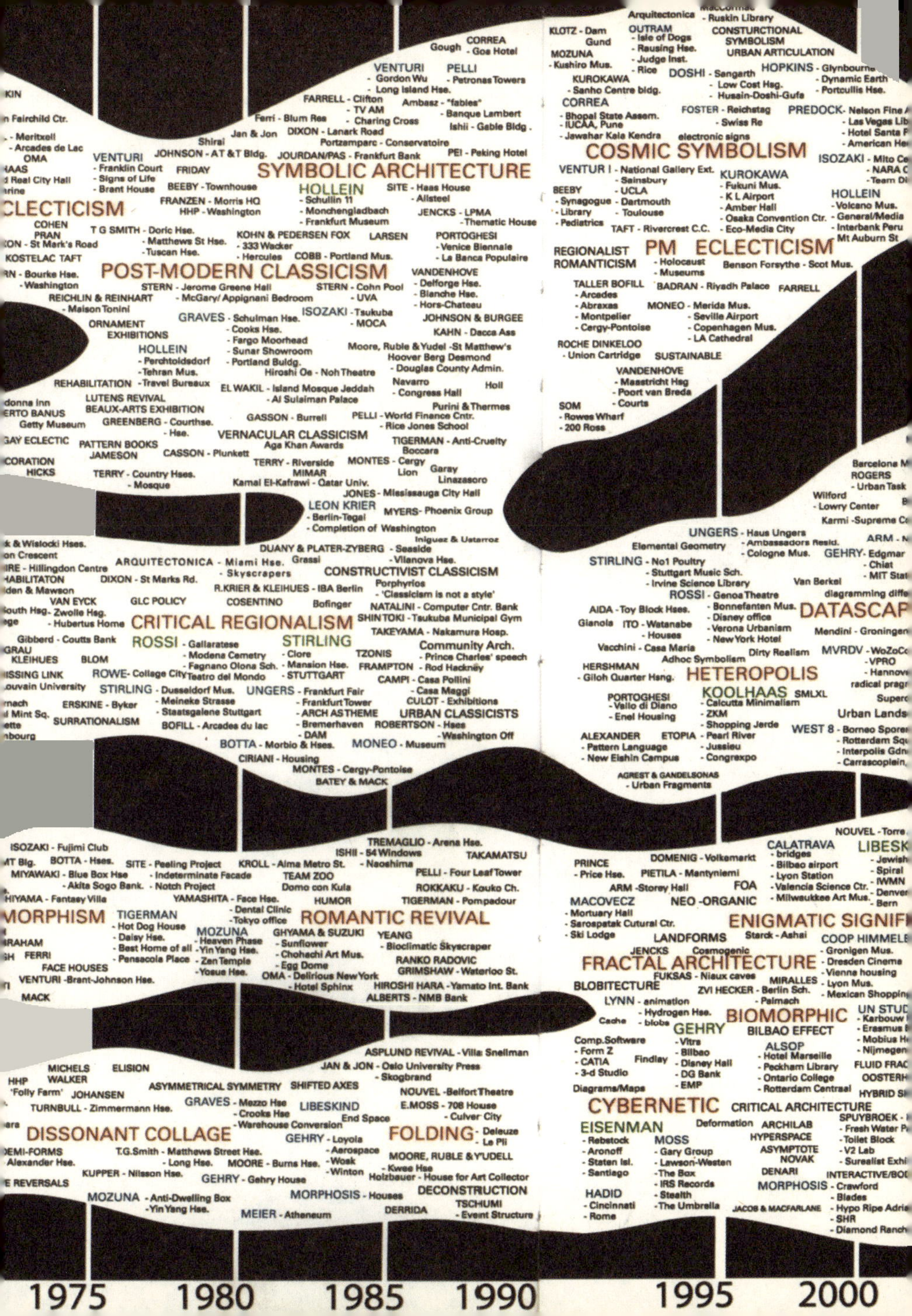

CORREA - Goa Hotel
Gough
VENTURI - Gordon Wu - Long Island Hse.
PELLI - Petronas Towers
FARRELL - Clifton - TV AM - Charing Cross
Ambasz - "fables"
Banque Lambert
Ishii - Gable Bldg.
Ferri - Blum Res
DIXON - Lanark Road
Jan & Jon
Shirai
Portzemparc - Conservatoire
n Fairchild Ctr.
- Meritxell
- Arcades de Lac
OMA
VENTURI - Franklin Court - Signs of Life - Brant House
JOHNSON - AT&T Bldg.
FRIDAY
JOURDAN/PAS - Frankfurt Bank
PEI - Peking Hotel
SYMBOLIC ARCHITECTURE
d Real City Hall
BEEBY - Townhouse
HOLLEIN - Schullin 11 - Monchengladbach - Frankfurt Museum
SITE - Haas House - Allsteel
JENCKS - LPMA - Thematic House
ECLECTICISM
FRANZEN - Morris HQ
HHP - Washington
COHEN
PRAN
T G SMITH - Doric Hse. - Matthews St Hse. - Tuscan Hse.
KOHN & PEDERSEN FOX - 333 Wacker - Hercules
LARSEN
PORTOGHESI - Venice Biennale - La Banca Populaire
ON - St Mark's Road
KOSTELAC TAFT
COBB - Portland Mus.
POST-MODERN CLASSICISM
VANDENHOVE - Delforge Hse. - Blanche Hse. - Hors-Chateau
RN - Bourke Hse. - Washington
STERN - Jerome Greene Hall - McGary/ Appignani Bedroom
STERN - Cohn Pool - UVA
REICHLIN & REINHART - Maison Tonini
ISOZAKI - Tsukuba - MOCA
JOHNSON & BURGEE
ORNAMENT EXHIBITIONS
GRAVES - Schulman Hse. - Cooks Hse. - Fargo Moorhead - Sunar Showroom - Portland Buldg.
KAHN - Dacca Ass
HOLLEIN - Perchtoldsdorf - Tehran Mus. - Travel Bureaux
Moore, Ruble & Yudel - St Matthew's
Hoover Berg Desmond - Douglas County Admin.
Hiroshi Oe - Noh Theatre
REHABILITATION
EL WAKIL - Island Mosque Jeddah - Al Sulaiman Palace
Navarro - Congress Hall
Holl
donna Inn
LUTENS REVIVAL
BEAUX-ARTS EXHIBITION
ERTO BANUS
Getty Museum
GREENBERG - Courthse. - Hse.
GASSON - Burrell
PELLI - World Finance Cntr.
Purini & Thermes
Rice Jones School
GAY ECLECTIC
PATTERN BOOKS
JAMESON
VERNACULAR CLASSICISM
Aga Khan Awards
TIGERMAN - Anti-Cruelty
Boccara
CORATION
HICKS
CASSON - Plunkett
TERRY - Riverside
MIMAR
MONTES - Cergy
Lion
Garay
Linazasoro
TERRY - Country Hses. - Mosque
Kamal El-Kafrawi - Qatar Univ.
JONES - Mississauga City Hall
LEON KRIER - Berlin-Tegel - Completion of Washington
MYERS - Phoenix Group
Iniguez & Ustarroz
k & Wislocki Hses.
on Crescent
IRE - Hillingdon Centre
HABILITATON
den & Mawson
DUANY & PLATER-ZYBERG - Seaside - Vilanova Hse.
Grassi
ARQUITECTONICA - Miami Hse. - Skyscrapers
DIXON - St Marks Rd.
CONSTRUCTIVIST CLASSICISM
R.KRIER & KLEIHUES - IBA Berlin
Porphyrios - 'Classicism is not a style'
VAN EYCK - Zwolle Hsg. - Hubertus Home
outh Hsg.
GLC POLICY
COSENTINO
Bofinger
NATALINI - Computer Cntr. Bank
CRITICAL REGIONALISM
SHINTOKI - Tsukuba Municipal Gym
TAKEYAMA - Nakamura Hosp.
Gibberd - Coutts Bank
GRAU
KLEIHUES
BLOM
ROSSI - Gallaratese - Modena Cemetry - Fagnano Olona Sch. - Teatro del Mondo
STIRLING - Clore - Mansion Hse. - STUTTGART
TZONIS
Community Arch. - Prince Charles' speech - Rod Hackney
FRAMPTON
ISSING LINK
ROWE - College City
ouvain University
CAMPI - Casa Pollini - Casa Maggi
STIRLING - Dusseldorf Mus. - Meineke Strasse - Staatsgalerie Stuttgart
UNGERS - Frankfurt Fair - Frankfurt Tower
CULOT - Exhibitions
ERSKINE - Byker
ARCH AS THEME - Bremerhaven - DAM
URBAN CLASSICISTS
l Mint Sq.
SURRATIONALISM
BOFILL - Arcades du lac
ROBERTSON - Hses - Washington Off
BOTTA - Morbio & Hses.
MONEO - Museum
CIRIANI - Housing
MONTES - Cergy-Pontoise
BATEY & MACK
Arquitectonica
KLOTZ - Dam
Gund
OUTRAM - Isle of Dogs - Rausing Hse. - Judge Inst. - Rice
Ruskin Library
CONSTURCTIONAL SYMBOLISM
URBAN ARTICULATION
MOZUNA - Kushiro Mus.
KUROKAWA - Sanho Centre bldg.
DOSHI - Sangarth - Low Cost Hsg. - Husain-Doshi-Gufa
HOPKINS - Glynbourne - Dynamic Earth - Portcullis Hse.
CORREA - Bhopal State Assem. - IUCAA, Pune - Jawahar Kala Kendra
FOSTER - Reichstag - Swiss Re
PREDOCK - Nelson Fine A - Las Vegas Lib - Hotel Santa F - American He
electronic signs
COSMIC SYMBOLISM
ISOZAKI - Mito Ce - NARA C - Team Di
VENTURI - National Gallery Ext. - Sainsbury - UCLA - Dartmouth - Toulouse
KUROKAWA - Fukuni Mus. - K L Airport - Amber Hall - Osaka Convention Ctr. - Eco-Media City
HOLLEIN - Volcano Mus. - General/Media - Interbank Peru - Mt Auburn St
BEEBY - Synagogue - Library - Pediatrics
TAFT - Rivercrest C.C.
REGIONALIST ROMANTICISM
PM ECLECTICISM
- Holocaust - Museums
Benson Forsythe - Scot Mus.
TALLER BOFILL - Arcades - Abraxas - Montpelier - Cergy-Pontoise
BADRAN - Riyadh Palace
FARRELL
MONEO - Merida Mus. - Seville Airport - Copenhagen Mus. - LA Cathedral
ROCHE DINKELOO - Union Cartridge
SUSTAINABLE
VANDENHOVE - Maastricht Hsg - Poort van Breda - Courts
SOM - Rowes Wharf - 200 Ross
Barcelona M
ROGERS - Urban Task
Wilford - Lowry Center
Karmi - Supreme C
UNGERS - Haus Ungers - Ambassadors Resid. - Cologne Mus.
Elemental Geometry
ARM
GEHRY - Edgmar - Chiat - MIT Stat
STIRLING - No1 Poultry - Stuttgart Music Sch. - Irvine Science Library
Van Berkel
diagramming diffe
ROSSI - Genoa Theatre - Bonnefanten Mus. - Disney office - Verona Urbanism - New York Hotel
AIDA - Toy Block Hses.
Gianola
ITO - Watanabe - Houses
DATASCAP
Mendini - Groningen
Vacchini - Casa Maria
Dirty Realism
MVRDV - WoZoCo - VPRO - Hannove
Adhoc Symbolism
HERSHMAN - Giloh Quarter Hsng.
HETEROPOLIS
radical pragr
PORTOGHESI - Vallo di Diano - Enel Housing
KOOLHAAS - Calcutta Minimalism - ZKM - Shopping Jerde - Pearl River - Jussieu - Congrexpo
SMLXL
Superc
Urban Lands
ALEXANDER - Pattern Language - New Eishin Campus
ETOPIA
WEST 8 - Borneo Sporen - Rotterdam Squ - Interpolis Gdn - Carrascoplein
AGREST & GANDELSONAS - Urban Fragments
ISOZAKI - Fujimi Club
MT Blg.
BOTTA - Hses.
TREMAGLIO - Arena Hse.
ISHII - 54 Windows - Naoshima
TAKAMATSU
MIYAWAKI - Blue Box Hse - Akita Sogo Bank.
SITE - Peeling Project - Indeterminate Facade - Notch Project
KROLL - Alma Metro St.
TEAM ZOO
Domo con Kula
PELLI - Four Leaf Tower
ROKKAKU - Kouko Ch.
HIYAMA - Fantasy Villa
YAMASHITA - Face Hse. - Dental Clinic - Tokyo office
HUMOR
TIGERMAN - Pompadour
MORPHISM
TIGERMAN - Hot Dog House - Daisy Hse. - Best Home of all - Pensacola Place
MOZUNA - Heaven Phase - Yin Yang Hse. - Zen Temple - Yosue Hse.
ROMANTIC REVIVAL
GHYAMA & SUZUKI - Sunflower - Chohachi Art Mus. - Egg Dome
YEANG - Bioclimatic Skyscraper
RANKO RADOVIC
GRIMSHAW - Waterloo St.
RAHAM
FERRI
FACE HOUSES
VENTURI - Brant-Johnson Hse.
OMA - Delirious New York - Hotel Sphinx
HIROSHI HARA - Yamato Int. Bank
ALBERTS - NMB Bank
MACK
PRINCE - Price Hse.
DOMENIG - Volkemarkt
PIETILA - Mantyniemi
ARM - Storey Hall
FOA
CALATRAVA - bridges - Bilbao airport - Lyon Station - Valencia Science Ctr. - Milwaukee Art Mus.
NOUVEL - Torre
LIBESK - Jewish - Spiral - IWMN - Denver - Bern
MACOVECZ - Mortuary Hall - Sarospatak Cutural Ctr. - Ski Lodge
NEO-ORGANIC
ENIGMATIC SIGNIF
LANDFORMS
Starck - Ashai
JENCKS
Cosmogenic
COOP HIMMELB - Gronigen Mus. - Dresden Cinema - Vienna housing - Lyon Mus. - Mexican Shopping
FRACTAL ARCHITECTURE
FUKSAS - Niaux caves
MIRALLES - Palmach
ZVI HECKER - Berlin Sch.
BLOBITECTURE
LYNN - animation - Hydrogen Hse. - blobs
Cache
GEHRY - Vitra - Bilbao - Disney Hall - DG Bank - EMP
BIOMORPHIC
BILBAO EFFECT
UN STUD - Karbouw - Erasmus B - Mobius H - Nijmegen
Comp.Software - Form Z - CATIA - 3-d Studio
Findlay
ALSOP - Hotel Marseille - Peckham Library - Ontario College - Rotterdam Centraal
FLUID FRAC
OOSTERH
HYBRID SP
Diagrams/Maps
CYBERNETIC
CRITICAL ARCHITECTURE
EISENMAN - Rebstock - Aronoff - Staten Isl. - Santiago
Deformation
MOSS - Gary Group - Lawson-Westen - The Box - IRS Records - Stealth - The Umbrella
ARCHILAB
HYPERSPACE
ASYMPTOTE
NOVAK
DENARI
SPUYBROEK - Fresh Water P - Toilet Block - V2 Lab - Surealist Exhi
INTERACTIVE/BOD
HADID - Cincinnati - Rome
MORPHOSIS - Crawford - Blades - Hypo Ripe Adria - SHR - Diamond Ranch
JACOB & MACFARLANE
ASPLUND REVIVAL - Villa Snellman
JAN & JON - Oslo University Press - Skogbrand
MICHELS
ELISION
WALKER
HHP 'Folly Farm'
JOHANSEN
ASYMMETRICAL SYMMETRY
SHIFTED AXES
NOUVEL - Belfort Theatre
TURNBULL - Zimmermann Hse.
GRAVES - Mezzo Hse - Crooks Hse - Warehouse Conversion
LIBESKIND - End Space
E.MOSS - 708 House - Culver City
DISSONANT COLLAGE
FOLDING - Deleuze - Le Pli
DEMI-FORMS - Alexander Hse.
T.G.Smith - Matthews Street Hse. - Long Hse.
GEHRY - Loyola - Aerospace - Wosk - Winton
MOORE, RUBLE & YUDELL - Kwee Hse
KUPPER - Nilsson Hse.
MOORE - Burns Hse.
Holzbauer - House for Art Collector
E REVERSALS
GEHRY - Gehry House
MORPHOSIS - Houses
DECONSTRUCTION
MOZUNA - Anti-Dwelling Box - Yin Yang Hse.
MEIER - Atheneum
DERRIDA
TSCHUMI - Event Structure
1975
1980
1985
1990
1995
2000

역사적으로 건축물은 모든 것을 변화시켜 왔습니다. 여러분들이 역사 속에서 이 의미들을 찾아 발견할 수 있다면 아주 많은 개념과 건축적 사실의 바다에서 길을 찾을 수 있게 된 것입니다. 그리고 어렴풋이 이들 건축물이 그 나름의 발전단계를 거쳐왔다는 것을 떠올릴 수 있다면 여러분은 더 큰 바다에 나가서 어디든 찾아 갈 수 있는 통찰력을 갖게 됩니다. 그렇다면 궁극적으로 찾아 가려고 하는 곳은 더 넓은 바다입니다.

통찰력을 얻은 여러분은 즐거움을 느끼기 위하여 어디든 갈수 있는 배를 타고 디자인을 하거나 연구를 하고 건설을 하게 될 것입니다

일정한 학문적인 소양과 건축실무 경험을 통하여 스스로 개념을 확립하고 즐거움을 느낄 수 있다면, 나름의 건축 철학을 갖게 됩니다. 여러분은 많은 개념들을 선택하고 판단하게 됩니다.

일반적으로 가치 있고 훌륭한 건축은 어떠한 것입니까?

er Digital Architecture Ideology ISM Paradigm Quality Style 가구 거장 건축 건
건축과 인간 건축과 철학 건축 건축교육과 학습 건축도서 건축물 건축사 건축사 건
승리 구조의 본질 권력 규격화 일반화 표준화 그리스와 로마 근대건축, 국제주의 기
터스 유형학 이미지와 심상 이츠 인간척도 장소성 장식 재료 재생과 회복 전통건축
해체주의 현대건축 형태 형태구성원리 형태에서 기능으로 환경 환경의 조절 훌륭
하늘 창조성 건축의 본질 신전 혹은 성당 : 건축에 있어서 신성함의 탐구 사회적 실재
도시공간 디자인과 사회적 건축과 사람들 사람들이 참여하는 주택공급사업 가난한 사
주택에서 사용자의 주거 확장 장소에 대한 고려 랜드스케이프와 건축 쿰브리아 Cur
행가능성 : 살기좋은 도시의 기본건축형태의 문화적 요소로서 프라이버시 스코틀랜
비전. 잠재성. 가상적 실체 : 건적인 전제 통로의 원리 알토 Aalto의 동선과 이동에
커지역의 사례 축 디자인에 관한 정보 제공의 기술 건축물의 외피 : 과학적인 원칙
역사 : 라틴아메리카에서 보는 라틴아메리카의 건축 모던한 풍토주의 건축이 루ㅁ
풍요의 뿔 건축사의 활용 건축역사와 [illegible] 리ㅂ
이론과 건축적 표현 : 가능성에 대한 고찰 환경의 충격 : 새로움의 충격 통합시스템
는 기초 질서의 도구들 건축에 있어서 창조성 구름위의 얼굴 : [illegible]
축 형태와 장식 건축 공간 공간적 경험과 구조의 측면들공간. 이해. 권력. 사이공간,
건축디자인에서의 유형학적 이론 건축물의 인류학 디자인의 개념과 건축 작업에 있
템 : 종합의 요구 컨텍스트에 의한 기술 차이들에 반대하는 생태학 건축물의 접근방
코란 Qur'ān과 수나 Sunna 아라비아반도의 주택과 모스크 건축의 해석을 위한 근거
1914년의 논의 Hermann Muthesius versus Henry van de Velde 다이노크라
산업의 충격 건축의 평가 건축적 경험의 개인적인 측면들 건축에서의 아름다움의 개
축에 있어서 표현과 해석 비평가의 역할 건축의 기쁨 : 성 마르코 광장 St Mark's, V
의 혼 도시와 그 경관 무대로서의 도시 - 더람의 광부들의 축제 더람 그리고 성당 :
틀랜드 Portland 도시의 사람들 조경 집 창조성 체계와 구조 포스트 모던 피라미드
경의 조절 훌륭함 적절함 새로운 건축 탈-건축 현대 건축의 개념 모스크 기둥 수나

6. 그리고 좋은 건축

좋은 건축을 논하기 전에 ……

건축적 의미 : 건축적 대상의 경험을 통하여 경험하는 자아의 관심이 대상을 관념화하여 생성하는 언어적 규정을 말합니다. 또 이로부터 파생되는 명령, 의무, 정서, 역할 등의 확장된 의미. 즉, 어휘의 내용, 뜻, 목적과 형식으로서는 내재, 외재적 의미를 포함합니다. 또 지시작용, 현시작용, 넓은 뜻의 기호학적 작용의 결과로 생기는 의미입니다.

건축적 의미 변화 : 정립된 건축적 의미가 내용적, 형식적으로 변화하는 것으로 의미의 축소와 확장, 의미의 가치 변화, 생성과 소멸, 언어학적 사용의 변화(대치, 유추, 단축, 명명, 이전, 전환, 적응화)등을 모두 포함합니다. 사실상 모두 역사를 통하여 변화합니다. 그리고 지역과 구성원, 환경에 따라서 의미는 변화합니다.

건축적 가치 : 건축적 대상을 통하여 인간의 지적, 감성적, 의미적 욕구를 만족시키는 것을 일컫습니다. 대상과 대상을 경험하는 주체 사이에서 형성되는 의미를 선택, 판단, 평가하는 과정에서 형성됩니다. 그리고 이후의 선택, 판단, 평가의 기준이 될 수 있습니다. 가치는 건축적 대상을 판단하는 주체에 의하여 달라진다는 상대적 가치가 존재하며 선택, 평가의 기준으로서 변하지 않는 절대적 가치가 존재합니다.

체 계 : 체계를 구성하는 요소들의 공시적 관계 속에서 드러나는 것을 말합니다. 서로 종속되어 있는 의미 있는 총합으로서 종합적 전체는 각 부분들에 대하여 우위를 가지고 개별적 층위를 묶는 의미들의 관계를 지닙니다. 총합을 구성하고 있는 요소들 중의 어느 하나라도 수정된다면 체계는 변형되고 필연적으로 다른 요소들은 수정이 됩니다. 체계는 연관된 요소들로 연결된 하나의 집합체로서 이해되어야 합니다.

구 조 : 구조 structure 는 체계 system 의 성격을 나타내고 있지만, 두 용어의 개념이 같은 것은 아닙니다. 체계는 객관적 사실과 의미의 총합입니다. 체계의 기능을 설명해주는 근본적인 원리로서 혹은 형식적 근거로서 존재하는 것이 구조입니다. 체계는 구조를 내재하고 있으며, 구조는 체계를 포함합니다. 체계는 층위와 범주이지만, 구조는 그 시작도 끝도 없는 결합을 의미합니다.

건축언어 : 건축적 의미를 표현하고이해하는 과정에서 의미의 내용, 의도, 목적 등을 소통할 수 있는 발화 가능한 건축의 언어체계입니다. 건축언어체계는 일반 언어의 구조를 공유하고 건축자체의 내재적 문법을 지니고 있습니다. 내포와 외연을 가지는 어휘이며 지시, 현시, 기호작용의 결과로 생성되는 어휘, 구, 절, 문장, 텍스트와 그 구조입니다.

Good

좋은 건축

좋은 건축은 건축적 의미를 가진 것입니다. 그리고 여러분의 의도에 따라 변화하고 지속적인 가치를 유지하는 것입니다. 의미는 여러분과의 관계를 통하여서만 생성됩니다. 장소, 건축물, 사람, 의미, 공간, 모든 것과의 관계입니다. 그 결과 여러분이 창조하면서 경험하면서 스스로의 정체성을 강화하는 것입니다. 그러한 건축은 반드시 어떠한 체계와 구조를 가지고 있습니다. 오늘날 우리는 언어를 통하여 체계와 구조에 접근합니다. 언어는 대화와 텍스트를 만들어 내고 사고를 가능하게 하며 세계를 개념을 이용하여 구축하기 때문입니다.

Bad?

인간이 삶에서 무엇을 느끼고 무엇을 가치 있게 여기는가, 그리고 무엇이 근본적으로 가치 있는가 ? 이와 같은 질문은 지난 수천년간 무엇인가 만들고 예술이라고 불리는 영역에서 작업한 모든 사람들의 공통된 관심사였습니다. 그것을 아름다움이라고 하던지, 즐거움이라고 하던지 상관없이, 그것은 그 자체로 역사입니다. 역사 전체에서 사실을 단지 안다는 것은 사실상 아무런 의미가 없습니다. 그것은 단지 정보일 뿐이며 의미를 만들어 낼 수 없습니다. 이제 그 중에서 가장 보편적으로 받아들여지는 것에 대하여 생각을 해보고자 합니다. 이 사고는 단순히 건축적으로 "무엇이 좋다/아니다"라고 할 수는 없습니다. 건축은 이미 인간이 관여하는 거대한 환경을 대상으로 하기 때문에 인간의 모든 학문으로부터 접근이 가능합니다. 심리학, 철학, 정신분석학, 기호학, 사회학, 정치학, 예술학, 미학 그 어떠한 분야도 건축과 무관한 것은 있을 수 없습니다. 그 이유는 그 어떠한 학문도 인간을 벗어나서 존재할 수 없으며, 그 어떠한 인간도 인간이 만들어 놓은 건축적 환경을 벗어나 살 수 없습니다. 적어도 스스로 구축하면서 살아가야만 합니다. 각각의 학문은 서로 다른 측면을 조명하고 있습니다. 그러나 이 총체적 학문이 근본적으로 시작하는 근원은 인간의 삶입니다. 그리고 밝히고자 하는 것도 인간의 삶이며 적어도 인간 주변의 환경입니다. 인간이 삶을 시작하는 바로 그곳에서 건축적 개념도 시작됩니다.

과연 여러분에게 좋다는 것은 무엇입니까 ? 우리 모두에게 좋다는 것은 다른 의미를 지니고 있습니다. 그러나 그 가운데 공통적인 것이 의사소통을 위한 지표가 됩니다.

건축과 공간이 생겨나기 이전에 우리는 삶을 위한 어떠한 터전을 마련하였습니다.

맨 처음 인간이 자신의 삶을 바라보고 무엇인가를 만들어낸다는 것은 정착을 통하여 가능해 졌습니다. 즉 거주한다는 것은 주변의 모든 환경과 어떠한 지속적인 관계를 만들기 시작하고 그 관계에 의도적인 방향을 설정하게 되었다는 것을 의미합니다. 자신이 거주하는 하는 장소는 삶을 유지하는 터전이 되었습니다. 또한 삶을 유지하기 위하여 수렵채집하는 공간적인 범위를 갖게 되었으며 그 범위가 그의 활동범위이며 스스로 인식하는 정신적인 지도map의 영역이 되었을 것입니다. 이제 그의 거주지는 정착의 범위이고 삶의 범위이고 또한 그가 의미를 두고 중시하는 장소가 되었습니다. 반대로 그가 의미를 얻을 수 있는 장소였을 것입니다. 분명 그가 잠을 자고 식사를 하고 휴식하는 그 곳은 집이 되고 건축적인 최초의 형태를 가지게 되었음에 틀림이 없습니다. 동굴에 가죽을 둘러서 문을 만들었든지, 움집을 지었거나, 흙 또는 돌을 쌓아 담을 만들었거나 모두가 경계를 세우고 자신의 안정된 공간 shelter를 만들었음에 틀림이 없습니다. 그의 공간은 주변의 여러 자연물과 장소들 사이에 상대적으로 위치를 갖게 되고 그 가운데 자신의 위치를 얻게 됩니다. 그가 생각하는 그 상대적인 위치와 방향의 중심은 그가 가장 중요하게 생각하는 곳 바로 집입니다. 그가 집을 얻었다는 것은 이미 공간적인 정립을 이루었다는 것입니다. 스스로 자신의 정체성을 얻게 된 것입니다. 그러나 자연적인 세계내의 자신을 정립하는 것으로 정체성이 확립되는 것은 아닙니다. 오늘날 우리는 도시 내에서 수많은 관계 속에서 자신의 삶을 유지하고 그 관계가 개개인을 의미 있는 존재로 만들어줍니다. 그러나 실재로는 너무나 광범위한 관계를 유지함으로서, 자신의 본질보다는 관계가 더 큰 것도 사실입니다.

그리고 건축은 그 모든 관계의 근거가 될 수 있습니다. 우리는 그것은 정위 orientation 이라고 부릅니다. 그리고 그 모든 것은 언어의 구조를 통하여 더욱 확실해 집니다.

사실상 모든 의미와 가치 그리고 스스로의 존재, 정체성은 관계에 의하여 설정됩니다. 그것은 사람과 사람, 사람과 장소, 사람과 공간, 사람과 집단 ..... 무수한 관계의 결과입니다.

정착과 정체성의 개념은 모든 건축적 개념을 만들어 낸 근원입니다. 장소, 위치, 공간, 건축, 구조, 존재……

이처럼 최초의 정착민들은 시간이 지날수록 주변과의 관계를 늘려나갔을 것입니다. 오늘날 공동체는 바로 이와 같은 다수의 정착민은 서로 동일한 관심과 의도에서 동질감을 나누고 소속감을 갖게 되면서 생겨났습니다. 이러한 사실은 여러분이 낯선 곳에 처음 발을 들이고 익숙해지면서 느끼는 바와 같습니다. 여러분은 점점 그곳에서 많은 사건들을 만들고 행위하면서 관계를 만들어 갑니다. 그것이 낯선 감정을 제거하고 동질감과 소속감을 만들어 냅니다. 동시에 마음의 지도는 여러분이 위치한 곳의 공간적인 구조를 머릿속에서나 마음속에서 가지게 됩니다. 여러분이 이사를 하고 나서 느끼는 낯선 느낌, 길을 모르던 당황스러움이 한두 해가 지나서는 공간적으로 이해하고 친숙감을 느끼게 됩니다. 그리고 다른 어느 곳보다 안정감을 느낍니다. 문제는 오늘날 도시에서 사는 우리는 원하는 바대로 스스로 건축물을 만들어 낼 수 없다는데 있습니다. 우리는 대부분 이미 구축된 환경속으로 이전하는 것입니다. 아파트, 주택, 연립 등으로 이전하지만 스스로 공간을 만들고 건축하지는 않습니다.

그러므로 아름다운 건축, 강력한 이미지와 기능을 가진 건축물이 반드시 가장 훌륭하다고 할 수는 없습니다. 근본적으로 그러한 요구는 기본적인 필요사항의 충족 이후의 문제입니다. 그러나 이러한 것이 커다란 문제된 이유는 우리가 접하는 건축물이 개인의 거주와는 얼마간의 거리가 있는 현대문명의 기능적 산물이라는데 기인합니다. 사무소, 박물관, 상점, 호텔, 터미널 등 거대시설들이 개인의 정체성과는 다른 것을 목적으로 세워졌습니다. 여러분은 점점 그곳에서 많은 것들을 얻고 또 잃기도 합니다. 여러분은 개인의 정체성을 얼마간 유보하고 공동체, 조직체, 사회의 기준에 자신의 정체성을 내맡깁니다. 그것은 어쩔 수 없이 여러분이 사회구성원으로서 살아가야 하는 필요성 때문이 생기는 당연한 것입니다. 끊임없는 만남과 선택은 정체성의 범위와 깊이를 확대하는 기회를 제공합니다.

우리는 언제나 선택의 상황에 놓이고 적응하여야 합니다. 건축은 바로 그 적응과 의미의 창조에 관계합니다. 더 안정적이고 더 의미 있는 것을 만들어 낼 수 있는 건축, 결과적으로 개인과 사회의 정체성을 확고히 하고 그들 사이의 소속감과 동질감을 강화하고 구성원의 행위를 담아낼 수 있는 것이 바로 좋은 건축입니다.

Tool of Architect, Walther Rivius

Buble Moralisee

우리는 언제나 선택에 놓여 있습니다. 선택은 절대성과는 이미 다른 상대성을 지니고 있습니다.

사실 건축적 연구는 좋은 건축을 위한 노력입니다. 그러므로 모든 건축적 정보는 반드시 필요한 요구사항을 제시합니다. 또한 훌륭한 건축적 상태와 좋지 못한 상태 사이에 존재하는 연속적인 수준을 가늠할 수 있게 해 줍니다. **건축환경, 경제적 여건, 법률의 규제, 제도상의 제약, 지역적인 여건, 문화적인 차이, 주변 건축물 등 많은 부분에서 건축은 자유롭지 못한 것이 사실입니다.** 즉 건축은 더 이상 가장 아름답고 가장 훌륭한 결과를 얻는 작업이지 않습니다. 그러한 상황은 건축가가 스스로 건축적 작업을 진행하는 주체가 되고 전폭적인 지원을 아끼지 않은 후원자가 사라졌을 때, 이미 사라졌습니다. 건축적 작업은 이제 많은 경우 서로의 생존과 이익의 문제가 되었습니다. 이것은 산업혁명과 자본주의가 만들어낸 효율성에 따르고 있습니다. 그러한 문제는 이미 수공예운동과 독일공작연맹이 겪었던 것으로부터 시작합니다. 1914년의 논의는 Hermann Musitheus와 Henry van de Velde 사이에 일어난 충돌을 시작으로 촉발되었습니다. 예술의 문제와 규격화, 규격화의 문제가 처음 충돌한 이후로 예술은 건축으로부터 또 다른 의미가 되었습니다.

훌륭한 건축을 위한 최상의 여건을 확보할 수 없는 경우가 대부분이며 주어진 상황 내에서 가장 해결 가능한 건축을 모색하여야 합니다.

그리고나서 건축은 이제 예술이라는 것, 그리고 개인의 수공예적 작업이라는 인식을 천천히 벗어났습니다. 그러나 동시에 절대적인 아름다움과 절대적인 원칙은 상대주의와 효율성에 자리를 내어주게 되었습니다. 대신 선택한 것은 바로 개념입니다. 그리고 새로움이며 새로운 도전들이었습니다. 다원주의와 상대주의는 동시에 우리 모두에게 혼란을 주었음이 분명합니다. 이것도 저것도 또 새로운 다른 것도 인정을 받는다는 것은 사실상 혼란을 가중시킵니다. 그 안에서 새로운 가치와 원칙을 만든다는 것은 내적인 체계이며 디자인의 원리이고 개념이었습니다. 그러므로 건축가는 이제 장인이 아닌 새로운 직위를 얻었습니다. 건축가는 계획자이고 디자이너이고 생각하는 사람이며 그리는 사람이 되었습니다. 이제 공방에서 연장을 들고 작업을 하는 장인은 사라진 것입니다.

오늘날 이와 같은 작업여건과 건축에 관계하는 제한들은 더 나은 건축을 위한 제한이기도 하며 최소한의 요구사항이기도 합니다. 그리고 사회구조가 만들어낸 결과물입니다. 오늘날 모든 정보는 좋은 건축을 위한 근거입니다.

우리는 좋은 건축을 위한 수많은 정보에 접근할 수 있고 많은 행정적인 제도를 가지고 있으며 평가기준, 작업 리스트를 가지고 있습니다. 그러나 그러한 항목들은 건축을 최소한의 수준으로 유지시키기 위한 것입니다. 진정으로 중요한 것은 효율성 이상에 대한 가치의 인식이며 건축가로서의 철학입니다. 리스트는 단지 작은 수단일 뿐입니다.

각론, 개론, 디자인론, 자료집성, 그래픽스탠다드 ……

훌륭한 장소는 무엇을 가지고 있습니까?

우리는 끊임없이 장소를 만들어내고 그 장소와의 관계를 관념 내에 유지시킴으로써 삶의 영역을 만들어냅니다. 유지되는 공간의 범위는 활동무대가 됩니다.

장소로서의 가치는 시간을 필요로 하고 많은 사람들이 공유하는 사실을 통하여 이루어진 의미입니다.

의미 있는 건축…… 개념의 건축에서
건축의 수준은 무엇으로 평가합니까

평가는 가장 중요한 개념을 구체화하는 정도에 따라 이루어집니다. 그러나 사실상 가치의 평가는 연속적인 정도의 수준입니다. 흑백의 논리로 좋다거나 나쁘다거나 하는 판단만이 존재하는 것이 아니라 좋은 정도와 나쁜 정도를 지닌 연속적인 단계가 존재합니다. 중요한 것은 평가는 경험을 통하여 이루어지며 평가의 결과는 단순한 판단에 그치는 것이 아닙니다. 구축환경은 인간이 삶을 유지하는 공간을 형성합니다. 일정기간동안 혹은 수백년간 광범위한 영역의 물리적, 심리적, 사회적 공간구조를 형성합니다.

건축은 장소로서 그 가치를 지닙니다.

장소는 다음의 경우에 의미를 지닙니다.

a 사람들의 개념으로서
- 무엇인가 일어나야 하는 장소
- 무엇처럼 보여지거나 혹은 그 무엇이 될 수 있는 장소
- 어떠한 행위가 적절하거나 혹은 기대될 수 있는 장소

b. 물리적인 여건으로서 혹은 건축적 조건으로서 형태, 공간, 채료, 색상, 가구 등을 지닌 장소

c 행위를 가능하게 하고 행위가 일어나게 하는 장소

Genius Loci

이 장소에서는 무엇이 일어납니까
이곳은 원래의 장소 이외에 어떠한 의미를 가집니까
사람들은 무엇을 느낍니까
이곳은 무엇을 상징합니까
반복된 종교의식은 어떠한 효과를 낳습니까
그리고 구체적으로 어떠한 종교의식을 가집니까
이 장소의 구조는 어떻게 이루어져 있습니까
이 장소를 규정하는 것은 무엇입니까

그러므로 개개인은 어떠한 정체성을 얻습니까
또한 사회조직은 어떠한 소속감을 부여합니까

? 장소의 혼은 무엇입니까

장소는 위치일수도 있고, 도시, 지역, 지구, 거리, 영역, 광장, 카페, 교회, 그 어떠한 곳도 될 수 있습니다. 장소가 될 수 있는 것은 그 일정한 대상이 의미를 지니고 있고 나와 관계를 유지하고 있기 때문입니다. 그 장소의 고유한 구체성을 장소의 혼이라고 합니다.

이러한 개념과 그림들 그리고 보이는 것에 대한 그들의 관계 그리고 외적인 건축 outer architecture 이 편안함을 느끼는지 혹은 그렇지 않은지 그리고 즐거움을 느끼는지 않은지를 결정한다. 만약 보이지 않은 건축 invisible architecture 과 보이는 건축 visible architecture 사이에 아무런 관계가 존재하지 않는다면, 우리는 무관심하게 될 것이다. 환경을 돌보는 것은 주변 이웃과 자신의 주거를 동질화한다는 것뿐 아니라 사람들과 장소들을, 선조들과 후손들을 동질화하는 것까지 의미한다. 소속감은 시각적으로 볼 수 있는 건축에서 확인을 필요로 한다. (Werne 1987)

Space

우리가 원하는 공간은 어떠한 공간입니까?
이곳에서 어떠한 활동이 가능합니까?
여러분은 이 공간에서 매력을 느낍니까?
편안함을 느낍니까?

이 거대한 공간은 다양한 활동과 기능을 담을 수 있는 비어있는 그러나 가득 찬 그릇입니다.

空間 은 인간의 행위와 거주를 위한 터전이며 무대입니다. 그것은 인간이 스스로 이 세계에 정착하고 질서를 요구한 순간부터 어쩔 수 없는 사실이 되었습니다.

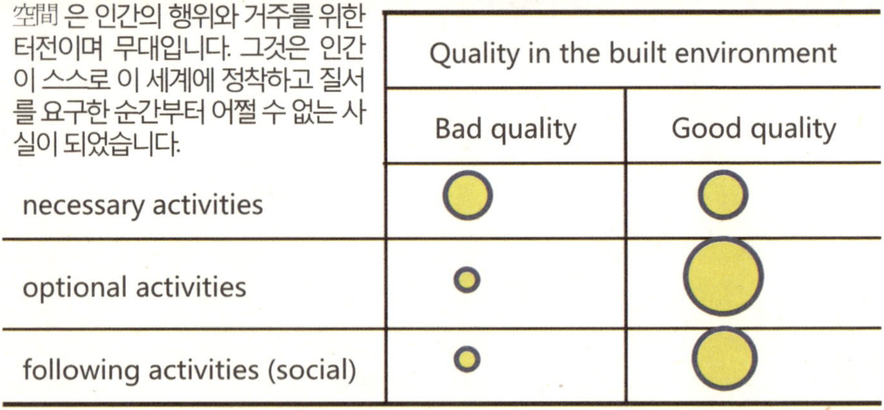

空間 은 Void , Raum 등의 말로서도 표현되어 지는데 명확한 윤곽에 의하여 완전히 한정된 공간으로서의 의미를 지닌 Raum 은 Inner Raum, Ausser Raum 등으로 확장됩니다. SE 라스무센은 건축공간을 Void 라 하였고 이를 Soild를 파낸 내부공간이라 설명합니다.

공간은 개개인에게 관계를 부여하고 행위를 가능하게 하고 감정을 불러일으킴으로써 의미를 가지게 됩니다. 의미는 공간에 가치를 부여함과 동시에 개인에게는 존재감을 불러 일으킵니다. 공간은 행위를 담고 동시에 인간을 담습니다. 우리는 그 존재의 場을 통하여 스스로 정체성을 얻습니다.

Seattle Central Library, 2004., Rem Koolhaas

과연 훌륭한 공간은 어떠한 행위를 가능하게 하는 것입니까

필요한 행위들은 디자인을 위하여 지배적인 결정요소입니다. 그러나 동시에 선택적인 행위와 뒤따르는 행위가 고려되어야만 합니다. 우리는 통로의 예를 들 수 있습니다. 통로는 서로 다른 방향으로 두 사람이 통과하는데 필요한 치수가 필요합니다. 서로 다른 두 사람이 통과하는 것은 필요한 행위 necessary activity입니다. 또 통로의 어떤 장소에서는 멈춰 설 수 있습니다. 이것은 선택적인 행위 optional activity입니다. 그리고 일광욕을 즐길 수도 있으며, 사람들과 대화를 나눌 수도 있을 것입니다. 이 행위는 이후 뒤따르는 행위 following activity라고 할 수 있습니다. 실내 그리고 실외 모든 장소는, 부엌 혹은 침실, 거리 혹은 광장이든 아니든 간에, 이러한 행위의 선택과 배경으로서 잠재적 가능성을 가집니다. 이러한 행위 과정을 상상할 수 있는 건축가의 능력은 예리한 관찰력과 통찰력에 의존합니다. 그리고 건축 환경에서의 인간 행위에 대한 관심과 지식을 요구합니다. 훌륭한 공간은 그러므로 2차 3차적인 활동의 가능성을 지닌 공간입니다.

?Quality

[kwol-i-tee] *noun, plural* -ties, *adjective*

noun

1. an essential or distinctive characteristic, property, or attribute: the chemical qualities of alcohol.
2. character or nature, as belonging to or distinguishing a thing: the quality of a sound.
3. character with respect to fineness, or grade of excellence: food of poor quality; silks of fine quality.
4. high grade; superiority; excellence: wood grain of quality.
5. a personality or character trait: kindness is one of her many good qualities.
6. native excellence or superiority.
7. an accomplishment or attainment.
8. good or high social position: a man of quality.
9. the superiority or distinction associated with high social position.
10. Acoustics. the texture of a tone, dependent on its overtone content, that distinguishes it from others of the same pitch and loudness.
11. Phonetics. the tonal color, or timbre, that characterizes a particular vowel sound.
12. Logic. the character of a proposition as affirmative or negative.
13. Thermodynamics. the proportion or percentage of vapor in a mixture of liquid and vapor, as wet steam.
14. social status or position.
15. a person of high social position: He's quality, that one is.

adjective

16. of or having superior quality: quality paper.
17. producing or providing products or services of high quality or merit: a quality publisher.
18. of or occupying high social status: a quality family.
19. marked by a concentrated expenditure of involvement, concern, or commitment: Counselors are urging that working parents try to spend more quality time with their children.

? 건축의 질(質)은 무엇입니까 어떻게 구분할 수 있습니까

모든 건축적 대상은 얼마간의 특질, 상태, 개성, 본질, 속성, 분위기, 논리, 사회적 상태 등을 담고 있습니다. 우리는 그것을 건축의 質(질)이라고 부릅니다. 주변의 모든 건축물은 결코 동일한 질적 상태를 지니고 있지 않습니다. 또한 모든 건축물은 그 정도의 차이는 있으나 건축의 질(質)적 상태에 놓여 있습니다.

시대적으로 결정되는 자질…가치, Style, Ism, Paradigm

게리의 이 건축물은 새로운 시대의 새로운 개념을 드러냅니다. 도시의 구조에서 단절입니까 ? 어떠한 새로운 활력의 생성입니까 ?

Nationale-Netherlanden BLD in Praque ,2003, Frank O Gehry

새로운 개념이 나타나고 흔히 말하는 변형이 시대적으로 일정 시기의 질적인 기준들을 파괴하기 시작합니다. 새로운 시대 혹은 새로운 패러다임이 나타나는 것을 보여줍니다. 우리는 새로운 사고방식을 위한 분위기를 변화시키고 있습니다. 이러한 과정은 우리가 이전의 건축적 패러다임의 상황을 의문시하고 있으며, 또한 우리자신을 스스로 그것과 단절시킨다는 것을 의미합니다. 이러한 상황은 시대적으로 결정되는 가치의 대조를 보여줍니다.

? 건축의 질(質)은 몇가지 범주로 구분될 수 있습니까

1 일시적으로 결정되는 자질 Quality 로서 직접적인 행위와 사용자의 성격에 의하여 영향을 받습니다.

2 시대적으로 결정되는 자질 Quality 로서 선택된 일련의 규범에 의하여 지배 받습니다.

3. 역사적으로 결정되는 자질 Quality 로서 상황과 규범보다 더 분명하게 나타나며, 오랜 시간 동안 영속하는 타당성을 지니는 것으로 보여집니다.

4. 현상적으로 결정되는 자질 Quality 로서, 그러한 시각에서는, 자질은 현상에 대한 사용자의 감수성에 의존하게 됩니다. 즉 존재와 의미의 상호작용에 의하여 결정됩니다.

건축적인 특질은 그리고 가치는 어떠한 공시적인 상황에서 일시적인 특질로 결정될 수도 있습니다. 그리고 통시적 상황으로 결정될 수도 있습니다. 그리고 역사적으로 이미 결정되어 더 분명한 가치를 지니는 건축물도 있습니다. 마지막으로 현상학적으로 결정되는 것, 우리자신이 환경과 의미를 교환함으로써 생성되는 가치도 있습니다.

개인의 역할과 사람들이 가진 책임감, 그리고 장소 사이의 밀접한 관계

종종 건축물과 그 공간은 목적하는 의도가 있으며 행위와 존재의 근거가 되어야 하는 경우가 있습니다. 우리가 어떠한 공간이나 장소에서 바라는 것은 그 대상이 목적으로 하는 행위를 유발시키고자 하는 것입니다. 오랫동안 그 곳에서 일어난 행위는 일정시간이 지나도 동일한 행위를 지속하도록 요구합니다. 그 정도는 미약하겠지만, 우리가 살고 있는 주변의 모든 공간들은 바로 상황적으로 결정된 자질을 가지고 있습니다. 사실 역사적으로 결정된 특질들은 이미 주관적인 다양한 분야에 걸친 경험과 관계없이 그것은 논의 밖의 문제가 됩니다. 그것은 그들 작품의 시대에 의하여 그리고 기념비로서 역사적인 동일성에 의하여, 고대의 예술작품과 건축은 다양한 문화에 의하여 궁극적인 자질의 사례로서 인식됩니다.

'어떠한 대상, 건축물 그리고 기념비들은 영속하는 가치의 속성을 지니고 있거나 혹은 궁극적인 자질을 지니고 있다'는 것을 의미합니다.

피라미드, 판테온, 아크로폴리스의 사원, 고딕의 성당들 ……

Taj Ma[illegible]gra

이미 이곳에는 우리가 판단하고 평가할 수 있는 능력을 넘어서는 가치가 있습니다. 그리고 그것은 지나간 모든 가치의 토대가 되었습니다. 그러므로 우리는 그것을 받아들일 수는 있으나 가치절하 할 수는 없습니다. 이 안에는 현대에는 이룩할 수 없는 인간의 노력과 숭고한 정신이 깃들어 있습니다.

?

과연 우리는 시간이 남겨 놓은 거대한 무게를 이겨낼 수 있습니까
그리고 무엇을 발견할 수 있습니까

오늘날 우리가 지켜내고 있는 모든 가치는 사실상 고전으로부터 시작됩니다. 그리고 궁극적으로 고전은 가장 근원적인 가치라는 의식을 가지고 있습니다.

건축적 가치를 발견할 수 있는 눈을 가져야만 합니다.

우리의 인식을 날카롭게 하고 건축에 있어서 시간, 장소, 자질을 연구하고 다양한 관계의 이해를 통하여, 우리 자신은 창조적인 작품을 남길 수 있도록 고취되어야만 합니다. 자유롭고 의미 있는 경험을 위하여, 감수성을 훈련하고 감각을 세련되게 발전시켜야만 합니다. 그리고 새로운 인식을 시도하고 창조하여야 훌륭한 건축적 환경을 구축할 수 있습니다. 동시에 우리의 지식을 넓히고 건축의 목적에 대한 이해를 넓히기 위하여 인간-환경의 관계에 관하여 더 깊게 연구해야만 합니다.

사용자는 어떻게 이해하고 인간으로서 요구는 무엇입니까? 물리적으로, 사회적으로, 상징적으로 장소의 개념을 조건화하는 것은 무엇입니까? 디자인 개념을 실체화하는데 있어서 기술적 그리고 경제적인 전제들은 무엇입니까? 정신을 구현한 건축을 창조하는데 필요한 문화적 예술적인 심미상태는 무엇입니까?

그 해답은 스스로 얻게 됩니다. 오늘날 많은 건축작품들은 매우 놀라운 감각과 공간을 만들어 냅니다. 동시에 많은 사람들에게 만족스로운 삶의 무대를 제공하고 한 지역 혹은 문화의 상징을 구축합니다. 그것은 그 건축물이 가진 공공성이나 도시적 상황에 근거하는 것만은 아닙니다. 건축가의 세련된 감수성이 많은 관계를 유지시키고 확립시킬 수 있는 공간을 만들어 냅니다.

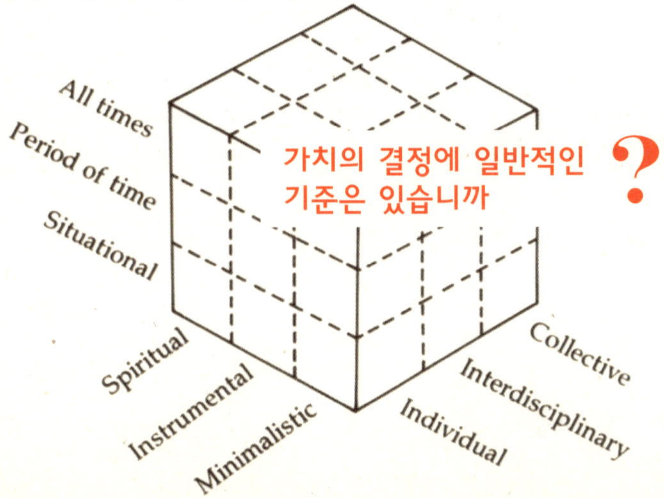

그 가장 큰 무대는 바로 문화에 근거하고 있습니다. 문화는 가장 거대한 개념과 이벤트를 만들어냅니다. 오늘날 문화는 모든 것을 담을 수 있는 그릇이 됩니다. 그리고 건축은 그 문화의 그릇 자체가 되고 있습니다.

우리는 가치판단에 어떠한 유형을 발견할 수 있습니다.

기본적으로 시간에 구애를 받습니다. 현재의 상황으로부터 어떠한 시간적인 한계가 있거나 시대를 고려하거나 우리는 그 정도를 가늠합니다. 두번째는 사회적 동의의 수준에 따라 구분됩니다. 개인의 사적인 판단이거나 취향일 수 있습니다 그러나 다학문적 교류와 다수의 공통적인 견해를 수반하기도 합니다. 혹은 다수의 종합적인 가치일 수도 있습니다. 마지막으로 그 가치의 질(質)적인 수준입니다. 최소한의 표현과 가치일 수도 있습니다. 혹은 도구적인 방법일 수도 있습니다. 혹은 정신적인 수준에까지 고양될 수도 있습니다. 이와 같은 관계는 그림과 같은 입방체적인 범주를 구성합니다. 사실상 은연중에 생성되는 가치의 구분은 이보다는 간단할 수도 복잡할 수도 있고 다른 기준을 더 포함할 수도 있습니다. 그러나 오늘날 까지 건축적인 특질은 이와 같은 근본적인 차이를 가지고 발전하였습니다. 그러므로 우리가 결정하는 가치 역시 이와 같은 범주에 속하는 것입니다. 여러분은 매번 일어나는 건축 디자인에서의 선택을 다시 한번 고심해야할 것입니다.

In Case

이러한 기준에서 우리는 몇몇의 좋지 못한 사례를 발견합니다.

1. 어떠한 건축적 대상이 기대하지 않게 파괴되거나 깨어져 사라진 경우
2. 시간이 지남에 따라서 보기 흉하게 변질되는 경우
3. 우리가 할 수 없거나 내기지 않는 노력이 필요한 경우
4. 대상의 외관과 적나라한 존재에 의하여, 어떠한 장소나 시간에 적합하지 않거나 혹은 전혀 어울리지 않아서 우리에게 불편한 감정을 유발시키는 경우
5. 즉흥적으로 디자인된 것으로 보이고 사유를 통하여 디자인된 대상이 아닌 경우
6. 대상이 좋지 못한 복제물인 경우
7. 모든 대상들에 걸쳐 일관성이 없이 표면적으로 겉치레인 경우

그러므로 건축은 오랜 시간 동안 유지될 수 있어야 합니다. 그것은 내구성과 함께 사회적인 가치를 포함하고 있어야 한다는 것을 의미합니다. 건축은 시간이 지남에 따라서 아름다워져야만 합니다. 처음 세워지고 나서 일정시간이 지나서 관리가 되지 않거나 참을 수 없을 만큼 추한 감정을 일으키지 않아야 합니다. 건축은 쉽게 이해될 수 있어야 하며 쉽게 소용될 수 있어야 합니다. 아무리 아름답고 견고한 건축물이라도 접근이 어렵고 행위를 담기에 쉽지 않다면 아무런 가치가 없습니다. 건축은 기대감이나 자체의 존재만으로 우리를 즐겁게 해야만 합니다. 즉 올바른 시기에 올바른 장소에 올바른 대상으로부터 즐거움을 얻을 수 있어야 합니다. 모든 건축물은 감정을 불러일으키고 특히 좋은 감정, 즐거움을 얻지 못한다면 결코 좋은 것이라 할 수 없습니다. 건축은 충분히 고려되고 목적에 적합하게 디자인 되어야 합니다. 건축물은 무엇인가 특별한 목적을 수행하는 무대가 되어야만 합니다. 건축은 독창적이고, 특별해야 하고 그 자체의 정체성을 지녀야만 합니다. 사실상 건축물은 스스로 지역의 성격을 부여하고 공간을 형성합니다. 그렇지 않다면, 공간은 어떠한 응집력을 잃게 됩니다. 도시에서 랜드마크와 노드는 그와 같은 특별한 정체성을 통하여 형성됩니다. 건축은 어떠한 접근 방식에 있어서도 모순되지 않고 일치감을 지녀야 합니다. 건축물의 완성도는 종종 그 통일성과 일치감으로 판단됩니다. 조화는 그 전체의 그림 속에 부분들이 통일된 관계를 형성하기 때문입니다.

좋은 건축을 통하여 사실상 우리는 어떠한 삶의 무대를 얻게 되고 그곳은 장소가 됩니다. 장소는 우리에게 존재의 장을 열어줍니다.

우리는 최초에 어떻게 존재의 장(場)을 얻게 되었습니까?

장소는 형태에서 공간으로 그리고 시간을 얻고 건축과 그 건축을 사용하는 주체를 등장시키고 나서야 생겨났습니다. 철학적으로는 실존철학을 등장시키고, 심리학과 정신분석학의 승리가 한 개인을 모든 문화의 중심으로 옮겨놓았을 때 건축에서 생겨난 개념입니다. 건축물이 도시를 뒤덮고 그 어디에서도 스스로 창조하거나 공간을 창조할 수 없이 주어진 도시 내에서 생존한다는 것을 깨닫기 시작한 때에 생겨난 개념입니다.

Topos, Locus, Plat, Location, place, Platform, Genius Loci, Site, Plateau, Situation ……장소, 곳, 위치, 무대, 땅, 터전, 처, 지 ,장, 공간……

!

장소는 관계에 의한 마음의 지도이며 이미지입니다. 의미이며 가치입니다.

우리가 어딘가에 머무르거나 어느 곳을 향하거나 그곳은 심리적으로 다양한 관계에 의하여 상대적인 위치와 이미지를 지닙니다. 멀다/가깝다. 편안하다/불편하다, 위/아래, 좌/우, 앞/뒤, 크다/작다, 높다/낮다…… 그리므로 관계가 없다면 어떠한 존재도 정위 orientation을 얻을 수 없고 정체성(正體性)을 얻을 수 없습니다.

?

무엇을보고있습니까.이도시는여러분에게어떠한이미지를전달해줍니까.어떠한이미지와마음의지도를가지고있습니까.이공간은어떠한구조를지니고있습니까.

여러분의 기억이 이 도시의 모습을 구성합니다. 그 모습은 실제의 도시와 무엇이 다르고 무엇이 유사합니까 ? 이 도시는 무엇으로 유지됩니까 ? 단지 우리가 살고 있고 건축물이 존재함으로써 이 도시가 생명력을 얻고 있습니까 ?

Seoul

> 장소의 경험은 취향의 문제가 아니다. 장소는 실질적인 문제로서 존재한다. 그것은 우리가 좋아하거나 혹은 싫어하는 것과 같은 것이다. 우리가 열린 마음과 그 정신에 귀 기울인다면, 장소는 장소의 비밀과 풍부함을 내보여준다.
>
> (Norberg-Schulz 1986)

이 도시는 사실상 기억의 장(場)이며 경험의 무대이고 활동의 배경입니다. 시간을 통해서 생겨난 무수한 길과 건축물 그리고 지도와 이미지의 연속입니다. 우리의 도시는 그러한 시간의 층위를 겹겹이 쌓아 놓은 곳입니다. 수많은 사람들이 함께 공유합니다. 기억 속에서 과거와 현재 그리고 미래 역시 동시에 공존합니다.

처음 낯선 장소에서 경험하고 새로운 환경을 접하면서 기억과 연관된 새로운 생각들이 머리에 떠오릅니다. 이러한 생각들은 기억이라는 것을 통해 과거와 관련을 맺고 있는 강력한 요소가 존재합니다. 오늘날 건축가들은 항상 새로운 문제들에 관심을 갖고 있습니다. 그리고 새로운 시각으로 접근하고자 합니다. 그러나 다른 모든 예술가들과 마찬가지로 현실을 바라보고 그것을 자신의 사고를 통하여 정립하는 방식을 가지고 있습니다. 그리고 그것은 어쩔 수 없이 과거의 기억과 공간을 연장시키는 것입니다. 오늘날 건축물로 들어찬 이 도시에서 장소의 개념을 살릴 수 있는 것은 바로 기억과 그 기억을 유지시키는 공간입니다. 이 공간을 위하여 우리가 역사적인 공간과 형태 그리고 그 장소를 유지시시키고자 하며 모든 기억을 시간에 남기고자 하는 것입니다.

내구성 durability, 확실성 authenticity, 전문성 professionalism, 통일성 unity, 진실성 honesty, 명료성 legibility, 기능성 functionality 독창성 originality ......

얼마나 많은 요구들을 만족시켜야 합니까

우리가 건축에서 요구하는 모든 것은 사실상 단 하나입니다. 그것은 살만한 공간을 마련하는 것입니다. 그러므로 그 공간은 많은 조건들을 만들어 내게 됩니다. 하지만 그 공간과 건축, 장소, 행위, 기대감, 즐거움...... 그 모든 것은 우리 자신의 존재와 삶을 위한 것입니다.

그러므로 건축을 안다는 것은 우리를 알아가는 것이고 훌륭한 건축물은 우리 자신의 존재를 확고히 하는 것입니다. 즉 건축의 논의에서 우리 자신이 빠져 있다는 것은 상상할 수 없는 일이고, 반드시 우리 자신의 관계에서 사고해야만 하는 것입니다.

우리 자신이 필요로 하는 요구사항들은 인간으로서 존재감을 마련하고 행복한 삶을 영위하기 위한 것입니다. 그것은 건축물을 디자인하는 사람과 건축물을 사용하는 사람들 모두의 문제입니다.

개념을 이해하고 개념을 연관짓는 것은 건축을 즐거운 놀이로 만들어 줍니다. 건축은 바로 이러한 즐거움을 주고 훌륭한 공간과 장소를 제공합니다. 그리고 디자인의 과정과 건축적 완성을 유도합니다. 개념은 여러분이 어떻게 퍼즐을 맞추어가는가와 같습니다. 그것은 유희입니다.

제2장

건축: 아름다운 개념의 구조

7. 공간의 드라마

공간은 무엇이며 어떻게 지각됩니까 ?

공간(空間, Space)

官三英二에 따르면 무엇인가 작용하는 넓은 퍼짐을 의미합니다. 또한 어떠한 힘이 미치는 영역이기도 하고 모든 방향(전후,좌우,상하)으로 무한하게 퍼져있는 빈 곳을 의미합니다. 시간과 함께 물질의 존재를 성립시키는 기초적인 근본조건이며 세계 인식의 기초가 됩니다. 일반적으로 기하학적인 사고에서 點의 집합을 말하기도 하는데 직선은 1차원, 평면을 2차원, 입체를 3차원 공간이라 부릅니다.

공간의 변화를 지각 할 수 있습니까 ?

Oval hut, Nice

Valley Temple of Khafre, Giza BC2500

Funerary Complex of King Zoser BC2750

Temple of Amin, Karnak. BC1290

공간은 최근에 나타난 개념입니다. 오랜 건축의 역사에서 형태와 형태의 원칙들은 가장 오래되고 우선된 되는것이었습니다. 우리가 개념이라고 부르는 대부분의 것은 공간과 마찬가지로 최근에 정립된 것입니다. 그 이전에는 형태의 원리가 발전하였습니다.

무엇보다도 공간은 실재성을 갖게 할 수 있는 무대입니다. 공간에는 회화적 평면 공간, 조각적 입체공간, 자연공간, 조형공간, 상징공간 등이 있습니다. 공간은 그 성격과 내용에 따라 다양하게 구분됩니다. 공간이란 인간과 건축사이에 있는 것으로 인간에게 가까운 것으로 본다면 의복, 도구, 가구, 기구, 기술과 인간을 담기위한 그릇입니다. 또한 생활과 행위에 필요한 공간을 구획하면서 실내공간이 형성됩니다. 구성에 의하여 생기는 공간은 한 공간에 면이나 입체가 놓여짐으로 형성됩니다. 또 다양한 변화를 의미하며 그로 인하여 생겨나는 변형과 구분 등을 공간의 개념에 포함하고 있습니다.

Pantheon 120-124

Xerxes Hall of Hundred Columns. Persepolis BC500

Maxentius Basilica 306-325

Treesury of Atreus BC12C

공간의 지각은 모든 가능한 의식과 감각의 복잡한 상호작용에 의하여 이루어지고 그것은 인간의 의식 안에서 정리되면서 드러납니다. 공간적 지각의 본질은 잠재적입니다. 공간 지각은 시각적 감각뿐만 아니라 청각, 후각, 미각 등에 의한 기억이나 경험이 공간의 감각에 가해집니다.

? 놀라운 공간의 변화를 확인할 수 있습니까

共感覺

al-Qayrawan Mosque 670

Cordoba Mosque, 785

Pantheon 120-124

Santa Constanza, 350

Staint Sernin 1080-1100

장(場), 처(處), 영역, 경계, 곳…… 공간은 장소이며 무대이고 또한 물리적이고 심리적이며 감각적이며 지각적입니다.

Hall의 소리나 진동, 좁은 통로의 벽의 촉감, 무더운 방, 분위기나 온도, 축축한 지하실의 냄새, 이들 모두가 정도에 따라서 공간의 감각적인 구성요소가 됩니다. 인간의 지각에는 일정한 질서가 있습니다. 지각과정에서의 Gestalt적 현 상은 대표적인 예입니다. 사실상 지각의 과정에서는 어떠한 종합적인 판단은 훈련에 의하여 강화될 수 있습니다. 우리는 비어있음을 먼저 지각한다기 보다는 경계와 차있음 혹은 한계 방향, 거리 등을 통하여 비어있음, 즉 공간을 지각합니다. 그것은 동시에 개인의 위치와 정체성과도 연결되어 있습니다. 모든 처해있음은 상대적으로 결정되고 확인됩니다.

Durham Cathedral 1110-1153

hen Cathedral 792-805

Westminster Abbey 1503-1519

o al Monte 1018-1062

Saint Denis 1144

Mountainebleau 1530

건축적 공간은 건축 언어체계의 완성 이후에 존재하게 된 것이라고 할 수 있습니다. 형태의 실험과 규범적인 건축을 확립하고 미학적인 견해가 사회적으로 받아들여지고 나서 공간은 건축적 관심의 중심에 서게 되었습니다. 또한 건축적 공간이 중요시된 것은 표현과 해석을 위한 이해의 배경을 얻었기 때문이며 감각적이거나 이성적이거나 공간을 다룰 수 있는 건축환경을 얻었기 때문입니다. 무엇보다도 건축이 건축가와 미학자들의 사고에서 중심을 차지한 것이 중요합니다. 건축은 공간의 예술이라는 정립은 공간을 이해하고 개념화하였습니다. 이제 공간은 건축의 원인과 목적이 된 것입니다. 일반적으로 건축적 공간은 아르누보로부터 시작된다고 보고 있습니다.

공간을 다루지 않는 건축은 실제로 존재하지 않습니다.

유리의 방, Versailles 1678-1684

St. Johanneskirche 1733-1746

Würzburg Residence 1719-1744

Lacartucha 1727-1764

건축가와 미학자들의 공간적 개념의 완성은 표현을 위한 것뿐만 아니라 건축적 공간 내에 거주하는 모든 인간의 존재적 차원의 이해를 가져왔습니다. 그러므로 인간, 행위, 삶과 존재는 그 어느 시기보다도 중요한 건축적 테마가 되었습니다. 수많은 사람들의 요구사항과 행위와 삶, 그리고 공간의 기능은 근대 이후에 그 어느 시기보다도 다양해졌습니다. 과연 어떠한 형태와 공간과 표현이 그 요구사항에 적절한 것인가에 대한 문제가 생겨났습니다. 그 이전에 없었던 거대한 공장과 사무실, 시장과 극장, 미술관은 도대체 어떠한 공간을 지니고 어떠한 형태를 얻어야 하는지가 문제되기도 했습니다.

이 건축물들이 공간의 역사를 전부 대변하는 것은 아닙니다. 그러나 우리는 중요한 흐름을 읽어낼 수 있어야 합니다.

Amalienburg 1734-1739

Ste Gemevieve Bibliotheque 1843-1850

Cristal Palace 1851

Milano 1863-1867

새로운 재료와 새로운 공간을 발견할 수 있습니까?

그리고 더 다양한 기능과 역할을 발견할 수 있습니까?

공간은 내부와 외부의 경계를 넘어서고 있음을 확인할 수 있습니까?

공간은 새로운 미학을 만들어냈습니다

그 모든 건축물은 여전히 고전적인 규범적인 혹은 양식적인 전례에 따르고 있었습니다. 그리고 절충주의도 나타났습니다. 그 혼란의 시기를 겪고 나서 얼마간의 체계가 생겨났습니다. 공간은 자아의 '던져짐', '처해있음'을 깨닫게 하는 사용자의 형성으로부터 심화되었습니다. 개개인은 근본적으로 감각과 지각을 통하여 공간적인 개념을 형성합니다. 그러자 사용자가 느끼는 건축적 실체는 공간의 형식으로 나타나게 되었습니다. 공간의 표현은 건축가의 사고체계로서 이상적인 목적이기도 하고 형이상학적인 사고를 낳기도 했습니다. 공간은 실재하는 의미로서의 공간이 되고 경험하는 개인에게 '주체' 형성의 배경이 되고 건축을 '주체'를 위한 공간으로서 여기게 만들었습니다. '형태로부터·공간을 인식하고 이성에 의하여 개념화하는 것'은 '개인의 존재적 확장'과 '건축적인 형상화'를 확대하게 해 주었습니다. 건축이 형태와 공간이 아닌 관계들을 형성하고 나를 처해있게 만드는 공간과 장소로부터 생성된 것입니다.

Theatre Bordeaux, 1773-1780

Theatre Bordeaux, 1773-1780

Francis Little House 1913

정신적 세계로서의 공간은 자연과학적 공간과 함께 발전하였습니다. 자연과학의 연구대상으로서 공간은 최근에 이르러 건축이론에 도입되고 최근 가장 중요한 논의의 하나가 되었습니다. 초기의 공간의 개념은 추상적인 사고로 시작되었다고 볼 수 있습니다. 공간개념의 지적해석은 19세기 후반에나 나타났고 인간의 통찰력에 의존하고 있었습니다. 그렇기 때문에 과연 과거의 건축물은 각 시대의 구체적인 표현대상이었는가에 대한 질문을 낳았습니다.

반 데 벤 Van de Ven의 《건축공간론》에 의하며 이와 같은 공간개념은 19세기 이전에는 표현의 대상이라기보다는 부산물이라는 것을 알 수 있습니다. 이유로서 첫째, 19세기 이전의 대부분 건축가는 장인이었으므로 형이상학적 주제를 사용하는데 관심이 없었으며 필요조차 느끼지 못했습니다. 둘째는 공간의 개념이 오늘날과 같이 건축가들 사이에 잘 알려진 개념이 아니라 직관적 통찰 intuition의 세계에 속해 있었기 때문입니다. 그러므로 잘 알려지지 않았으며 공간개념은 예술적인 개념으로 간주되기보다는 형이상학적 개념으로 여겨져 왔습니다.

The Opera, Paris, 1861-1875

Tassel House 1892-1893

Larkin Building 1904

열린공간, 닫힌공간, 전이공간, 사이공간, 유니버셜스페이스. 공적공간, 사적공간 오픈스페이스. 공간의 상호관입 ……

Villa Savoye 1928-1929

Barcelona Pavilion 1929

19세기에 공간 Space은 최초로 미학적 이론으로 등장했습니다. 아르누보 Art Nouveau movement는 공간적 추상화를 가시화시킨 최초의 운동이었습니다. 새로운 예술과 건축과의 교감이 19세기에 이루어진 것입니다. 헤겔의 미학적 이론에 따르면 예술의 미는 사고의 완전한 표현으로부터 얻어졌습니다. 또한 표현에 있어서 비물질성의 정도에 따라서 예술의 위계가 결정되었다. 공간은 예술에 있어서 가장 비물질적인 대상으로 무대를 얻었습니다.(Ars magna)

한때 공간은 지역과 양식에 따라 구분되었습니다. 그리고 자유로운 실험의 무대는 공간이 이즘과 개개인 건축가의 역량과 특성으로 여겨지기 시작했습니다. 공간은 언제나 존재했습니다. 그러나 그 상태는 다르게 나타났습니다.

공간은 편리하고 아름다운 미학적 대상일 뿐 아니라 이제는 건축가들에게 탐구와 표현의 대상이 되었습니다. 건축가는 공간을 창조하는데 많은 노력을 경주했습니다.

Schroder Hous 1924

Berlin Pilharmonic, 1956-1963

Hyatt Regency hotel, San Francisco, 1972

건축은 요소의 구성이 되었고 공간을 얻게 되었습니다. 그러자 공간을 감싸는 외피와 구조는 더욱 분리되었습니다.

이 시대의 건축적 공간의 가치를 표현한 역사가로서는 쉬말소 Schmarsow, 힐데브란트 Hildebrand, 립스 Lipps, 리글 Riegl, 뵐플린 Wolfflinm, 보링거 Worringer, 브링크만 Brinckman, 스콧 Scott, 쇠르겔 Sorgel, 프랑클 Frankl, 기디온 Giedion. 건축가로서는 반데벤 Van de ven, dpsepf Endell, 베렌스 Behrens, 올브리히 Olbrich, 러버릭스 Laweriks, 르꼬르뷔제 Le Corbusier, 반데스부르그 Van Desburg, 타틀린 Tatlin, 리시츠키Lissitzky, 말레비치 Malevich, 모호리나기 Moholy-Nagy, 비즈데빌트 Wijdeveld, 키슬러 Kiesler 등이었습니다. 이들은 예술에 공간을 함께 표현하고 통합하였습니다.(Synthesis of The Art : Gesamtkunstwerk)

공간은 사람들이 모이는 장소를 만들고 감상하고 일하고 휴식하고 생활하는 무대가 되었습니다. 이후로 공간의 미학은 가장 중요한 테마가 되었습니다. 사실 공간은 예전부터 존재했습니다.

Barcelona Pavilion 1929

Guggenheim Museum 1956-1959

Museo Castelvecchio 1956-1964

Shanghai Bank 1979-1986

Munster City Library, 1993

Norman Foster, Great London Authority, 2002

공간은 표현의 자유를 얻었습니다.

공간은 기능을 얻고 구조를 발전시키고 표현의 자유와 개념적 사고를 완성하였습니다. 오늘날 우리는 범주화할 수 없을 만큼 다양한 공간적 창조를 가능하게 만들었습니다. 새로운 기술과 재료 그리고 컴퓨터의 사용은 상상할 수 없었던 공간을 구축하기 시작했습니다.

Rem Koolhaas,
Prada New York Epicenter, 2001

Moshe Safdie, 2005
Holocaust Museum, Yad Vashem

Richard Rogers
Millenium Dom

Asymptote, 2005,
Gugenheim Guadalajara

Alberto Campo Baeza 1998
Center for Innovative Technologies

Alvaro Siza 1999
Serralves Foundation

steven Holl, 2005
Loisium Visitor Center and Hotel

공간에 대한 경향은 '격자형 평면 혹은 2차원적인 공간 Planimetric of Two-Dementional Space', '일소점 투시공간 혹은 3차원적 공간 One-Point Perspective or Three-Dementional Space', '비현실적 시공간 혹은 4차원적 공간 Irrational Space-Time or Four-Dementional Space', '이미지적 공간 혹은 동적 공간 Imaginary Space or Produced by Motion Picture' 으로 구분할 수 있습니다. 이제 공간은 인간의 행위와 시간을 담는 그릇으로서의 건축을 표방하게 된 것입니다.

Bernard Tschumi 1999
School of Architecture

Frank O Gehry 2001
DG Bank

Santiago Calatrava.
City of Arts and Science

I. M Pei 2001
Bank of China Headquaters

8.

아름다운 세계와 보이지 않는 이야기

형태의 원리는 어떻게 생겨났습니까?

아름답고 훌륭한 건축물은 어떻게 생겨났습니까? 그리고 그 놀라운 원리를 담고 있는 건축물은 항상 아름다운 것입니까? 고대로부터 아름다운 건축물을 창조하고 그렇게 느끼게 되고 시각적으로 전달되는 원리를 알기 위하여 많은 학자들과 건축가들이 노력을 경주했습니다. 일반적으로 그러한 건축물은 언제나 신비한 대상이고 존재하는 세계의 원리를 담고 있었습니다. **세계의 조화와 질서는 수와 엄정한 법칙에 관련되고 있으며, 그것은 음악적인 아름다움에 연관되었습니다.** 세계의 질서가 그러한 음악적 진실을 대변하게 되자, 수는 건축을 포함한 모든 세계의 신비스러운 근본원리가 되었습니다. 형태의 원리는 건축의 개념이 되었고 형태요소의 통제 수단이었습니다.

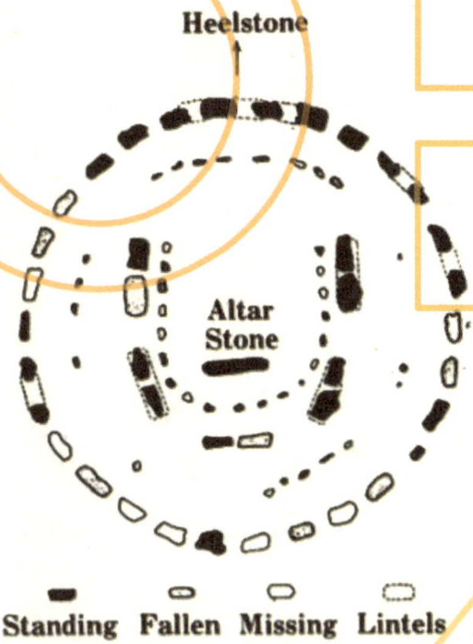

StoneHenge의 배치 다이어그램
이 세계의 질서는 너무나 많고 이해하기 쉽지 않습니다. 그러나 어떠한 중심이 있고 주변의 관계가 존재합니다. 그것은 단순히 기념비적이거나 거석문화에 한정되는 것이 아닙니다. 우리는 세계의 중심을 결정하고 그로부터 주변의 대상들을 정립해갑니다.

Mortuary Temple of Queen Hatshepsut
직선적인 상승과 대칭적인 구조 그리고 공간적인 무대는 연속적인 공간의 변화를 유도합니다. 점진적 변화와 상승, 대칭은 고대로부터 사용되어온 형태적 원리입니다.

Pyramid of Cheops
52도의 사면을 갖는 피라미드는 매우 단순하지만 강력한 형태입니다. 이 형태는 가장 거대하고 가장 오래된 건축물의 기하학입니다. 이미 이시기에는 황금비와 기본적인 형태원리가 사용되었습니다.

우리는 항상 세계의 질서에 관심을 갖고 있었습니다. 정신적으로나 물리적으로 잘 이해되고 정연한 세계는 우리가 살고 있는 세계를 안정적으로 구축합니다. 또한 건축적 표현에 있어서 질서와 원칙은 아름다움의 비밀을 간직한 신비한 세계적 원리로 여겨졌습니다. 그 원리들은 절대적인 것이었으며 미학 Aesthetics이 생겨나기 전까지 개인적인 감정의 과학은 그다지 중요하지 않았습니다.

미에 관한, 훌륭한 건축과 관련된 모든 진실들은 형태의 원리로서 작용했습니다.

과연 건축은 어떻게 원리들을 수용하였습니까
건축물은 어떻게 변화하였습니까
우리는 그것을 어떻게 구분하고 체계화합니까

우리는 세계에서 기하학을 발견한 것입니까 아니라면 이 세계에 부여한 것일까요 ? 아마도 우리는 동시에 두 가지 사실을 경험하고 확립하고자 했을 것입니다. 기하학은 당시에 유일한 세계 언어이며 동시에 건축언어이기 때문입니다. 그리고 우리가 알고 있는 문법적 관계들을 만들어 냈습니다. 그것은 오늘날 거대한 구축을 가능하게 한 첫발을 내딛게 만들어 주었습니다.

우리는 세계의 중심이며 주변은 인간 중심의 주관적 시점에 의한 묘사로 이루어집니다. 인간의 시점을 중심으로부터 방사되는 시선으로 그려내는 모든 세계는 최근에야 변화하였습니다. H. Jedlmeyer의 저서 「중심의 상실」에서 밝혔듯이 18세기에 와서야 인간 중심사고는 붕괴합니다. 인간이 세계의 중심이라는 입장은 이미 어디론지 사라져 버렸습니다. 현재 그 중심에는 이성이라는 차가운 사고 시스템이 차지하게 되었습니다. 우리는 그 중심을 얻을 수 있는 만큼 사고합니다. 원의 중심은 지름의 교차점으로 기하학적으로 드러납니다. 그러나 거리⊠관계⊠위치 등은 그것들 스스로 존재로서 드러나지 않는데 이것은 이것들이 사물들과의 상대적인 관계를 통해서만 가시적으로 될 수 있기 때문입니다. 이것들은 추론과 구성을 통해 중심에 지각적이거나 지적인 규정을 부여하지만 중심이 직접적으로 보이도록 만들지는 못합니다. 중심은 그것을 가시적으로 만드는 점 선 또는 적절한 형태들을 취하면서 형태의 관계를 만들어냅니다. 형태는 직관적이든 귀납적이든 간에 힘들의 장 Field, 힘들이 발생하는 초점, 힘들이 수렴하는 곳으로서의 중심을 만들어냅니다. 그 장(場)에서 힘의 관계가 기하학적인 형태로 수렴하게 만듭니다. 그것이 바로 우리가 건축물로부터 형태를 인식하게 되는 원인이 됩니다.

새로운 차원 ● 수의 세계와 질서

건축물이 인식의 대상이 되기 시작하고 그 세부적인 요소들이 단순한 움집으로부터 벗어나면서 형태는 덩어리가 아닌 부분 부분들의 관계로 보여지기 시작했습니다. 그 부분들은 구조적 관계로부터 시작하여 세분화되기 시작했습니다. 일단 분화를 시작하자 많은 표현들이 가해지고 고대의 건축가들은 그 관계를 정립하기 시작했습니다. 부분들은 서로 상대적인 거리와 크기, 배경과의 관계, 형태적 특성, 점들과 선들의 구성, 입체의 정도에 따라 각각의 위치를 얻고 이름을 부여 받았습니다. 그러한 질서는 부정할 수 없는 미의 원칙이며 동시에 모든 건축에 반드시 존재해야 하는 규범이 되었습니다. 그 규범은 기원의 차이가 있지만 근본적으로 모더니즘에 이르기까지 건축을 지배해 왔습니다. 수는 세계의 질서를 표현하고 아름다운 조화를 대변하였습니다.

數

Pythagoras가 발견한 것처럼 길이의 비율이 3:2인 현(絃)을 활로 켜거나 줄을 뜯어서 연주한다면 5도 음정을 만들어 냅니다. 길이의 비가 2:1인 현은 8도 음정을 냅니다. 이 5도 음정, 8도 음정은 즐거움을 주는 소리입니다. 이제 수의 관계는 음악의 조화와 세계의 조화를 대변하는 것으로 여겨졌습니다.

수의 관계를 일반적인 진리로 확장시키게 되면서, 존재하는 세계의 원리와 질서는 수의 조화에 의한 것으로 보게 되었습니다. 그것은 건축도 마찬가지였습니다. 그러자 건축은 수에 근거한 부분들의 관계가 되었습니다. 우리가 알고 있는 수의 절대성과 관계는 그러해서 세상의 건축물들을 장악하기 시작했습니다.

부분들의 관계 ● 무한한 변주곡

음악적 조화에 바탕을 둔 건축은 이제 동결된 음악 Frozen Music으로까지 확대되고 화성법과 음악적 조화는 건축의 근본원리처럼 여겨졌습니다. 건축은 요소들의 음악이고 아름다운 시(詩)였습니다. 이 모두는 부분들의 관계를 규정하는 것으로부터 시작되었습니다. 그 관계는 어떠한 아름다운 변화와 조정으로 새로운 감흥과 미를 창조하는 배경이 되었습니다. 그러자 관계를 정리한 무수한 많은 이론과 내용들이 나타났습니다.

관계를 밝히고 정립한 이론들은 건축의 원리이고 건축의 개념이며 표현의 의지가 되었습니다.

요소들은 건축언어를 창조하고, 문법을 제시하고 건축을 시(詩)정적 표현의 예술로 변모시켰습니다. 그리고 그것은 세계의 신비한 음악이 되었습니다.

Floor plan of the Abbey of Thoronet.

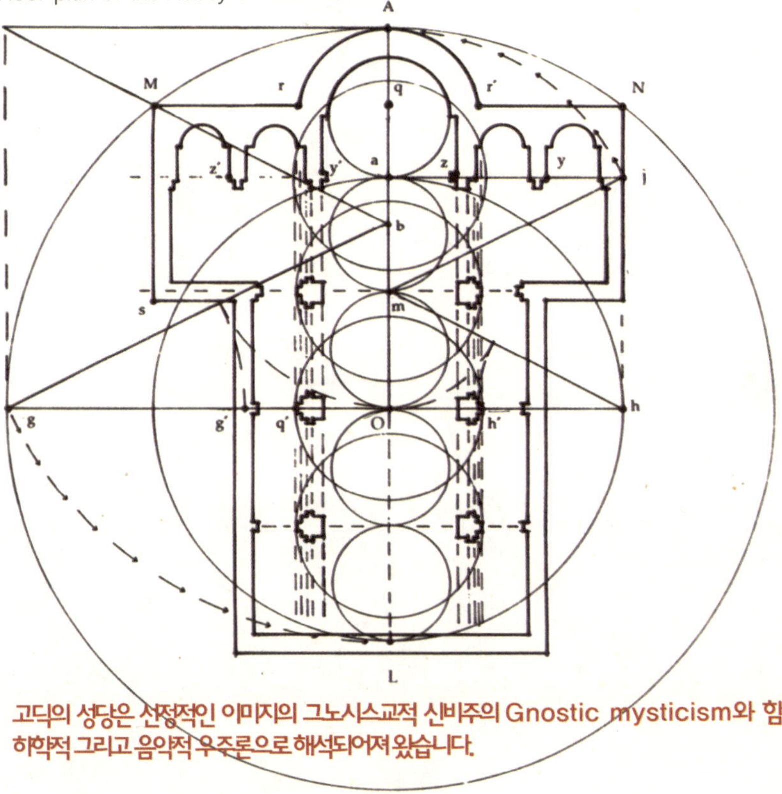

고딕의 성당은 신정적인 이미지의 그노시스교적 신비주의 Gnostic mysticism와 함께 기하학적 그리고 음악적 우주론으로 해석되어져 왔습니다.

변주들의 질서 이론의 배경

부분들의 관계는 많은 개념들을 낳았습니다. 이집트의 삼각형, 52도의 피라미드, 피타고라스의 수철학, 비례이론, 플라톤의 균제 Symmetria와 비례 Analogia 그리고 세계의 입체, 아리스토텔레스의 수적비례, 황금비, 크라이스 지오메트리 Kreis Geometrie, 동적균제 dynamic Symmetry ......

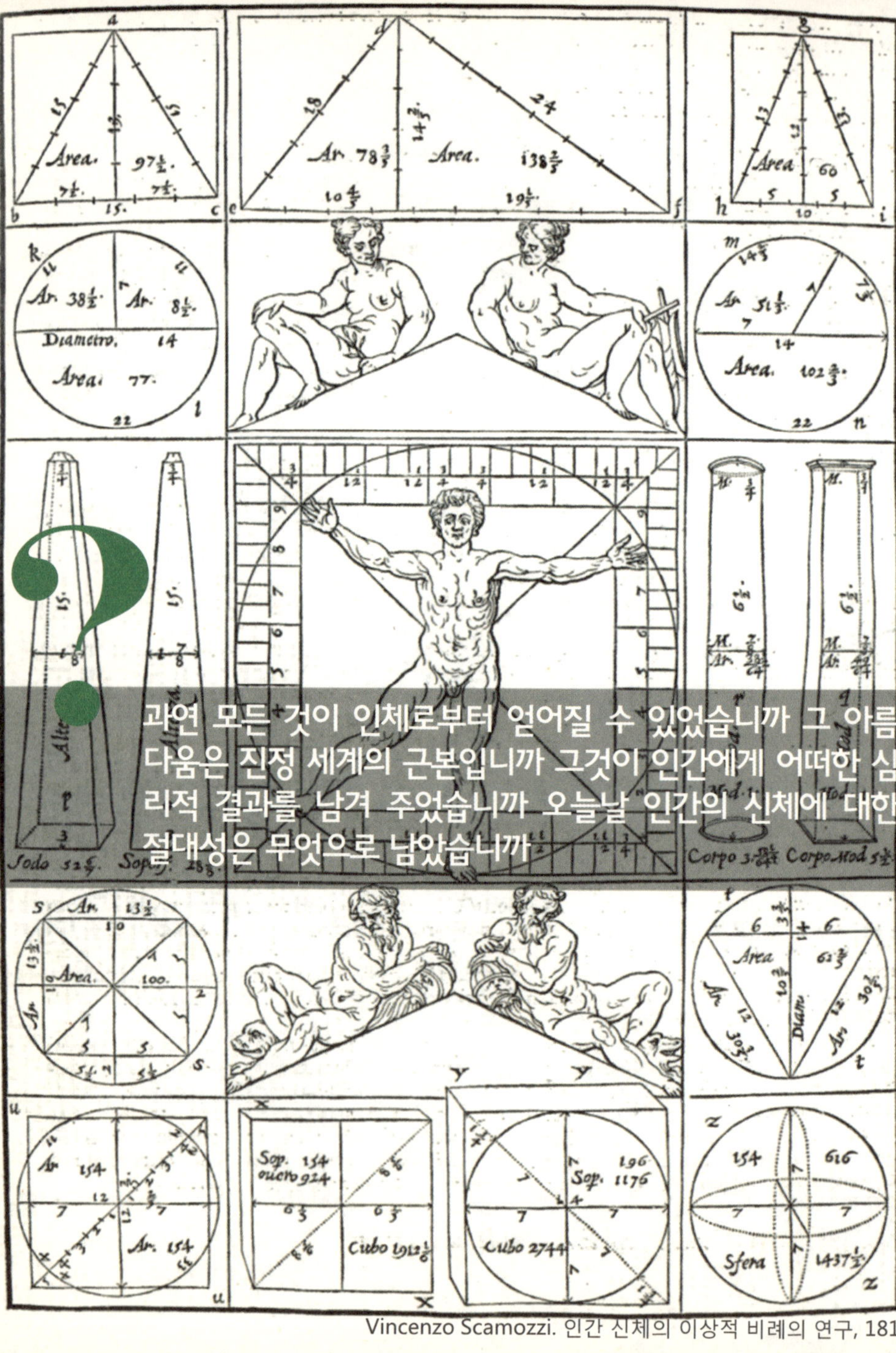

과연 모든 것이 인체로부터 얻어질 수 있었습니까 그 아름다움은 진정 세계의 근본입니까 그것이 인간에게 어떠한 심리적 결과를 남겨 주었습니까 오늘날 인간의 신체에 대한 절대성은 무엇으로 남았습니까

Vincenzo Scamozzi. 인간 신체의 이상적 비례의 연구, 1815

부분들의 관계를 최초로 정리한 것은 비트루비우스라고 할 수 있습니다.

> 오르디나티오 Ordinatio : 작품 자체가 척도에 적합하고 전체로서 슘메트리아가 되는 비례를 설정하는 것으로서 오르다디티오를 상세하게 규정하는 것은 에우리드미아와 슘메트리아이다.
>
> 디스포지티오 Dispositio : 질적으로 질서를 부여하는 것으로 그 표현형식은 평면, 입면, 투시도이다.
>
> 에우리드미아 Eurythmia : 아름답게 보는 것이고 건축물의 길이, 폭, 높이가 조화를 유지할 때, 전체가 이 슘메트리아에 조응될 때 성립하는 것이다.
>
> 슘메트리아 Symmetria : 특정 부분의 길이를 척도 단위로서 전체를 통합하는 것이다.
>
> 데콜 Décor : 절적성의 의미인데, 양식의 적당한 선책이나 건물의 일조에 대한 위치를 지키는 것이다.
>
> 디스트리뷰티오 Distributio : 실용목적, 재료, 위생 등의 측면에서 건물을 계획하는 것이다.

부분들의 관계를 질서, 리듬, 조화, 통일, 분산, 대칭 등으로 규정하고 인식하는 방식은 세계의 구성에서 반복적으로 나타나고 항상 우리 감정에 관여하며, 우리가 형태를 읽어내는데 근본적으로 개입하는 것입니다. 이러한 개입에는 형태적인 면에서 기하학적인 기준에 우선하고 있습니다. 그러나 다양한 측면들이 존재합니다. 그것은 형태를 추상적인 기하학으로만 보고 있지는 않다는 것을 의미합니다

인체의 대변자 – 기하학의 몸부림

수의 엄정함과 수적인 비례는 인간의 신체에 까지 확대되었습니다. 무엇보다도 인간 신체는 신의 모습을 담고 있었으므로 완전한 이상적 비례를 담고 있다고 보았습니다. 인간의 신체는 그 어떠한 대상보다도 중요한 기준이 되었고 결국에는 고딕의 성당들은 인간의 신체로부터 그 형태적 비례를 얻었습니다. 그리고 그 감각 안에는 우리가 우리와 동일한 인간의 이미지전체와 관계하고 있다는 것을 보여줍니다. 그것을 우리는 신인동형론 Anthropormorphism으로 불러왔습니다. 우리의 기억과 감각은 알게 모르게 그 형태적인 질서를 인간에 비추어 생각해 왔다는 것입니다. 그리고 건축물은 인간의 조화를 지녀야만 했습니다.

음정과 수의 비례

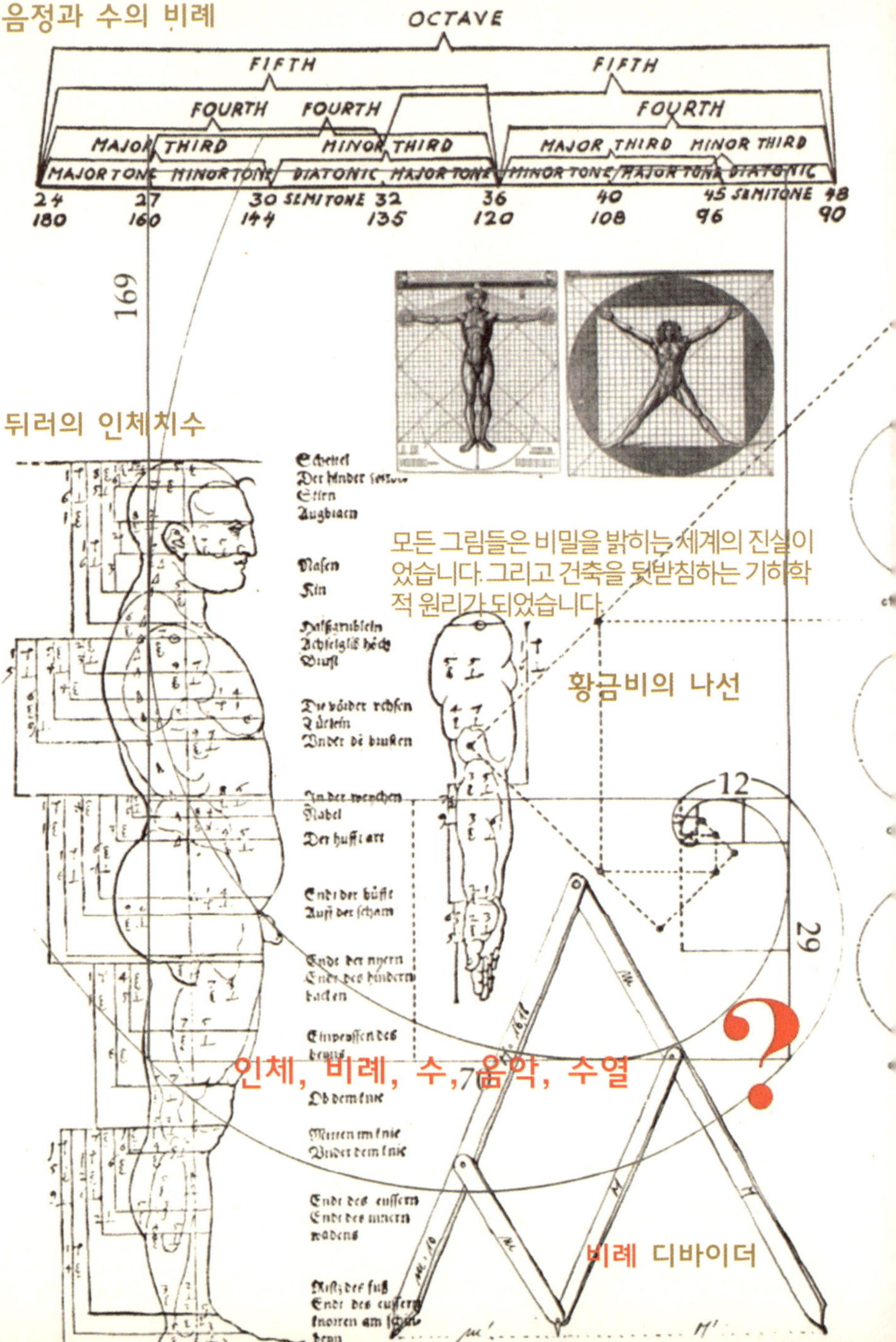

뒤러의 인체치수

모든 그림들은 비밀을 밝히는 세계의 진실이 었습니다. 그리고 건축을 뒷받침하는 기하학 적 원리가 되었습니다.

황금비의 나선

인체, 비례, 수, 음악, 수열

?

비례 디바이더

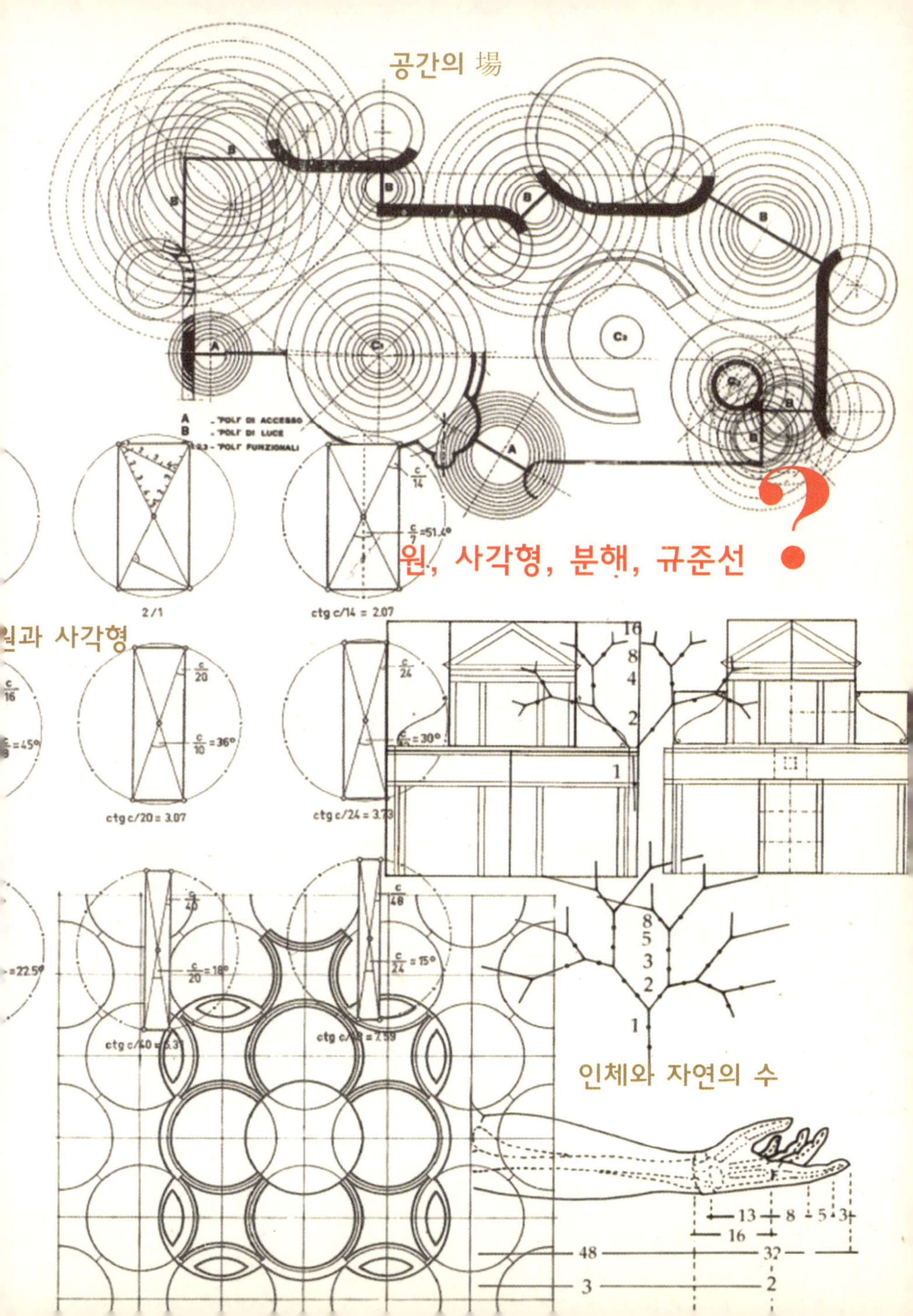

공간의 場
A - 'POLI' DI ACCESSO
B - 'POLI' DI LUCE
1.2.3 - 'POLI' FUNZIONALI
?
원, 사각형, 분해, 규준선
2/1
ctg c/14 = 2.07
원과 사각형
ctg c/20 = 3.07
ctg c/24 = 3.73
16
8
4
2
1
8
5
3
2
1
인체와 자연의 수
13
8
5
3
16
48
32
3
2

구조의 대변자 ● 기하학적 구성의 모험

사실 기하학적 표현은 그 형태적인 조화와 비례에 앞서 구조적인 완성을 대변하고 있었습니다. 건축적 요소들은 수직적으로 구조의 힘을 빌어야만 했고 평면적으로는 수의 비례와 조화에 의존해야 했습니다. 이러한 조화와 비례는 우리가 생각하고 느끼는 방식들을 대변하고 있었습니다. 그러한 질서는 시각적인 오차와 착시를 조절하고 조정하는 방식이기도 했습니다. 건축은 바로 기하학적 모험이었습니다. 이 모험을 이끌어 왔던 구성의 비례 체계는 아름다운 결과에 대한 어떠한 명확성 때문에 제안되는 것이 아니라, 사실적이거나 아니면 가상의 다른 성질 때문에 제안되고 있습니다. 이러한 성질은 다양하게 제시되었습니다. 그러나 그것은 네 가지 범주 - 음악, 시대, 자연, 산술 – 중 한가지거나 아니면 그들의 조합에 속하는 것입니다.

비례체계 ······ 네 가지 뿌리

하나 비례체계 중 가장 오래된 범주는 이미 설명한 **음악적 유추** 때문에 제안되는 것입니다. **Leon batista Alberti**는 1485 년 "**소리의 일치**를 통해서 우리 귀를 즐겁게 하는 것은 우리의 눈과 마음을 만족시키는 것과 동일하다" 라고 주장하였습니다. 수학자 **Geronimo Cardano** 는 " 청각에서 알려진 것은 **협화음(協和音)**이라고 불리운다: 시각에서 그것은 미이다 ... 왜냐하면, 알지 못할 때 슬픈 것과 마찬가지로 알 때에는 즐거움이 존재하기 때문이다."라고 하였습니다. 건축을 **음악적 구성**으로 보는 것은 그 예술적 추상성과 서정성을 부추깁니다.

두울 비례체계의 두 번째 범주는 **고대인들의 비밀**을 폭로하는 입니다. **Vitruvius** 에 의한 일련의 정교한 그리이스 비례법칙에 관한 기록들과 같이 창조가 일련의 규칙에 의하여 이루어 진다는 생각에서 비롯된 것 입이다. 그것은 **수의 비밀이고 관계의 비밀**이었습니다. 또한 세계의 비밀로 여겨졌습니다.

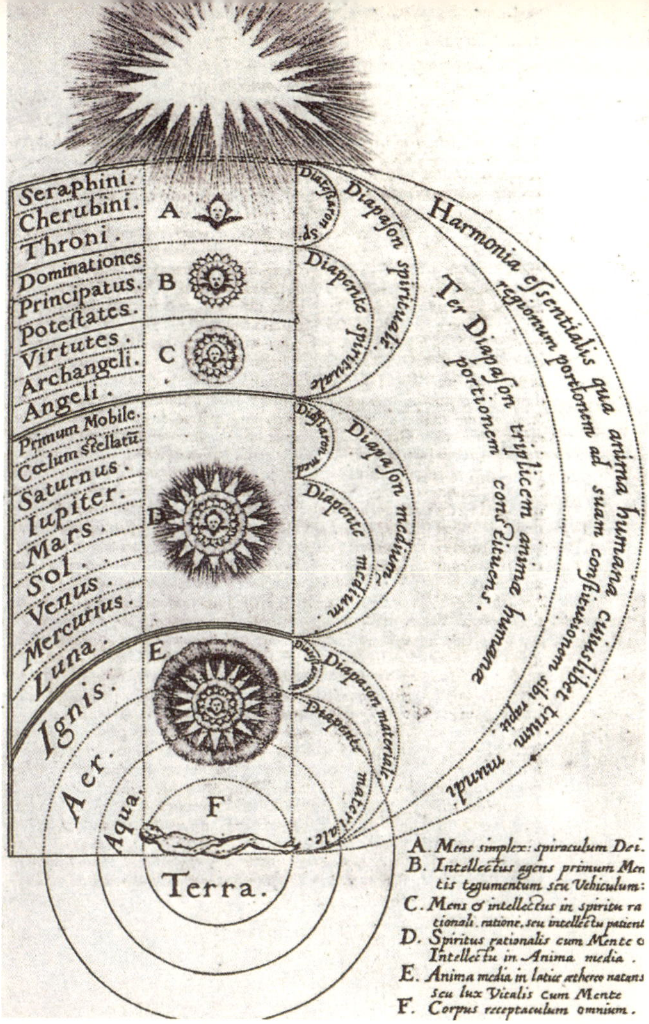

R. Fludd, Utriusque, Cosmi II. 플러드는 인간의 신체를 모든 것이 담겨진 그릇으로 보았습니다. 그의 노화로운 다이어그램을 확인하면 다양하고 미묘한 정신적 매개체를 통하여 모든 영역으로 확장되고 있습니다. 세계의 정신은 인간으로부터 모든 것이 확대되고 있습니다.

세 엣 세 번째 범주는 **자연**과 관련을 맺고 있습니다. **Alberti** 의 표현을 빌리자면, 자연은 만물의 가장 우수하고 신성한 표현인 것입니다. 건물이 결정체와 같은 자연의 형태들에서 깨달은 **디자인 원리**들을 이용해야만 한다고 주장하는 것은 당연했습니다. 그와 같은 규정은 **자연을 구성하는 원리**가 필연적으로 아름다운 결과를 만들어 낸다는 가정에 바탕을 두고 있었습니다.

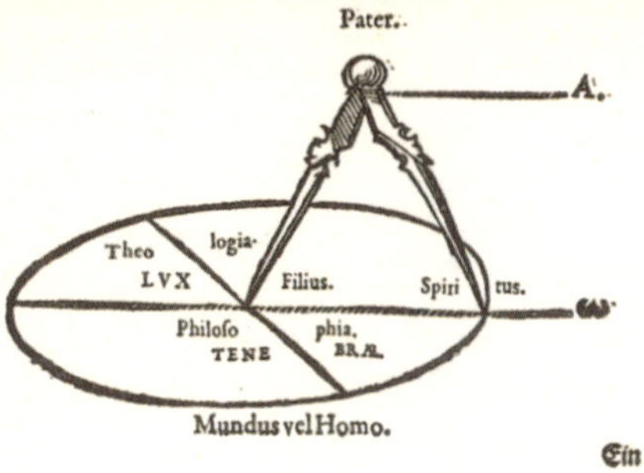

V. Weigel. Introductio Hominis. 1618. 신의 지혜는 두 가지 측면을 지니고 있으며 그것은 자연적 지식이 하나이고 또 다른 것은 초자연적인 지식이 다른 하나입니다.

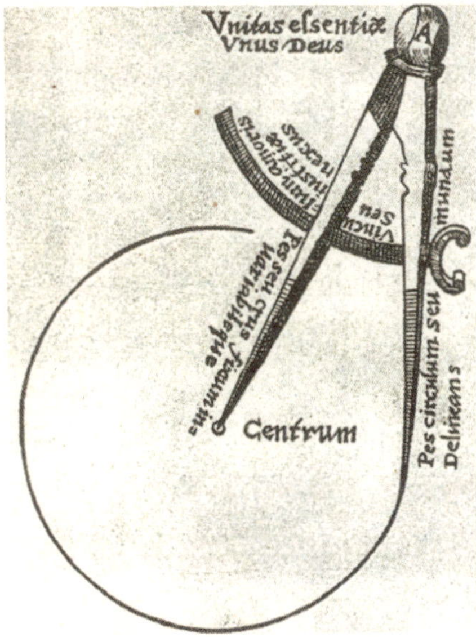

R. Fludd. Utriusque Cosmi. 신의 전체성은 시각적이며 요소적 세계의 통합입니다. 컴파스의 두 축은 세계에 대한 사랑과 정의에 의하여 연결된다고 보고 있습니다.

자연과 관련된 비례는 보다 진지하게 주목 받을만한 가지를 지닌 부류로서 인간자신에서 비례체계를 탐구하는 부류가 있었습니다. **Pacioli**는 단순한 사실과 다소 환상적인 신학적 추측을 모두 표현하였는데 "인체로부터 모든 치수와 명칭이 유래하였다"는 단순한 사실은 명백합니다. 그들이 측정을 시작한 이후에 사람들은 자신의 신체 각 부분이 **대략적인 크기 측정**에 유용하다는 것을 발견하였습니다. 오늘날 우리가 사용하는 척도의 대부분은 그렇게 생겨난 것입니다. 인체가 자연의 내부 비밀을 표현하기 위한 신의 매개체라는 Pacioli의 추측은 미학적 의미를 지니고 있으며, 그것이 기술되었던 시대에는 흥미를 끄는 것이었습니다.

네엣 세 번째 범주와 분리될 수 없는 것은 그 자체의 **산술에서 정당성**을 발견하는 비례체계들입니다. 수의 관계가 지속적인 것이기 때문에 산술의 정당화는 시대의 정당화라는 분위기를 일부 지닙니다. 즉 **수적 세계의 지속성**은 **사회의 지속성**과 연결되었습니다. **Paul T. Frankel** 은 「**Form and Reform**」에서 " 산술과 기하학은 시간에 관계없이 존재한다. 그 창조물이 소유한 미는 본질적인 것이며 변화하지 않는다" 라고 기술하였습니다. **St. Vincent Millay**는 "Euclid 만이 꾸밈없는 미를 보았다" 라고 하였으며 **Galileo** 는 " 자연의 위대한 책은 **수학의 언어**로 쓰여졌다" 라고 하였습니다. Jay Hambrigde를 비롯한 몇몇 저술가들은 그들만의 비례체계를 동적 균형(Dynamic Symmetry)이라고 불렀습니다. 이때 동적 성질은 오직 무한한 소숫자리 수만이 그 수를 정의할 수 있다는 사실로부터 유래한다고 보았습니다. 정수를 이용한 비례체계는 정적이며, 무리수를 기반한 동적인 비례체계가 우수하다고 보았습니다. **Le Corbusier** 는 신비적 합리화로서의 산술과 측정 합리화로서의 인간을 서로 결합시켜서 자기 나름대로의 비례체계를 형성하였습니다. 그의 **Modular** 체계는 **Fibonacci** 급수의 수에 확고한 바탕을 두고 있으나, 그는 또한 이러한 측정치 중 일부는 인간의 신장과 특징적으로 관련된 것으로 묘사할 수 있다고 주장했습니다.

오늘날 기하학적 질서는 건축 디자인 개념에서 당연한 질서의 원칙으로 받아들여집니다. 그러나 모든 면에서 과거의 원칙과는 다른 것이 사실입니다. 규범적 형태보다는 공간을, 사적 표현을 더 중시하는 세계입니다. 또한 질서의 개념 너머에 근본적인 형태의 원리에 관심을 갖기 시작했습니다. 우리는 자기조직화에 의한 형태의 창조와 성장에 관심을 보이기 시작했습니다. 그것은 형태적 요소의 통제가 아니라 사실상 공간의 통제이고 행위의 조직화입니다. 그리고 그것은 정연한 질서가 아닌 유동적인 구조입니다. 따라서 과거의 건축적 접근이 형태창조를 위한 스케치와 모델에 의한 것이라면, 오늘날에는 다이어그램과 프로그램에 접근하게 되는 것입니다.

구조, 공간 그리고 기하학

9. 아름다운 형태 : 구조와 기하학의 노래

기하학은 건축적 공간을 구획하고 건축적 실체를 표현하는 수단이 되었습니다. 우리는 내부공간이 어떻게 변화하고 건축 형태가 어떻게 변화하는가를 보았습니다. 이 세계는 기하학으로 채워지고 디자인은 기하학적 원리와 감각을 설명하면서 이루어졌습니다. 그러나 형태는 기하학적인 덩어리로 이해하는 것은 위험합니다. 형태는 분명 재료의 특성, 질감, 색감, 기타 많은 것을 가지고 있다는 것을 잊지 말아야 합니다. 형태는 건축물의 외부와 외부를 구분하고 동시에 두 공간을 연결 시킵니다. 그러므로 외피는 공간의 경계일 뿐만 아니라 경계를 조율하고 사이공간을 만들고 전이공간을 유도합니다. 또 외피는 외관으로서 표정을 만들어 냅니다. 또한 형태는 주변 공간을 부여잡기도 하고 배척하기도 합니다. 형태는 언제나 공간을 담고 있으며 동시에 내용을 담고 있습니다.

이 건축물의 외부에는 다양한 공간이 존재합니다. 그리고 단순히 하나의 외부공간일 수도 있습니다. 그리고 많은 표정의 파사드를 지니고 있습니다. 이 많은 요소들이 바로 건축을 풍부하게 합니다.

Massimiliano Fuksas. New Milan Trade Cebter.

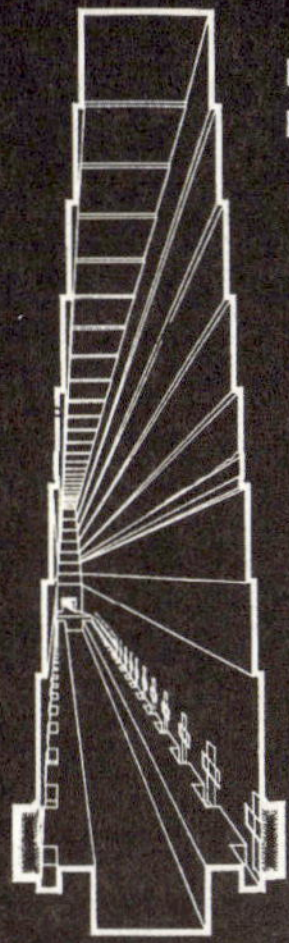

Pyramid of Cheops
BC 2500

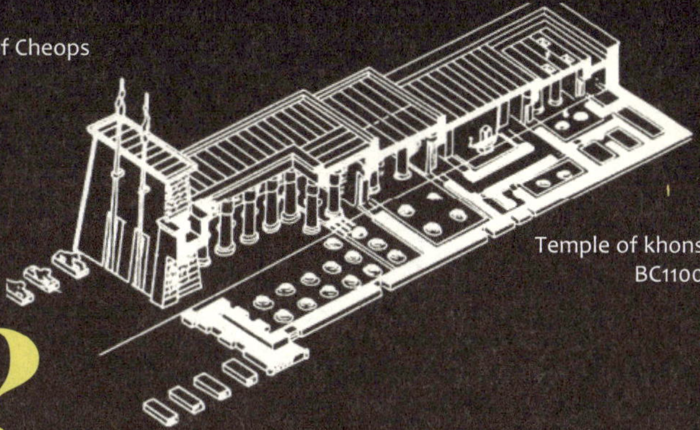

Temple of khons
BC1100

그 음악은 어떻게 변화하였을까요

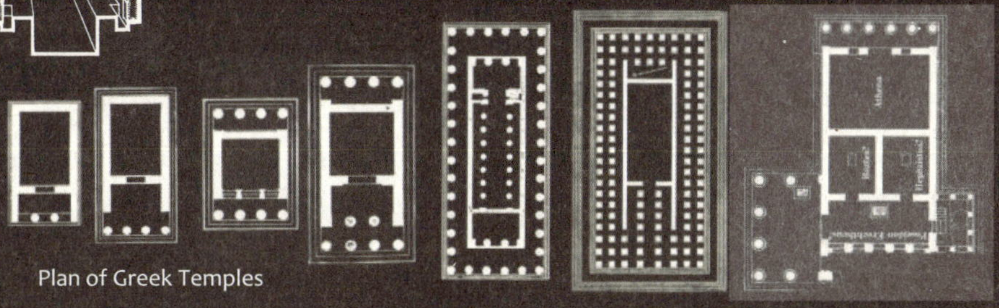

Plan of Greek Temples

여러분은 얼마나 많은 질문을 던질 수 있습니까

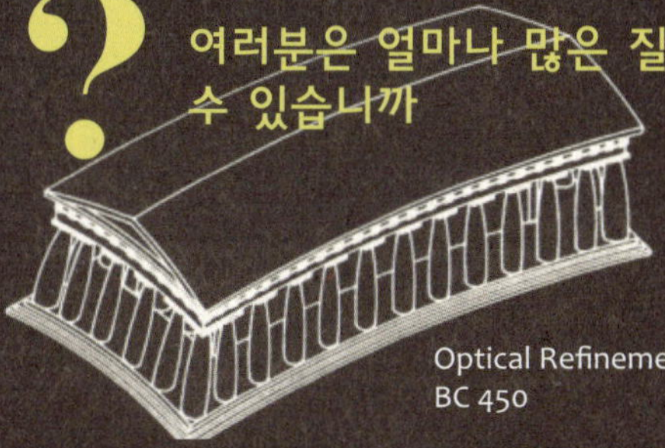

Optical Refinement
BC 450

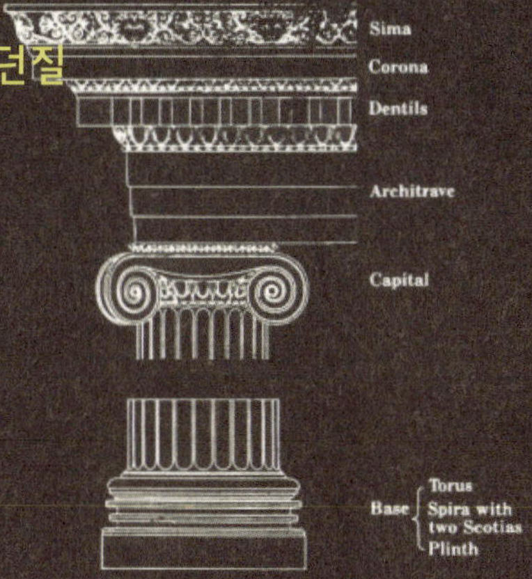

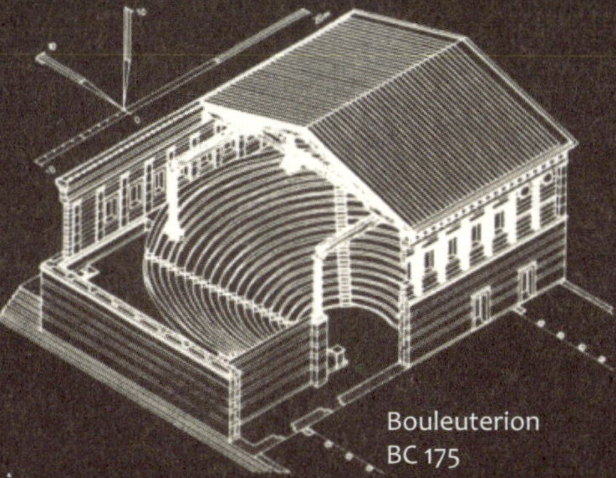

Bouleuterion
BC 175

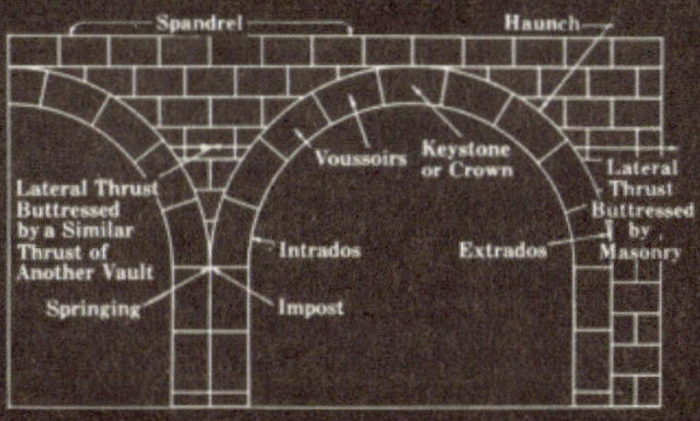

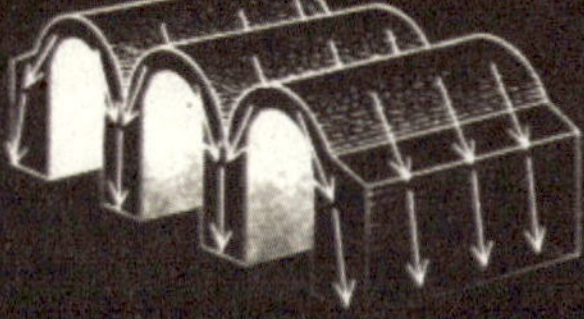

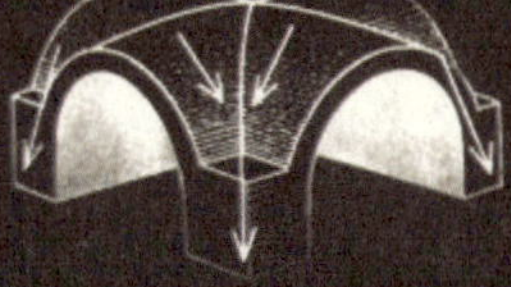

구조의 발전 아치로부터 교차볼트로

그 음악은 다양한 요소들의 교향곡입니다

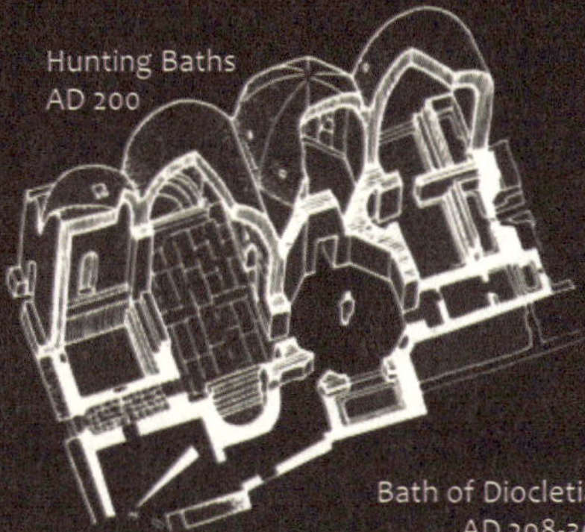

Hunting Baths
AD 200

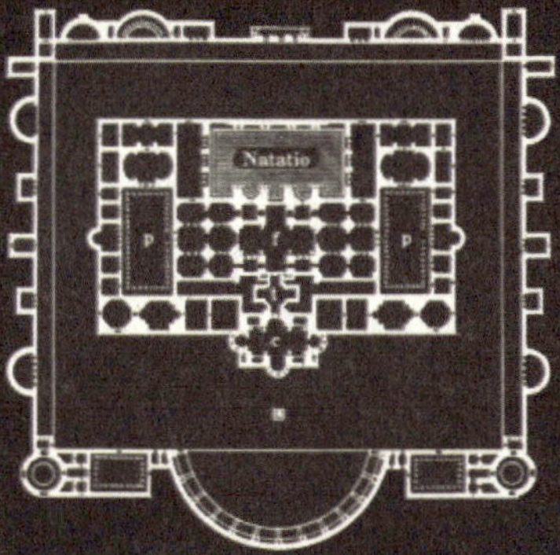

Bath of Diocletian
AD 298-306

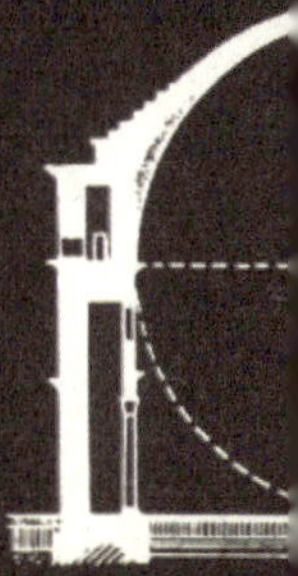

확산, 조화, 균형

Basilica of Maxentius 307-312

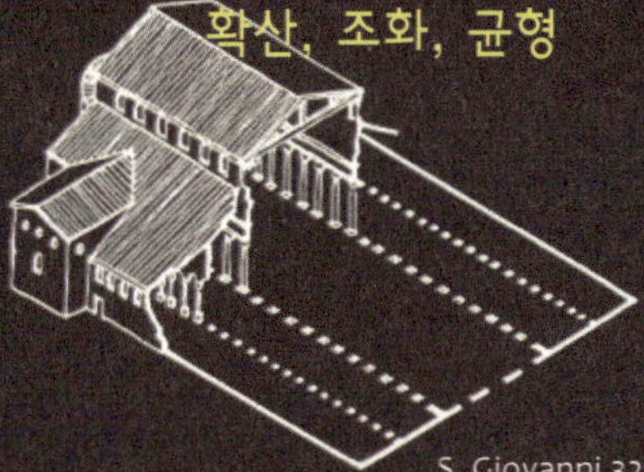

S. Giovanni 320

Chur

구조, 기하학의 어울림을 발견할 수 있습니까

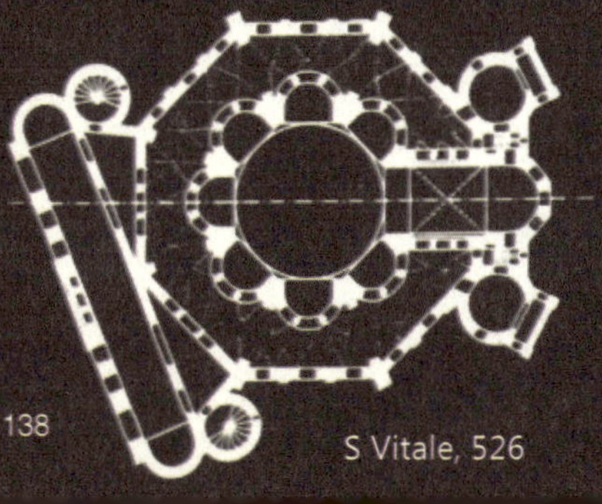

S Vitale, 526

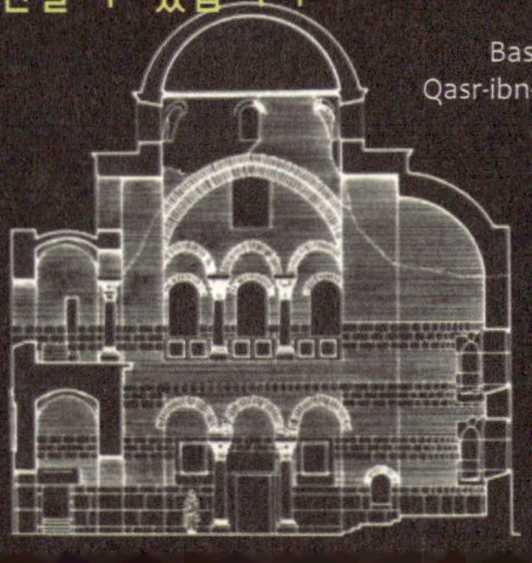

Basilica 564
Qasr-ibn-Wardan

Pal

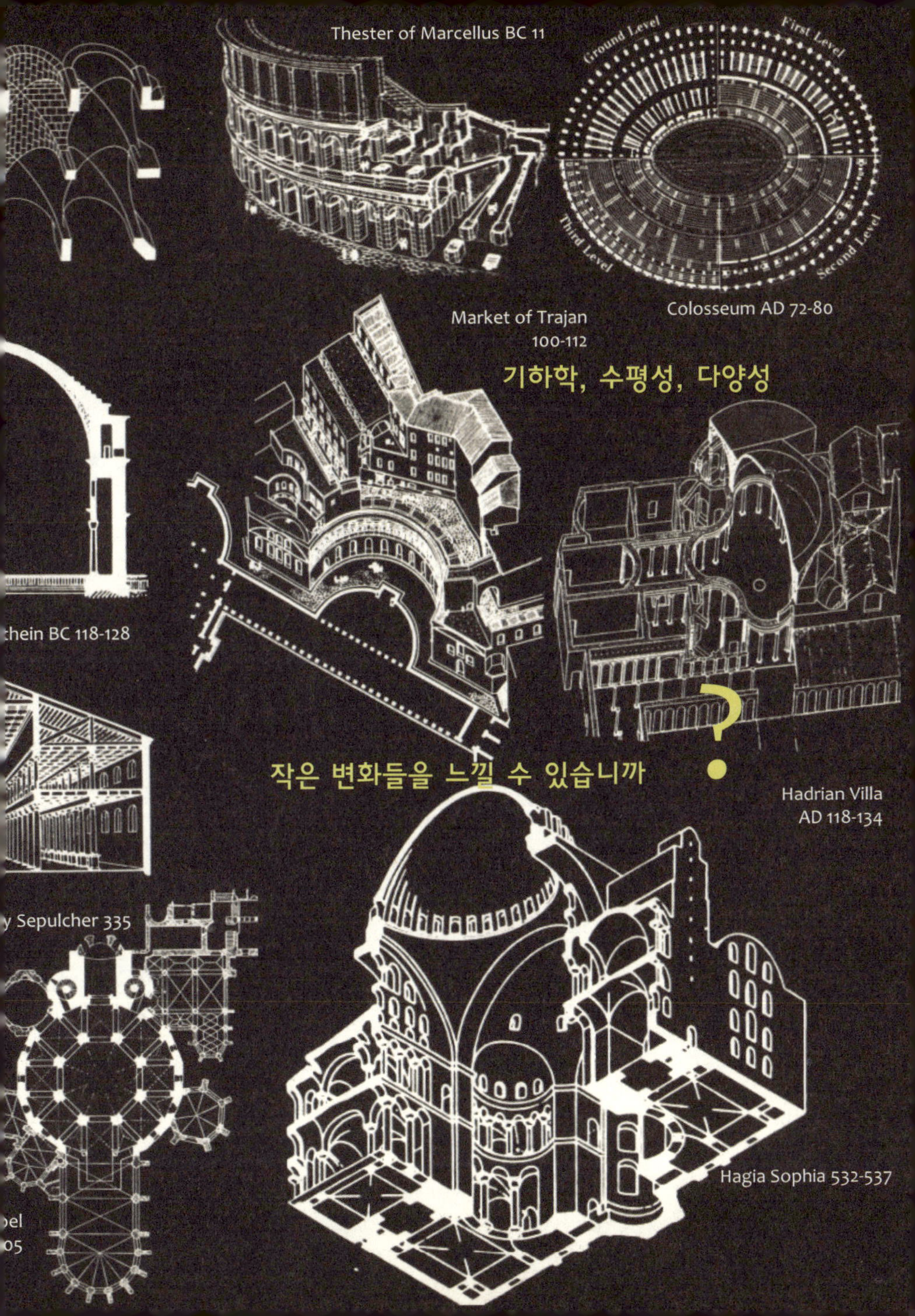
Thester of Marcellus BC 11
Ground Level
First Level
Third Level
Second Level
Colosseum AD 72-80
Market of Trajan
100-112
기하학, 수평성, 다양성
:hein BC 118-128
작은 변화들을 느낄 수 있습니까
?
Hadrian Villa
AD 118-134
y Sepulcher 335
Hagia Sophia 532-537
pel
05

Palatine Chapel 796-805

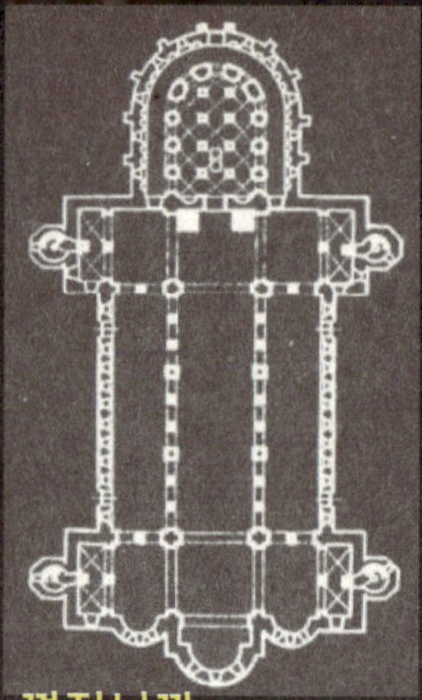

ST. Michael Hildesheim 1001-33

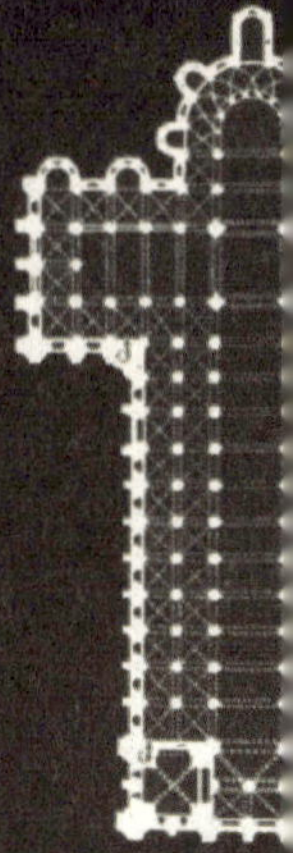

이제 평면은 매우 아름답게 느껴집니까

Flying Buttress

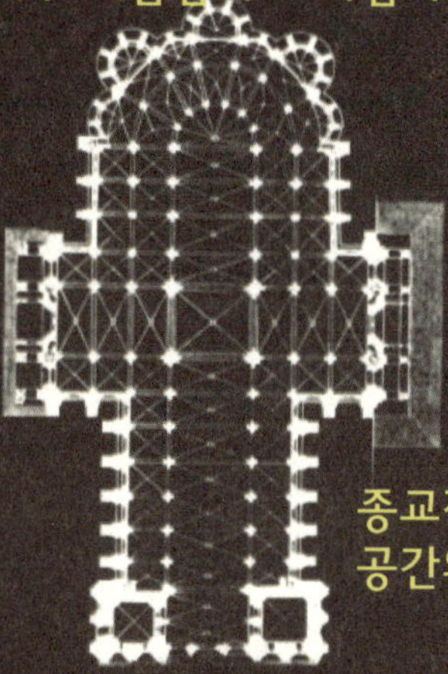

Chartres Cathedral 1194-1220

종교적 요구
공간의 분화

Chartres Cathedral buttress

고딕성당에서 조화와 균형을 찾을 수 있습니까

수직성과 욕구

1 Noyon 2 Laon 3 paris 4 Chartres 5 Reims 6 Amiens

St. Sernin 1080-1120

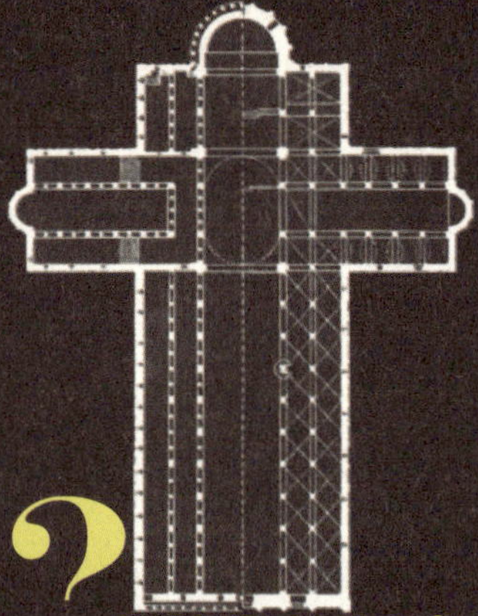

Pisa Cathedral 1063

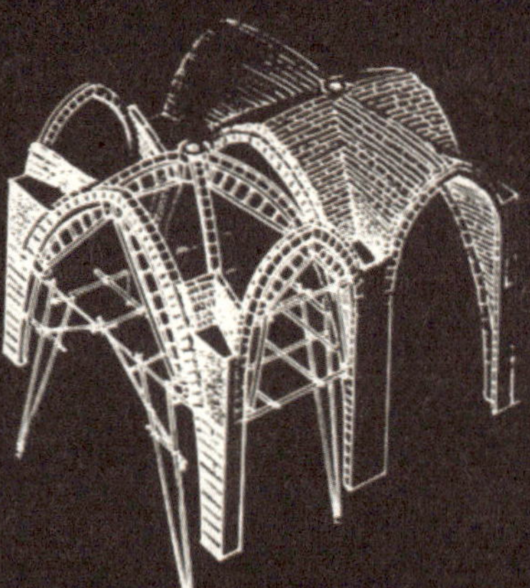

Gothic Rib Vaulting

? 구조적인 아름다움과 기하학적인 구성을 찾아낼 수 있습니까

Amiens Cathedral buttress

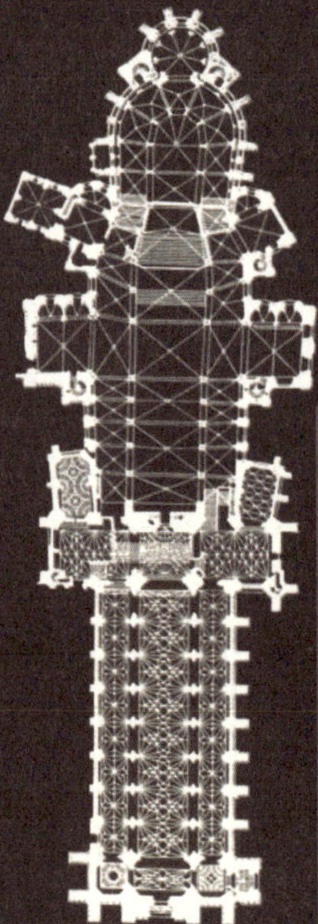

Canterbury Cathedral 1100

Bourges Cathedral 1195-Mid-13[illegible]

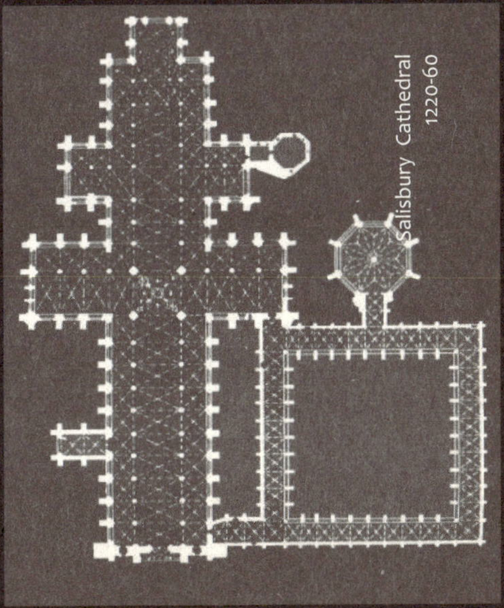

Salisbury Cathedral 1220-60

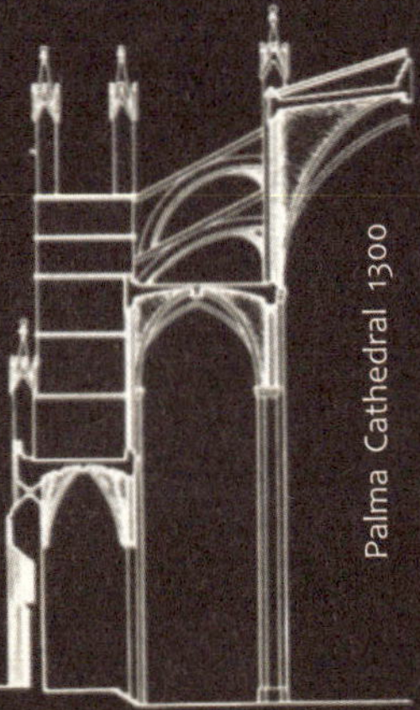

Palma Cathedral 1300

형태의 탐구
공간의 중첩

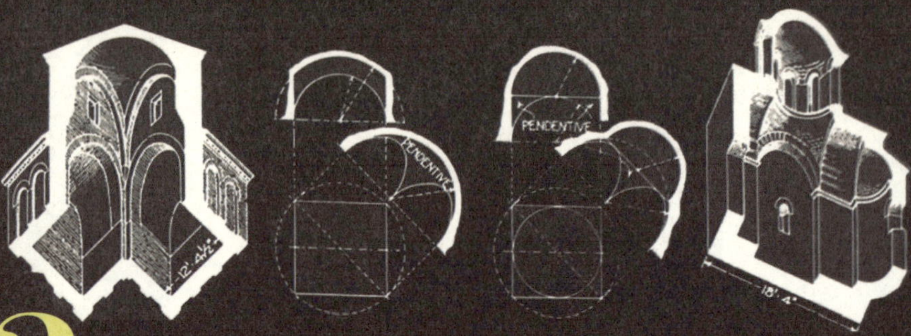

? 이 평면은 무엇을 보여줍니까

새로운 변화가 일어나고 있는 것을 확인할 수 있습니다. 고딕의 원리는 이제 새로운 기술과 원리에 의하여 대체되기 시작하였습니다. 그러나 여전히 엄정한 세계의 원리는 남아 있습니다. 이 세계는 르네상스로부터 천천히 붕괴되기 시작합니다.

Old Sacristy, S. Lorenzo 1421-28

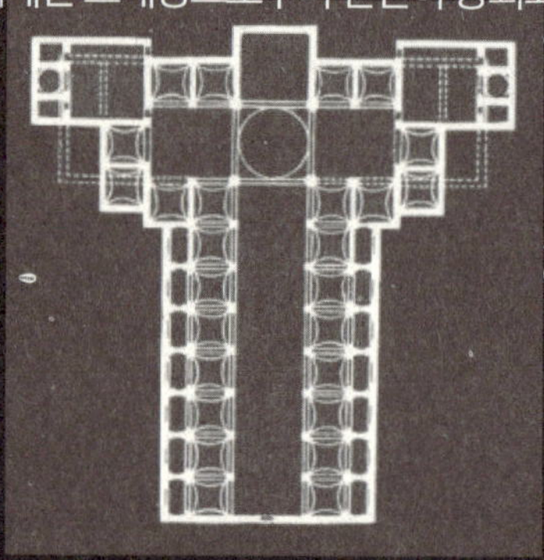

S. Lorenzo 1421-28

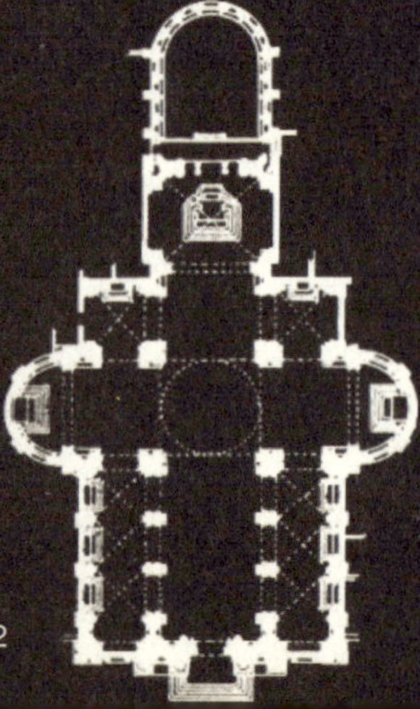

S. Giorgio Maggiore 1566

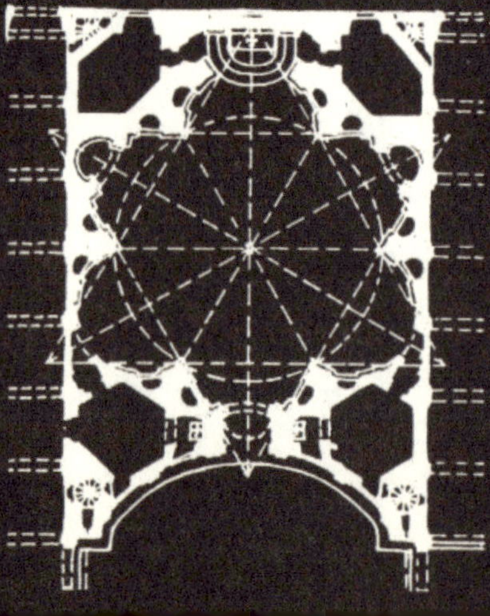

S. Ivo 1643-48

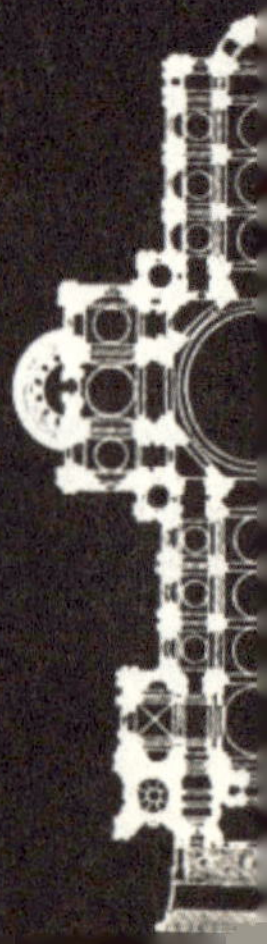

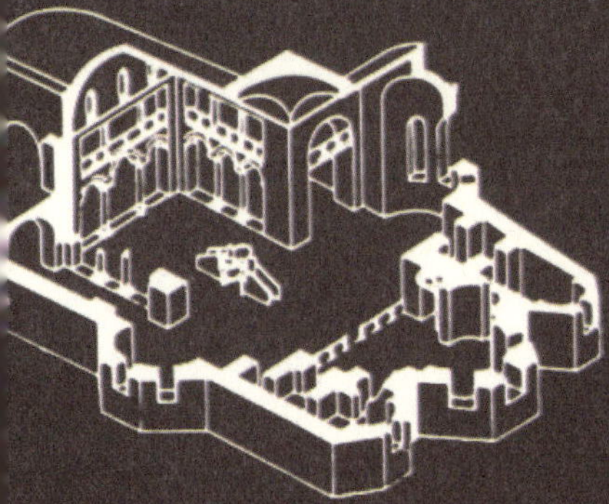

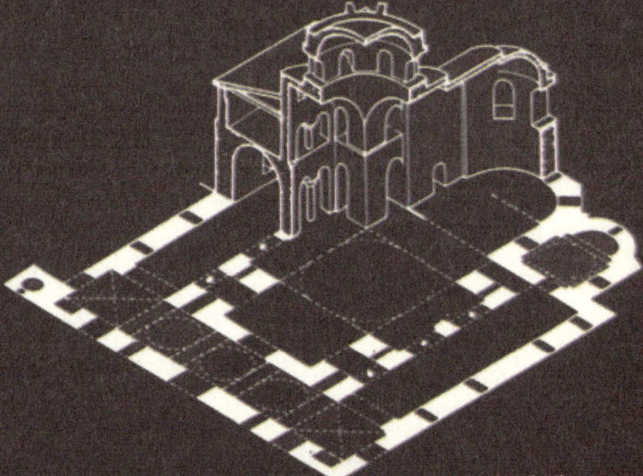

새로운 세계는 새로운 정신과 새로운 기술 그리고 사회문화적인 변화를 통하여 실체화되었습니다. 우리는 절대적 원칙과 고정적 사회구조에 힘입은 시대의 건축을 양식style으로 구분합니다. 지금 제시한 모든 모면들은 양식의 시대를 보여줍니다.

Tempietto. 1502

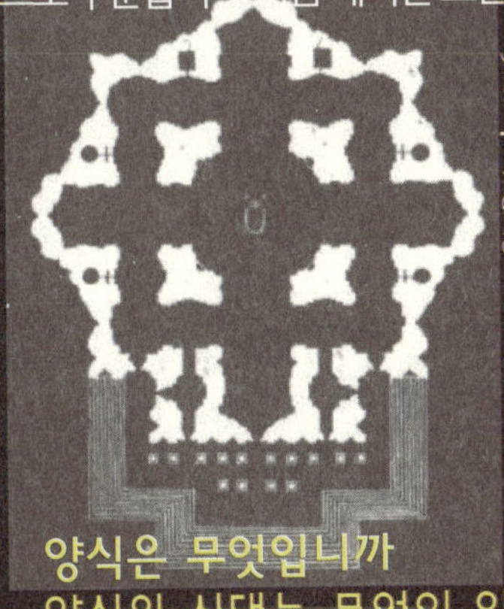

St. Peter's 1546

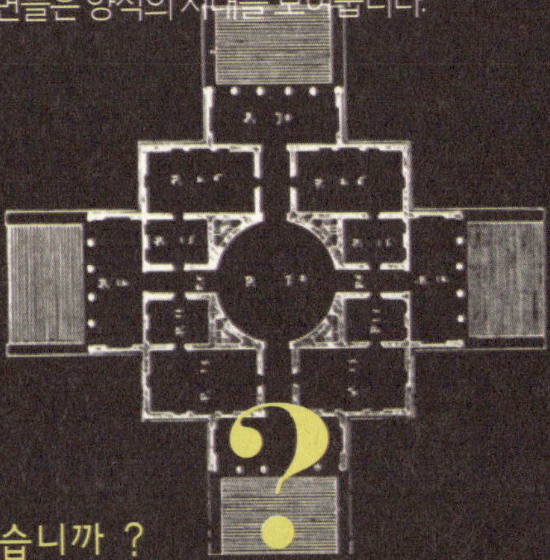

Villa Rotonda, 1550s

양식은 무엇입니까
양식의 시대는 무엇이 있었습니까 ?

St. paul Cathedral 1675-1709

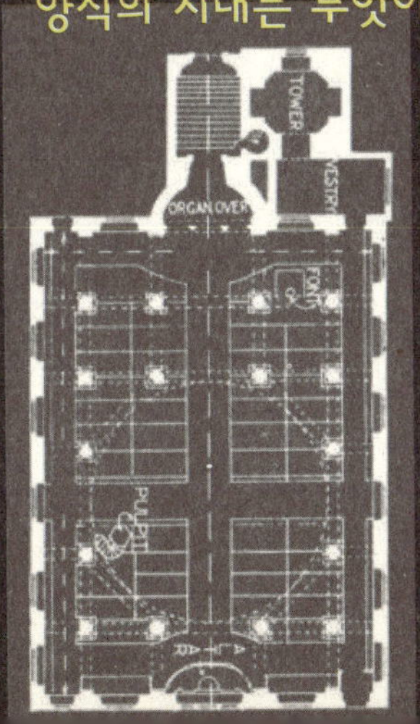

St. Stephen's 1672-79

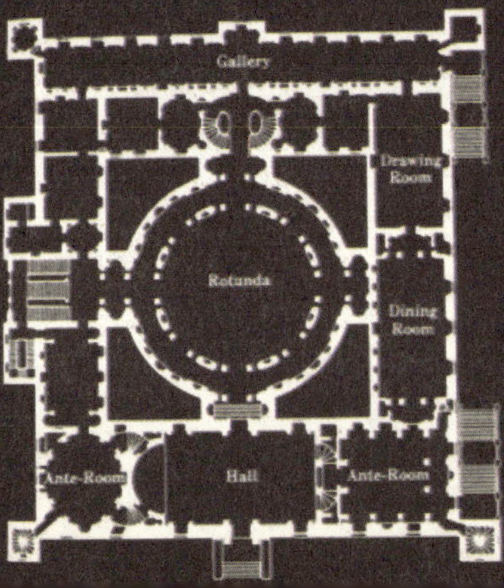

Syon House 1762-63

10. 고전파

무엇이 엄격한 원칙을 강요했습니까

엄격한 원칙은 수와 비례, 조화와 균형, 우주적 질서였습니다. 그것은 르네상스까지 조금도 변화하지 않았습니다.

양식의 시대는 절대적인 권력의 세계, 종교의 세계와 공존하였습니다. 이들 예술가들은 사실 강력한 힘과 재정적인 능력을 움직이고 있었던 당시의 권력자들에게 후원 받고 있었습니다. 그리고 건축물을 짓고 계획하고 선택하는 것은 모두 당시 세계의 권력자들이고 종교의 주체들이었습니다. 사실상 모든 결정과 권한이 그들에게 집중되었고 사회, 문화, 경제, 정치, 전쟁, 예술이 모두 그들에게 귀속되어 있었습니다. 따라서 건축 역시 몇몇의 주체에 의하여 결정되었습니다. 이러한 양상은 적어도 국가적 차원에서 혹은 기독교 세계에서 공통적으로 강요되는 원칙들을 유지하게 만들었습니다. 또한 지역적인 거리와 지형적인 단절이 환경에 적절한 풍토적 건축을 발전시켰습니다. 또 지역에서 사용 가능한 재료와 기술을 바탕으로 하였습니다

엄격한 원칙은 엄격한 사회질서와 구조를 반영합니다. 양식의 시대는 형태적 특성과 구분에 바탕을 두고 있습니다.

적어도 그 권력을 나누어 가질 수 있는 주체들이 생겨나고 그들이 예술을 향유하고 후원할 때까지 건축은 절대적인 원칙아래 놓여 있어해 했습니다. 오늘날과 같은 많은 건축적 작업이 존재하지 않았습니다. 사실 그들은 창조의 개념조차 갖고 있지 못했습니다. 그들에게 건축가는 모방자였으며 신의 원칙, 자연의 법칙, 아름다움의 원리들을 사용하여 절대적인 이상을 드러내 보이는 사람들일 뿐이었습니다. 그러므로 그들은 단지 기술자이거나 장인으로 여겨졌습니다. 장인들은 그들의 공방을 만들고 엄격한 훈련과 도제방식을 유지하였습니다. 그들에게 이와 같은 상황은 기존의 질서를 고수하는 것에 우선하였습니다. 그리고 건축물은 오랜 시기 동안 즉, 국가, 왕조, 종교 등의 변화가 있기 전에는 하나로 통일되었습니다. 우리는 그와 같이 일정시기의 예술적인 그리고 건축적인 형태적 특성을 중심으로 양식을 구분하기 시작하였습니다. 양식이란 한 사람이 발명하는 것이 아닙니다. 대다수 사람도 동의하고 동일하게 인식할 때에만 가치를 가집니다. 그러한 결과 양식은 모호하게 되어 버릴 선택들에 질서를 부여하고, 원초적인 선호들을 지속적인 가능성을 지닐 수 있게 합니다. 양식은 그러므로 당시에는 질서와 가능성을 보호하는 보금자리였습니다.

사실상 양식은 한번도 거부되지 않았습니다. 양식은 아방가르드의 최초 승리 이후에 사실상 양식의 시대 전체를 파괴했습니다. 양식의 시대는 그 시대적 구분보다는 그러한 양식을 고수하고 유지하였던 사회문화적인 상황이 더 중요한 것이었습니다.

양식을 통해서 이루어지는 선택은 부족한 고귀함과 정당함을 얻었습니다. 극히 예외적인 상황이 아닌 한 예술가는 전적으로 자기 자신의 양식을 창조할 수는 없습니다. 그러한 시도는 위험 부담을 안은 채 기성의 방식에 반대하고 새로운 형식을 주장하는 것입니다. 양식들에 대한 선택이 자유로운 곳에서는 더 이상 양식이 존재하는 것이 아니라고 볼 수 있습니다. 따라서 양식의 체계에서는 진정한 자유도 없었습니다. 몇몇 학자들은 규약이 선택에 대한 제한을 가함으로써 선택된 것 가운데 그 의미를 읽을 수 있게 한다고 이야기 합니다. 양식은 간단히 말해 모든 미적 노력의 자연스런 결정체입니다. 양식이 의미에 기여하는 바는 재현적 예술에서처럼 추상적인 예술에서도 분명히 볼 수 있습니다. 양식은 우리의 예가 보여주듯이 실제로 의미에 기여하는 바가 있습니다. 왜냐하면 양식은 미적 이해에 있어서 암시되는 의미들에 근거가 됩니다. 즉, 그 의미가 나오게 된 형식과 의미를 결부시켜주기 때문입니다. 따라서 의미는 특별히 미적인 것만은 아닙니다. 오래 동안의 시간에 의하여 구축되는 것입니다.

양식의 시대?

고전 시대로부터 어떠한 양식이 존재했습니까

적어도 양식 혹은 스타일 Style이라고 부르는 건축적인 부류들은 매우 다양하고 광범위합니다. 예술작품과 건축물의 특징이 되는 표현 형식의 총체를 일컫는 이 어휘는 빙켈만 Johann Joachim Winckelmann(1717-1768)에 의하여 맨 처음 사용되었습니다. 그것은 그리스 미술에 양식의 개념을 적용한 것입니다. 이렇게 보자면 양식의 개념은 건축사에 있어서 최근의 개념입니다. 한 시대와 사회가 표방하는 것을 집단과 개인이 따르고 있었던 시대에 적용한 개념입니다. 양식은 과거에는 왕조, 국가의 명멸과 함께 했습니다. 그러므로 권력과는 멀어질 수 없는 것이었습니다. 초기의 양식은 사실상 그 문화를 일컫거나 국가를 일컫는 어휘와 결합되었습니다.

양식은 치열한 역사를 보여주는 듯합니다. 그러나 건축에 있어서 양식의 변화는 더욱 세분화될 수 있습니다. 이 연표는 많은 것을 이야기 하고 있습니다. 알렉산더, 유럽과 이집트와 극동아시아의 통일, 로마, 각 왕조의 명멸, 문화적 중심의 이동..... 이 관계는 지도와 다른 문화적, 역사적 사건들과 조합될 때 극적인 드라마를 보여줄 것입니다. 그리고 세부적인 범주를 생산할 것입니다.

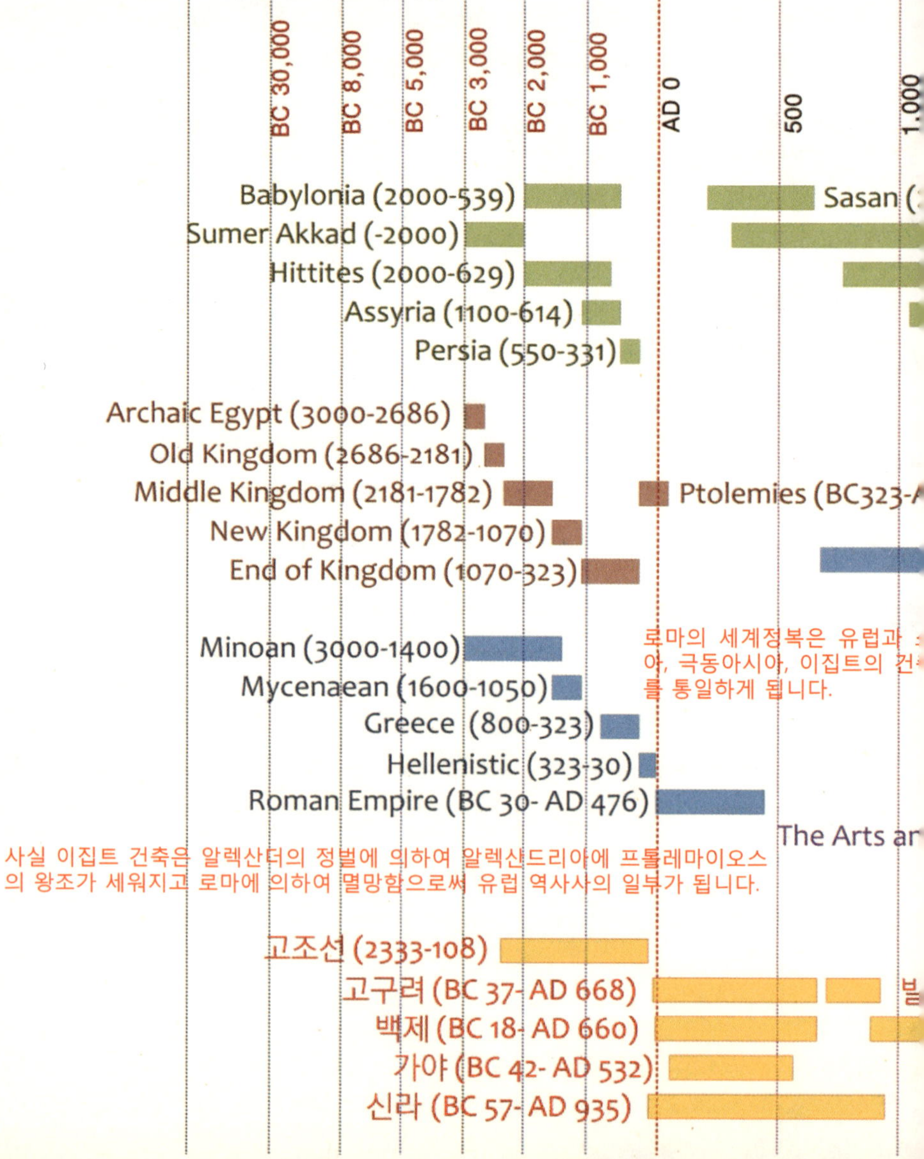

양식의 시대는 사실상 고딕 리바이벌을 끝으로 거의 종말을 고했다고 할 수 있습니다. 이 종말은 이즘(주의 主義)이라는 새로운 개념으로 전환하였습니다. 이러한 변화는 이 시기의 사회문화적 변화에 근거하고 예술과 건축자체의 운동으로부터 기인합니다. 그리고 이들은 새로운 예술운동의 주인공이 되었습니다. 우리는 그들을 아방가르드라고 불렀습니다. 1800년대에 나타난 그들은 기존의 역사와 양식을 전복하는데 성공했습니다.

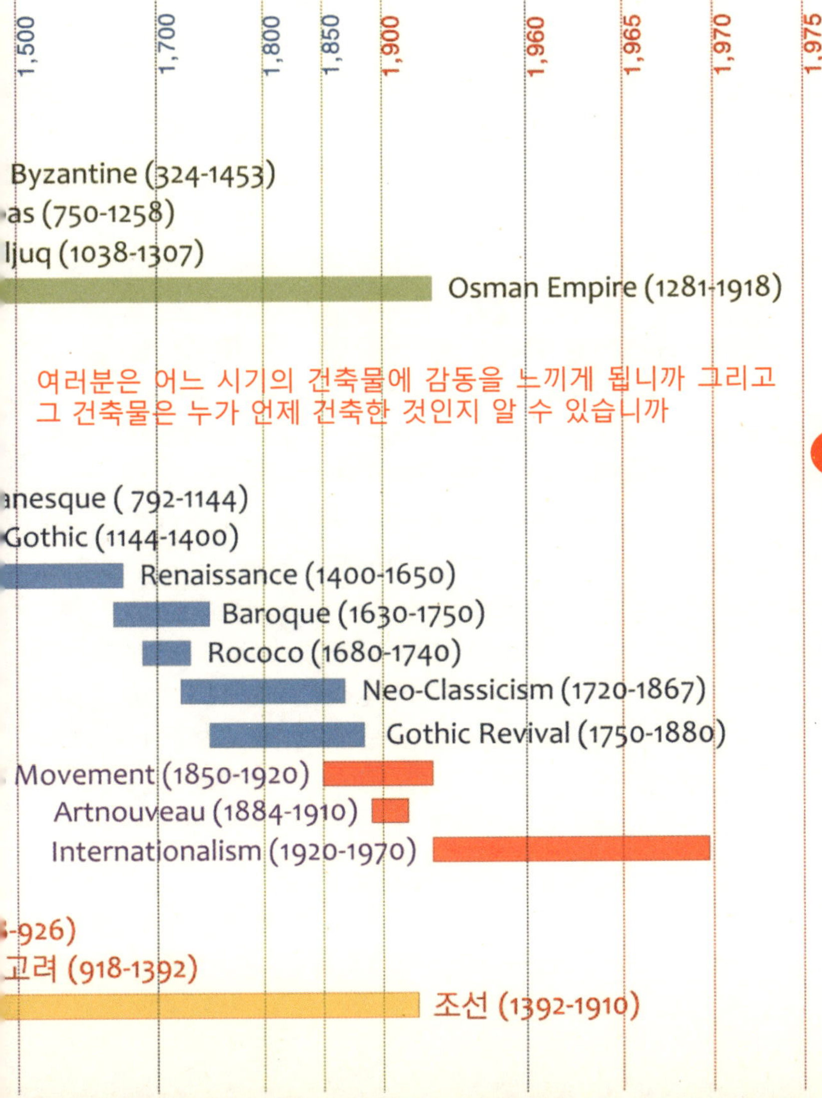

여러분은 어느 시기의 건축물에 감동을 느끼게 됩니까 그리고 그 건축물은 누가 언제 건축한 것인지 알 수 있습니까 ¿

건축사를 개관하는 것은 매우 광범위한 일입니다. 그러나 적어도 어떠한 시기에 어떠한 건축물이 존재하고 그 특성이 무엇인가를 가늠하는 것은 역사적인 발전이 현대의 건축을 어떻게 형성해 왔는가를 이해하는 중요한 근거가 될 수 있습니다. 서양건축은 유럽과 아메리카 대륙을 중심으로 하는 건축의 역사입니다. 이 역사에는 건축의 형태뿐만 아니라 건축의 의미, 상징, 재료, 구조, 문화, 공간이 함께 녹아있는 역사입니다. 따라서 전체의 관계를 이해하는 일은 쉽지 않습니다. 좋은 방법이라면, 각각의 경우를 따로 떼어 그 흐름의 역사를 개관하는 것입니다. 그리고나서 전체를 이해하는 것이 훌륭한 방법이라고 할 수 있습니다. 고대의 건축은 문명의 발상지와 함께 시작되었습니다. 그 가운데 서양건축의 주축을 이루는 것은 극동아시아의 건축과 이집트 및 지중해 주변 북아프리카 그리고 유럽 대륙입니다. 대부분의 양식적인 구분은 그 시대의 문화 혹은 왕조의 명멸과 관련이 깊습니다. 고대의 경우는 대부분이 한 왕조의 몰락이 양식적인 몰락을 가져왔습니다. 그것은 강력한 고대국가의 왕만이 거대한 건축사업을 유지할 수 있고 그들의 취향과 왕조의 문화적 특성이 건축적 특성을 결정하였기 때문입니다. 고대 이집트는 그러므로 약 5개의 왕조로 구분될 수 있습니다. 이들 왕조는 각각 그들의 사원과 무덤인 피라미드를 축조하였습니다. 마지막으로 알렉산더의 이집트 정복이 있기까지 그들의 문화는 거의 3000년 동안 나일강 인근에서 유지되었습니다. 그리고 나서 알렉산더의 죽음은 거대한 알렉산더 제국의 멸망을 가져왔습니다. 그러자 이집트는 프톨레마이오스가 이끄는 새로운 귀족들의 왕국이 되었습니다. 그 이집트 역시 로마에 멸망하여 그 이집트 문화는 사실상 명맥을 잃고 말았습니다. 유럽대륙에서는 애개해 연안의 미노스 문명이 이집트와 극동아시아의 메소포타미아 문명과 함께 발생하였습니다. 미노스 문명은 그들의 왕국과 성채를 남겼습니다. 또 그 이후에 나타난 크레타 문명의 기원이 되었습니다. 이 문명은 이후 그리스 문명의 전신이라고 할 수 있습니다. 그리스 문명은 인간을 중심으로 한 문명이었으며 사실상 유럽의 모든 문화적 기원은 그리스로부터 시작됩니다. 그리스 인들은 민주사회를 이룩하고 인간의 이성을 중시하고 철학과 문명을 꽃피웠습니다. 자연은 예술의 최고봉이며 자연을 재현하는 것이 예술의 기능이며 자연을 능가하는 것은 예술가의 목표라 생각했습니다. 자연의 형태를 개선하는 것을 그들은 이상주의 Idealism 이라 불렀으며 이는 그리스인들의 미학적 사고와 함께 시작되었습니다. 자연은 가장 뛰어난 예술품이며 인간은 가장 뛰어난 창조물이자 완벽한 예술품이었고 따라서 인간은 예술작품의 중요한 주제였습니다. 그리스에서 예술가는 장인이었습니다. 이집트와 메소포타미아의 예술은 수천 년간 지속되었던 반면, 그리스는 수십 년간에 이 시대의 가장 중요한 것들을 완성시켰습니다. 당시 강력한 메소포타미아문명은 바빌로니아, 수메르, 힛타이트, 앗시리아, 페르시아와 같은 강력한 왕국을 건설했으며 고대 유럽국가에게 위협이었습니다.

그리스 도시국가들은 이들과 경쟁하였습니다. 알렉산더는 이집트, 페르시아 그리고 오늘날 인도까지 정복함으로써 사실상 모든 문명을 하나로 묶어놓았습니다. 그것이 헬레니즘 건축을 낳았습니다. 그러나 그 시기를 물려받은 것은 사실 로마였습니다. 로마는 강력한 군사력을 배경으로 오랫동안 전 유럽과 그 인근을 장악했습니다. 로마는 Capitoline Hill 위에 작은 정착지에서 시작하여 서양세계의 전례 없는 대제국을 만들었습니다. 로마시는 Caput Mondi (세계의 도시)로서 지속되었으며 제국의 중심이었습니다. 초기 제정시대에서부터 로마는 세계의 중심이며 또한 모든 도로는 로마로 통해야 했습니다. 이러한 생각은 로마의 도로에 실현되었습니다. 방대한 제국은 도로나 수도와 같은 토목공사와 효과적인 도시계획을 이루어 냈습니다. 이 시대의 권위있는 Gravitas 신전, 궁전, 욕장, 경기장은 매우 놀라운 구조적 성과를 이루어냈습니다. 로마제국은 그들의 국교를 기독교로 받아들이면서 기독교 건축과 문화를 유럽에 전파시켰습니다. 그러나 이후 기독교 건축과 로마네스크 양식이 성립되었습니다. 이들 건축은 로마의 건축적 특징과 양식을 따라서 발전하였고 그 기술을 이어받았습니다. 이제 유럽에는 종교적 건축물이 거대하게 세워졌습니다. 평면과 구조물은 지속적으로 발전하고 분화하였습니다. 고딕에 와서는 상상할 수 없었던 극적인 성전을 완성하였습니다. 공간적인 점증과 수직적 성취 그리고 그것을 가능하게 하는 구조적인 발전은 구축적인 한계를 극복해 냈습니다. 이 시기에 강력한 힘을 가진 종교적 세력과 그에 결탁한 귀족들이 만들어낸 결과였습니다. 이 시기에 극동아시아에서는 이슬람 문화가 지속되었습니다. 이들 문화 역시 강력한 종교적 권위에서 지속되었습니다. Islam은 유일신 알라에게 복종하였습니다. 이 신은 모하메드에 의하여 세상에 현시되었고 코란은 바로 그들의 경전이었습니다. 모하메드 사후 50 년간, 이슬람교도의 기도장소는 종교적인 목적으로 그들이 빼앗은 교회나 페르시아의 다주홀이나 심지어 울타리나 개천으로 싸인 사각형의 평지에서 이루어졌습니다. 동로마제국의 비잔틴왕조는 이들 이슬람 문화와 접촉하였습니다. 로마제국이 멸망하고 유럽의 여러 민족들은 그들의 문화와 도시를 세웠습니다. 그 도시들은 고딕의 성당들을 중심으로 만들어졌습니다. 중세의 도시국가들의 형성은 상업의 발전과 도시민들의 경제활동을 촉진하였는데, 이들은 그들 도시의 부를 나누어 가졌고 이제 몇몇은 강력한 힘을 가질 수도 있었습니다. 즉 종교세력, 왕과 귀족, 자본가의 관계가 시작되었습니다. 이탈리아에서부터 시작된 르네상스는 그렇게 시작되었습니다. 르네상스문화는 오늘날 건축적 사고와 공간 그리고 건축가의 직위를 낳았습니다. 예술가를 독립된 활동이 가능한 주체로 만들었으며 그들의 예술의지를 표현하게 되었습니다. 강력해진 왕권을 근거로 이후 바로크, 로코코 건축을 거치게 됩니다. 이러한 과정에서 시민은 그들의 자유와 권리를 얻게 되고 새로운 건축의 주체가 되기 시작했습니다. 그러자 근대건축이 태동하게 된 것입니다.

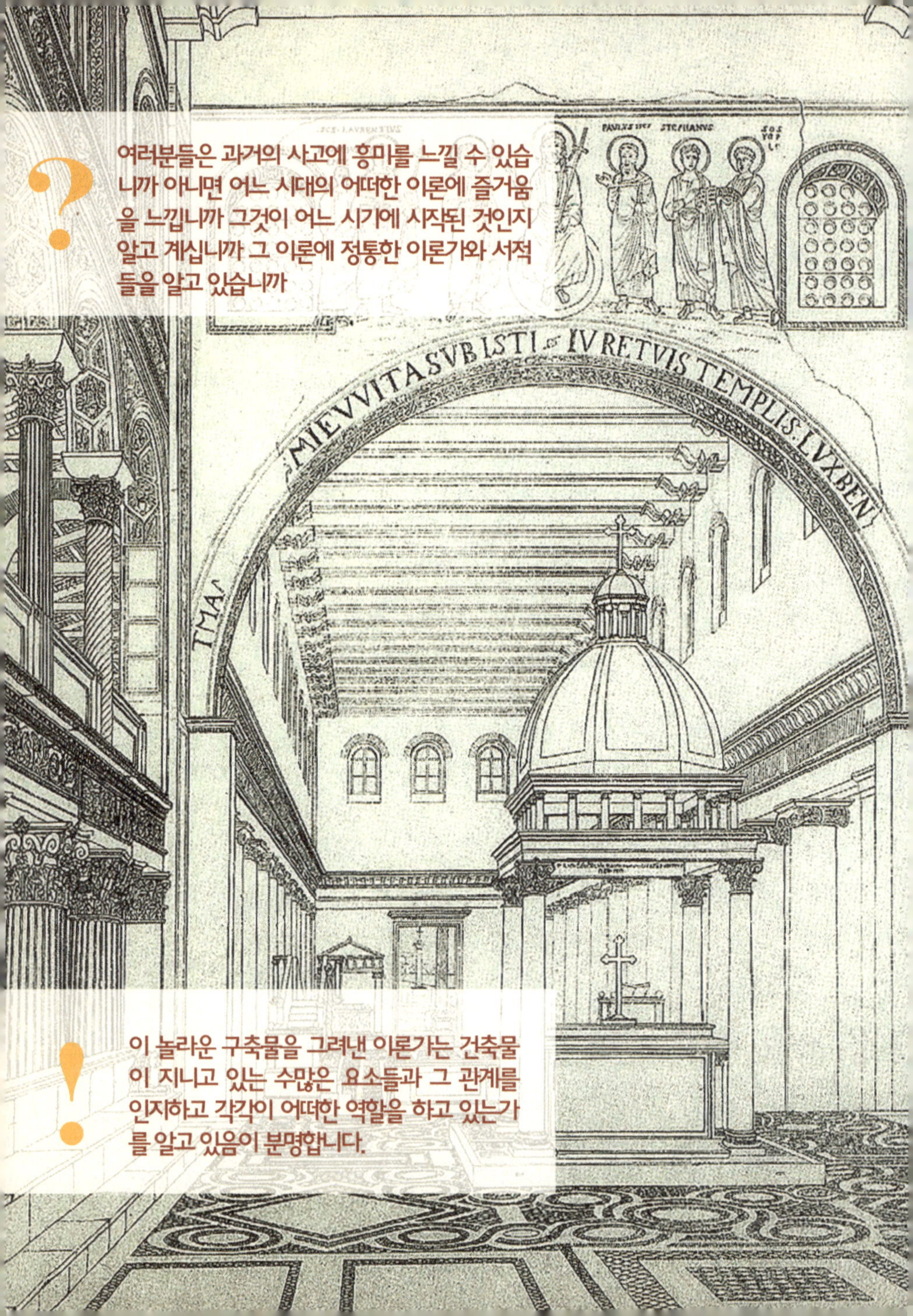

?

여러분들은 과거의 사고에 흥미를 느낄 수 있습니까 아니면 어느 시대의 어떠한 이론에 즐거움을 느낍니까 그것이 어느 시기에 시작된 것인지 알고 계십니까 그 이론에 정통한 이론가와 서적들을 알고 있습니까

!

이 놀라운 구축물을 그려낸 이론가는 건축물이 지니고 있는 수많은 요소들과 그 관계를 인지하고 각각이 어떠한 역할을 하고 있는가를 알고 있음이 분명합니다.

양식의 시대는 어떠한 사고들이 존재합니까 그리고 무엇을 만들어 놓았습니까

양식의 시대는 많은 원칙들에 대한 탐구를 낳았습니다. 그 견해를 모두 언급할 수는 없습니다. 그러나 다음과 같은 범주를 낳았다고 볼 수 있습니다.

첫째, 구축적인 건축으로서 구조시스템은 건축의 가장 오랜 가치체계에 근거합니다 역사적으로 공간에 대한 인간의 새로운 욕구는 로마의 돔구조와 볼트구조, 중세의 리브볼트구조 등과 같이 새로운 재료와 구조방식의 발전을 통해서 성취되어 왔습니다. 둘째, 형태의 구성원리는 고전적 형태 원리, 기계미학에 기초한 추상적이고 반자연주의적인 요소주의, 구성원리, 형태심리학을 근거로 하고 있습니다. 근대의 건축가들은 통일성과 단순성의 형태 구성원리, 형태미학, 입방체, 구, 원추형 등의 기하학적 형태를 중시하였습니다. 셋째, 건축적 형이상학의 개념들이 형성하는 건축적인 실체의 관계입니다. 사고는 건축적 사고를 정립하였습니다. 건축적 사고에 의하여 건축적 실재를 형성하고, 일체의 관계에 의미와 가치를 부여하였습니다. 스케치, 제도와 작도법, 원근법, 그리드, 다이어그램, 컴퓨터, 언어연관, 텍스트, 담론 등을 그 구현의 방식으로 고안하였습니다. 넷째, 기능적 요구에 대한 응답입니다. 건축을 환경으로 여기고, 요구에 대한 효용성을 대상으로 평가합니다. 실용적인 측면에서 모든 복합적 실체를 단편적으로 분석하여 파악하고자 하는 건축입니다. 따라서 공간의 구성은 각 기능들의 형태적 요소를 정의하기 위하여 각 기능들을 분석하고 정량화하는 기계적이고 합리적인 과정을 전제로 하여 발전해 왔습니다. 다섯째, 기능적이고 공간적이며 행위적인 요구는 건축을 공간과 환경으로 여기게 합니다. 건축은 배경으로 가능한 행위의 그릇이 되며 요구에 대한 효용성이 평가를 가능하게 합니다. 이 견해는 실용적인 측면에서 모든 복합적 실체를 단편적으로 분석하여 파악합니다. 따라서 공간의 구성은 각 기능에 따른 형태와 공간을 정량화하고 합리화하는 과정을 필요로 합니다. 여섯째. 건축환경과 인간의 심리적 반응의 관계성을 바탕으로 하는 새로운 건축디자인의 개념입니다. 그 디자인적 접근방법으로서 쉐 마(schema), 이미지, 심상, 기억, 인지, 행태와 같은 새로운 개념을 사용하였습니다. 인간의 삶은 의미 있는 장소체계인 공간을 전제로 하기 때문에 구체적인 인간의 행태를 장소에 부여하고자 하였습니다.

hristian carl Josias Bunsen. S. Lorenzo.

여러분은 건축의 개념을 조금씩 느낄 수 있습니까
건축가의 역할과 능력이 무엇이라고 생각합니까

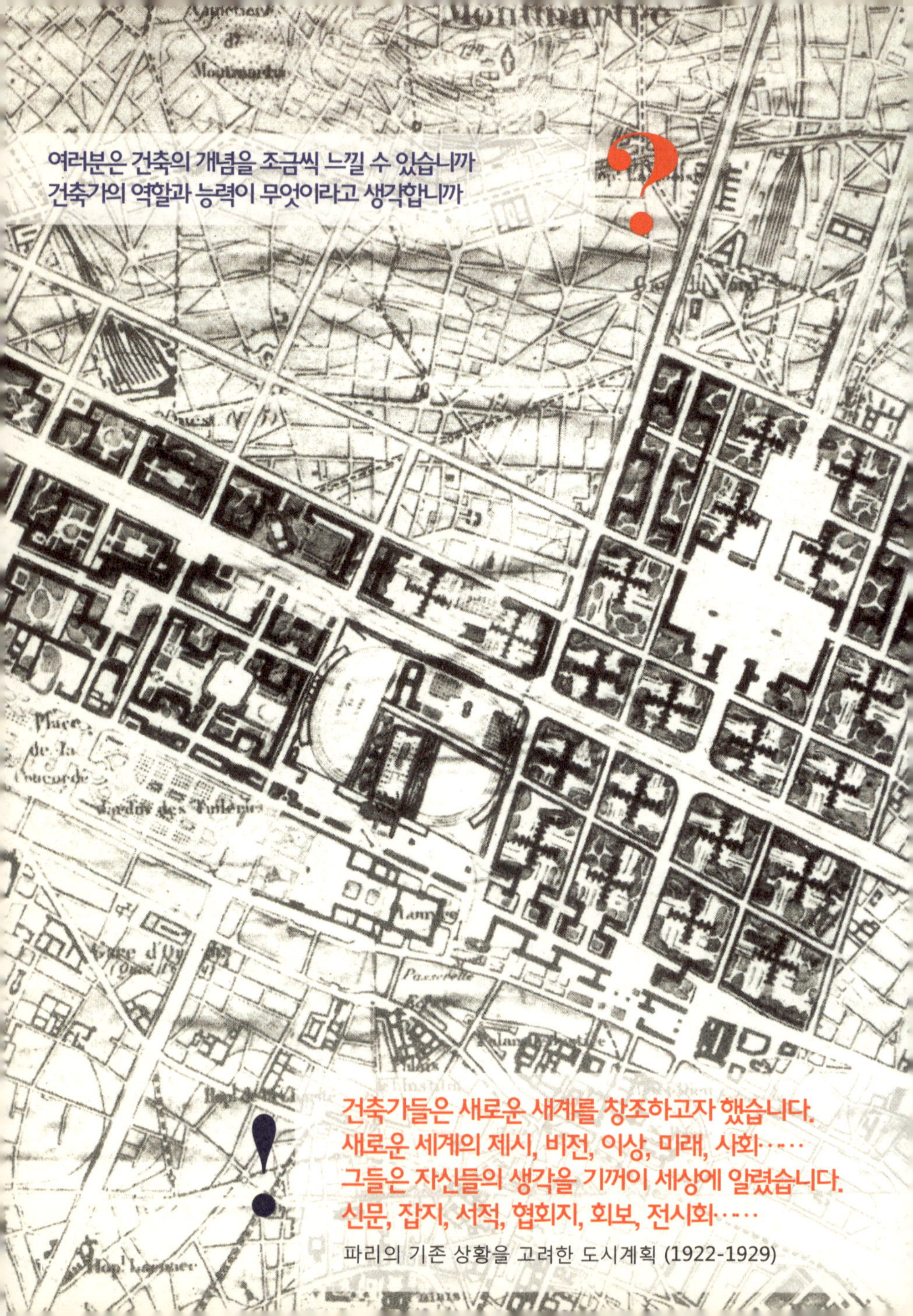

건축가들은 새로운 세계를 창조하고자 했습니다.
새로운 세계의 제시, 비전, 이상, 미래, 사회……
그들은 자신들의 생각을 기꺼이 세상에 알렸습니다.
신문, 잡지, 서적, 협회지, 회보, 전시회……

파리의 기존 상황을 고려한 도시계획 (1922-1929)

건축가들은 어떠한 역할을 하게 되었습니까 그리고 무엇이 변화하였습니까

결과적으로 건축은 형태로부터 벗어나게 되었습니다. 마찬가지로 건축가의 역할도 변모하기 시작했습니다. 건축가들은 그들의 지위를 얻고 독립적인 활동을 개시하자 마자 기존의 질서를 조정하고자 노력하였습니다. 오늘날 우리가 알고 있는 건축가들의 역할과 작업방식은 1900년대를 거쳐 확립되었습니다. 동시에 그들이 탐구하고 연구한 결과는 디자인 원리이자 윤리가 되기 시작했습니다.

창조적인 사고는 건축가의 필수적인 덕목이 되었으며 그것은 디자인 뿐만 아니라 건축가의 가치관과 철학에도 영향을 미쳤습니다. 그들은 창조적으로 자신들의 역할을 만들어가야만 했습니다. 넓게 생각하자면 건축가의 사고와 행위는 그 어느 것도 중립적일 수는 없게 되었습니다. 주어진 환경 내에서 행위를 하게 된다면, 그리고 특별한 사회적 경제적 배경에 놓이게 된다면, 실질적인 행위는 필연적으로 윤리적인 행위로 변형되었습니다. 역사적으로 건축은 가치의 전달자이며 영속시키는 매개체가 되어 왔다는 것은 매우 명확합니다. 고전적 건축에 관하여 건축가들은 이러한 사실을 매우 잘 이해하고 있었습니다. 그들은 어떻게 판테온 Parthenon이 그리스 문화의 정신과 가치를 표현하고 실체화하였는가를 깨닫고 있었습니다. 그리고 고딕 성당이 초월과 신 중심의 가치들을 위한 요구를 요약하고 있는가를 이야기 할 수 있었습니다.

그들은 과거의 윤리적 의식을 수렴하고 새로운 상황에서 그들의 역할을 정립해야만 했습니다. 20세기의 건축가들은 어떠한 면에서 건축물과 디자인의 윤리적이고 사회적인 결과를 확인하기를 거절하였습니다. 그들은 개인주의자였으며 극단적인 예술가였습니다. 그들은 만약 현대 건축이 환경적인 그리고 사회적인 시각에서 어떠한 불결한 것이라면, 건축가들의 책임은 아니라고 이야기했습니다. 정치가들이 책임을 져야 하고 사회가 책임져야 한다고 생각했습니다. 왜냐하면 그들이 건축가들을 디자인하도록 강요하였으며, 어떠한 방식으로 건축하기를 강제하였기 때문이었습니다. 사실상 건축이 가진 통제와 권력의 가능성은 그들이 원한 것이 아니었습니다. 그것은 여전히 권력을 가지고 금전을 지불할 능력이 있는 정부와 자본가들의 몫이었습니다. 그러나 건축가들은 그들의 윤리적 책임감을 확대시켜나갔습니다. 첫째, 성실성 혹은 업무상의 성실성. 둘째, 감수성 혹은 건축주의 요구와 희망을 깊이 있게 이해할 수 있는 능력. 셋째, 건축가의 적극적으로 기여할 수 있는 삶의 더 큰 의미 넷째자연을 고려하여 디자인하는데 그리고 미래 세대를 위한 책임감을 인정하는데 절대적으로 중요한 생태학적인 인식.

양식의 시대가 지나고 무엇이 도래했습니까

엄격한 원칙은 어떠한 방식으로 상대적으로 변화하였습니까

19세기까지 모든 종류의 예술가들 음악가, 시인, 화가, 문인, 조각가, 건축가들은 학자, 물리학자, 공학자, 점성가들과 마찬가지로 후원자를 찾아야만 했습니다. 그리고 그들의 보호자들에게 종종 터무니없이 아첨을 해야 했습니다. 주로 사회적인, 정치적인 그리고 종교적인 특권층이었습니다. 교황권으로부터 그리고 전제군주로부터 시작해서 다양한 범위의 교회와 하위 귀족과 신사들, 은행가, 나중에는 부유한 부르조아 계급을 통해서, 후원을 받아야 했습니다.

쉽게 이야기 하자면, 건축은 금전을 가진 사람 그리고 건축에 돈을 쓸 만큼 준비된 사람에게 의지해야 했던 것입니다. 서서히 규범적인 건축의 원칙들은 세계내의 주체의 실현, 시민혁명과 함께 후원자의 소멸, 새로운 예술가의 역할, 사회의 요구등과 맞물려 더 많은 가치와 선택을 요구하였습니다. 청교도적인 건축가의 철학과 자기표현은 그나마 남아 있던 후원의 개념을 제거하였습니다.

새로운 시대의 건축가의 모습은 어떻게 시작되었을까요

오늘날 새로운 모든 공간들은 무엇으로 규정되고 어떠한 공간관계를 형성합니까 …… 상대적인 원칙들은 사실 원칙이 존재하지 않다는 것을 의미합니까 혹은 절대적 원칙을 부정하는 것입니까 그렇다면 현대의 건축가는 무엇을 원칙으로 삼고 있습니까

이러한 상황은 예술가들에게 새로운 돌파구를 요구했습니다. 이즘은 철학적인 사고의 바탕에서 그들만의 세계를 창조하고자 하였습니다. 동시에 이데올로기적 성격을 띠고 있었습니다. 그들은 적극적인 행동가 였습니다. 그와 동시에 클라이언트의 개념이 생겨났는데 그것은 매우 미약한 것이었고 사실상 중요한 역할을 잃고 말았습니다. 즉 사회적으로 무의미하거나 문화적으로 정치적으로 필수적이지 못하였을 때, 건축가를 해고하거나 건축작업에 제약을 가할 수 없게 된 것입니다. 대신 건축가는 완전한 자기표현과 자유를 얻게 되었습니다. 그리고 수많은 건축가들은 나름의 것을 주장하였습니다. 그것은 사회의 다원화와 함께 움직이게 되었습니다. 다원화는 다양성과 가능성이라는 이름 아래에서 절대성의 반대가 되는 상대주의적 개념을 낳았습니다. 동시에 탈주체라는 문제를 수반하기도 하였습니다.

avant-garde, 예술의 혁명가들은 새로운 건축을 요구하고 주도하고 시도하였습니다. 그들은 새로운 건축적 시각을 유도했습니다.

그들은 새로운 건축을 위하여 스타일에 의문을 제기하였습니다. 형태보다는 공간을 요구하였습니다. 그리고 종합예술로서의 건축을 유도하고 시간의 개념을 도입하였습니다. 칸트 Kant 시대 이후로 미학에 있어서 아카데미적인 전통에 기인하여, 예술 역사가들은 순수예술간에 경계를 정의하는 것에 고심하고 있었습니다.

특별히 새로운 공간과 시간의 개념이 기존 건축의 경계를 해체하고 있던 시기에 더 두드러졌습니다. 이것은 예술가와 예술학자들 사이에 다리를 놓을 수 없는 간격을 만들고 말았습니다. 당시 학자들은 불행하게도 한쪽 측면의 예술 교육만을 받아왔었습니다. 시간은 전혀 새로운 개념이지만 가장 중요한 경계이고 건축의 문제였습니다. 통합으로서 두 개의 분리된 창조적인 원칙들 사이에 협력을 복원한 것은 기다온 Giedion의 훌륭한 성과에 의한 것이었습니다.

아르누보 Art Nouveau movement 로부터 오늘날까지 모든 현대적 운동과 건축은 아방가르드 avant-garde의 연속입니다. 그것은 지금도 계속되고 있습니다.

Hector Guimard. Paris Metro entranve pavilion

Victor Horta. Van Eetvelde House.1900

공간의 개념과 현대 건축사이의 일반적인 관계는 새로운 건축의 시작이었습니다. 공간의 개념은 맨 처음 19세기 후반의 미학적인 이론에서 나타났습니다. 혹은 더 정확하게 1890년대에 나타났습니다. 이러한 사실은 현대 건축의 시각적인 발생과 동일한 기원을 갖습니다. 특별히 그것은 아르누보 운동 Art Nouveau movement으로부터 시작했습니다. 아르누보는 건축에 있어서, 첫 번째 실제적 현대적 운동입니다. 왜냐하면, 아르누보는 제한적으로 19세기의 절충적인 경향으로부터 절연을 만들었습니다.

아르누보에서 장식과 구축 모두는 새로운 통합을 만들어냈습니다. 아르누보는 공간적인 추상의 새로운 의식을 시각화 첫 번째 운동이었습니다. 1890년대 초반의 이론들 중에서 건축적인 원리와 공간의 개념에 대한 새로운 인식들은 순수하게 일치하지는 않았습니다. 첫 번째 공간의 개념은 현대 건축의 첫 번째 운동과 함께 생성되었습니다. 그 첫 운동 아르누보는 공간의 개념은 건축 고유의 것이라는 것을 증명하기도 하였습니다. 또 다른 중요한 결과는 새로운 개념이 가진 영향력이었습니다. 이들의 영향력은 시각적 예술과 관련된 건축의 위치를 결정하였습니다. 19세기 미학적 사고의 주류를 형성하였던 헤겔 미학의 체계로부터, 두 가지 중요한 측면이 발생하였습니다. 예술에 있어서 미는 사고의 완전한 표현으로부터 달성된다는 것입니다. 그리고 결과적으로 예술의 위계는 표현의 수단에 있어서 비물질성의 정도에 의하여 결정되었습니다. 공간으로서의 건축의 확실성은 1890년대 초반 건축을 의심할 바 없이 지고의 예술 ars magna로서 증진시켰습니다. 왜냐하면, 공간은 그 정의에 의하여 예술적 표면의 모든 수단들 가운데 가장 비물질적인 것이었기 때문이었습니다. 이러한 결론은 한편으로 예술 역사가들의 건축에 대한 전례 없는 관심에 의하여 지지되었습니다. 그리고 다른 한편, 화가들과 조각가들의 건축의 분야로 놀라운 움직임을 만들어냈습니다.

? 이 놀라운 개념들은 어떻게 생성되었습니까

이제 이즘은 동시대 건축의 대명사가 되었고 동시에 개념은 작품을 대변하는 근거가 되었습니다. 지난 2000년간 생겨난 이론과 양식보다도 최근 100년간 창조된 이즘이 더 많은 것도 사실입니다.

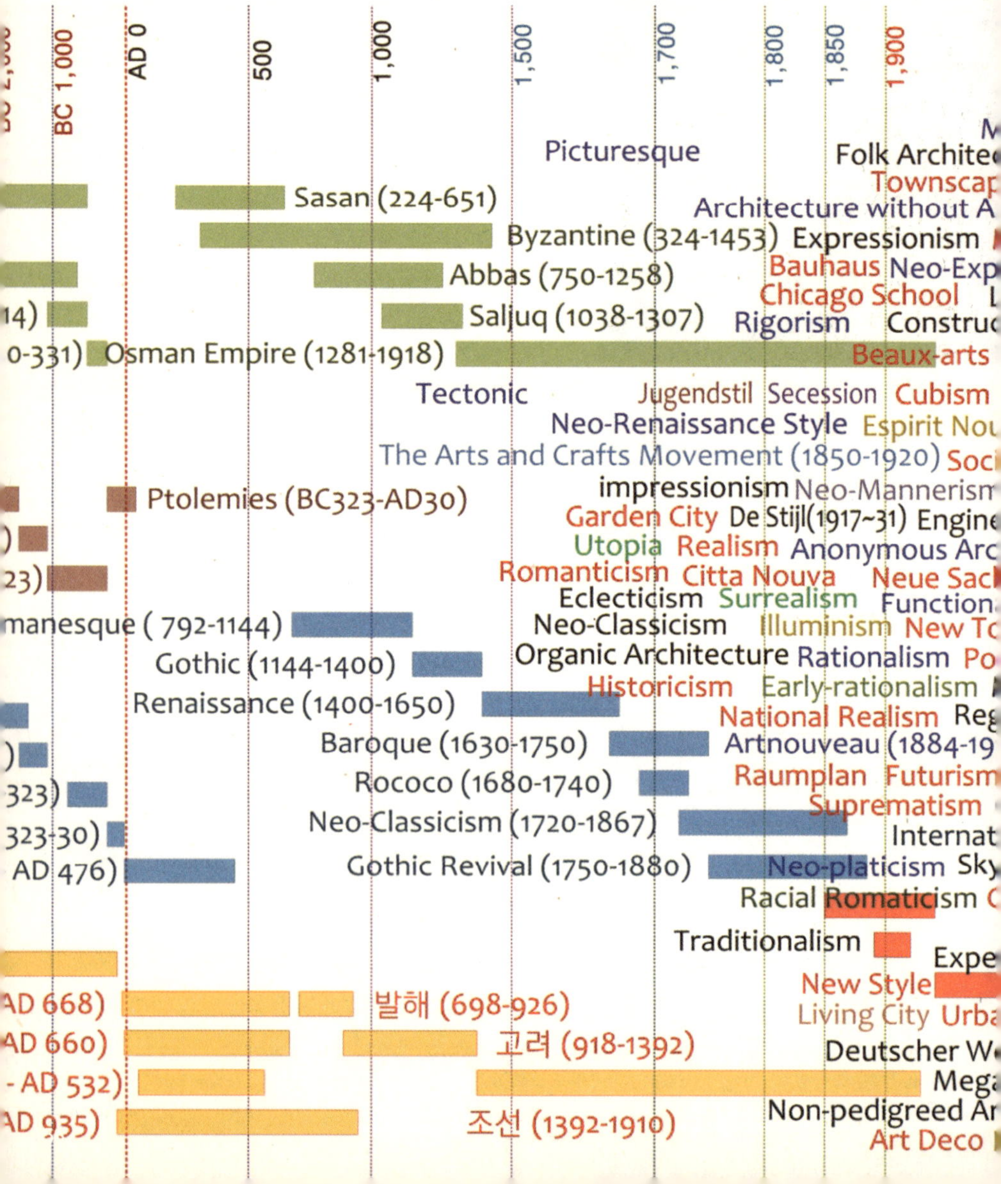

양식의 붕괴는 사실상 전통과 혁신이라는 두 대립적 사고의 문제를 낳았습니다. 이제 아방가르드는 예술의 중심에 서게 되었고 새로운 시각과 창조는 그 본질이 되었습니다. 이제 전통은 낡고 진부한 것으로 여겨지기 시작했습니다. 무한한 개념과 이즘을 서로 연관시키는 것 조차 쉽지 않아 보입니다. 적어도 그러한 것을 정리하고자 하는 시도가 있어왔습니다. 찰스 젠크스의 진화의 나무는 그러한 측면에서 이해할 수 있습니다.

18세기 이후 서구문명의 분열은 과학과 기술의 위대한 발전에 이어 시각예술의 분야에서도 혁명을 불러 왔습니다. 표현주의를 필두로 새로운 차원이 회화, 조각, 건축에 나타나게 되었고 큐비즘이 대두하면서 훨씬 많은 변화가 예견되었습니다. 그 과정은 매우 짧은 기간 동안 일어났습니다. 다소간 정적인 특성을 가진 채, 하나의 관점에서만 관찰되던 세상은 여러 가지의 좋고 나쁜 효과를 수반하는 동적인 우리시대의 관점으로 변화되어지게 되었습니다. 낭만주의적 사고가 가져다 준 혜택이었습니다. 산업혁명과 계몽주의에 의하여 정치적인 민주주의 혁명으로서 교회와 국가의 낡은 절대주의는 도전 받게 되었으며 민주주의, 자유, 평등, 사회정의, 민족주의 등의 새로운 가치를 정립시켰습니다. 도시는 기계력을 생산에 사용함에 따라 더 큰 단위의 집중, 가내 수공업으로부터 공장공업으로 변화가 필요하게 되었습니다. 노동자들은 직장 때문에 집을 떠나야 했으며 이에 따라서 시골에서 공장이 위치한 도시로의 대규모의 인구집중이 나타났습니다. 이렇게 도시에서 노동으로 생계를 유지하는 사람이 집중함에 따라서 처음에는 환경오염이 시작되었고 급기야 이 시대의 산업도시를 재계획하게 되었습니다. 도시로의 인구집중은 이제 범세계적인 현상입니다. 산업사회의 결과 인구가 폭발적으로 증가하면서 기존도시의 사회제도가 완전히 붕괴되었습니다, 산업화된 도시의 빈민층에 알맞은 하부구조와 주거를 제공하는 일이 많은 도시에 있어서 하나의 숙제로 남게 되었습니다.

국제적 차원에서 자본주의는 새로운 시장을 정복하고 정치적 식민주의를 야기하는 결과를 낳았습니다. 그리고 사회주의 국가가 탄생하였습니다. 오늘날 철학적 상황은 그 어느 때보다도 복잡하고 다양해졌습니다. 그 과정에서 예술은 가능한 모든 실험과 노력을 경주하였습니다. 예술은 예술가 개인의 표현이고 도구가 되었습니다. 회화, 조각, 음악, 문학의 변화는 건축에 강력한 영향을 미치게 되었습니다. 합리주의와 경험주의는 기능적인 접근을 낳았으며 기술발전과 결합되었습니다. 신고전주의 이후, 절충과 고딕 리바이벌을 거쳐 낭만주의적 건축에 이르렀습니다. 이 시기는 유럽의 현대건축의 토대를 마련하고 실마리를 제공하였습니다. 장식, 구조, 재료, 기하학적 형태에 대한 사고가 이루어졌습니다. 18, 19 세기 건축가들이 새로운 시대의 새로운 의미, 가치, 열망을 표현할 수 있는 새로운 형태가 개발 되어야 한다는 것을 깨닫는데는 오랜 시간이 걸렸습니다. 그럼에도 불구하고 이 새로운 형태의 씨앗이 낭만주의 시대 동안에 뿌려졌습니다, 낭만적 고전주의와 낭만적 자연주의는 새로운 형태를 잉태한 것입니다. 산업사회의 재료와 기술의 발전은 에펠탑과 같은 새로운 구조적 아름다움을 만들어 내기도 하였습니다. 낭만주의 시대의 건축은 형태와 기술, 기능, 의미가 일치하지 않았기 때문에 그 시대의 가치와 열망을 표현하지 못하였습니다. 기디온이 지적한 바와 같이 19세기 유행했던 공공 건축물에서는 거의 찾아볼 수 없는 진보와 창조의 정신은 새로운 기술과 재료로부터 시작하고 있었습니다.

시카고 학파는 미국의 마천루인 고층건물의 발전에 공헌 하였습니다. 구체적으로 말하면 시카고 학파는 하중을 받는 구조로서 강철 뼈대 구조를 개발했으며 이 새로운 건물 유형에 맞는 중요한 건축형태를 발전시켰습니다. 아르누보는 진정한 국제적 양식이었습니다. 이 운동은 독일에서는 Jugendstil , 오스트리아에서는 Secession, 이탈리아에서는 Liberty 등 유럽의 여러 나라에서 다양한 이름으로 명명되었습니다. 아르누보는 인간의 모든 환경에 대한 책임을 강조하고 주택뿐 아니라 가구와 가정용품까지 디자인 해야 한다고 생각하였습니다. 동시에 아르누보는 모든 공연예술을 포함해서 크고 작은 여러 예술을 통일시키려 하였고 특히 이들은 최초로 건축에 있어서 공간을 테마로 선택하였습니다. 그리고 나서 1920년대에는 국제주의 양식이 퍼져나갔습니다. 네델란드의 데스틸 운동은 라이트에게서 받은 영향을 프랑스 큐비즘과 결합시켰으며, 이러한 결합으로부터 신조형주의와 구성주의가 생겨났습니다. 이 원리들을 낭만적 고전주의 정신과 결합시킨 국제주의 양식은 기하학적 분리성과 추상성으로 기계미의 날카로움과 각진 모습 등으로 표현되었습니다. 이러한 통합의 결과, 동적이며 자유로이 흐르는 듯한 특성을 갖는 합리적으로 해석된 개방적 건축공간이 태어났습니다. 그로피우스, 꼬르뷔제, 미스반데로, 알바알토와 같은 거장들에 의하여 건축은 새로운 지평을 열어 갔습니다.

그리고 나서 오늘날의 포스트 모던이 등장하였습니다. 1972년 미노루 야마사키가 설계한 세인트 루이스의 플루트 이고우 아파트가 철거되면서 근대 건축운동은 종말을 고했다고 보았습니다. 근대 건축은 그들이 내세웠던 새로운 생활과 도시는 전혀 다른 결과를 낳았습니다. 모두는 확신을 잃었고 새로운 방향을 가지고 있지도 않았습니다. 영웅적인 건축가는 도시를 파괴하고 있었습니다. 브루털리즘, 역사주의, 구성주의 미래파, 신조형주의, 표현주의, 기능주의, 경험주의, 유기체주의, 메타볼리즘, 신메타볼리즘과 같은 새로운 이론들이 공허한 도시를 변화시키고자 나타났습니다. 결과적으로 다원적인 건축이론과 가치가 생겨난 것입니다. 그러자 그 어떠한 절대적 원칙도 사라졌습니다. 그들은 개인의 표현과 의지로서 건축적 스타일을 마음껏 디자인하고 제시하고 광고하고 있었습니다. 더욱 광범위한 매체적 수단을 통하여 그들의 건축적 이념을 전달하고 주장하였습니다. 몇몇은 자연에 순응하는 건축을 주장하기도 하고 다른 이들은 장소성과 실존적 개념들을 언급하기도 하였습니다. 고전적인 형태를 절충하여 통합하는 건축가들이 있는가 하면 다이어그램적이고 프로그램적인 건축가도 생겨났습니다. 이들은 현대의 도시를 새롭게 분석하고 조명하였습니다. 또 극단적인 상징을 주장하는가하면 컴퓨터를 사용한 건축, 성장하는 건축, 사이버스페이스, 플랙탈 기하학적 건축을 적용한 그룹도 생겨났습니다. 이 시기는 진정 다원주의적 건축의 시기이며 그 어느 것도 절대적이라고 할 수는 없습니다. 동시대의 양상을 이해하는 것은 사실 더 많은 노력과 통찰력을 필요로 할 것입니다.

? 여러분들은 얼마나 많은 건축가를 알고 있습니까

Archi

Iktinos Callicrates, Marcus Vitruvius Pollio BC 1C Dinocrates 1C Palladius 4C Anthemios 6C Al-Mansur -775 Buscheto 11-12C William of Swns 12C Bonaventura 13C Ghiberti Lorenzo 1378~1455 Filippo Brunelleschi 1377~1446 Leon Michelozzo di bartolomeo 1396~1472 Francesco Clolnna 1433~1527 Battista Alberti 1404~1472 Francesco Clolnna 1433~1527 Donato Sansovino 1486~1570 Sanmicheli 1484~1559 Michelangel1o 1475~1564 Leonardo Da Vinci 1452~1519 Bramante 1444~1514

1500

Sansovino 1486~1570 Sanmicheli 1484~1559 Sebastiano Serlio 1475~1555 Julio Romano 1499~1546 Raphael Sancho 1483~1520 Antonio da Sangallo 1483~1546 Giacomo Barozzi Da Vignola 1507~1573 Andrea Palladio 1508~ 1580 Philibert Delorme 1510~1570 Giorgio Vasari 1511~1574 Giacomo della Porta 1532~1602 Vincenzo Scamozzi 1548~1616 Inigo Jones 1573~1652 Elias Holl 1573~1646 Giovanni Lorenzo Bernini 1598~1680 Pietro da Cortona 1596~1669 Francesco Borromini 1599~1667 Louis Le Vau 1612~1670 Guarino Guarini 1624~1683 Francois Blondel 1618~1686 Sir Christoper Wren 1632~1723 Jules Hardouin Mansart 1646~1708 Andrea Tirali 1657~1737 Andrea Tirali 1657~1737 John Vanbrugh 1664~1726 Johann

1700

Lucas von Hildebrandt 1668~1745 Filippo Juvarra 1678~1736 James Gibbs 1682~1754 Johann Balthasar Neumann 1687~1753 Filippo Vasconi 1687~1730 Giorgio Masssari 1687~1766 G. A. Scalfartto 1690~1764 Calro Lodoli 1690~1761 Aalessandro Galilei 1691~1737 Sir Burlington 1694~1753 Ange Jacques Gabriel 1698~1792 Ferdinando Fuga 1699~1782 Jacques Francios Blondel 1705~1774 Jacques Gabriel Soufflot 1713~1780 Marc-Antoie Laugier 1713~1769 Giovanni Battista

1800

Piranesi 1720~1778 Etienne-Louis Boullee 1728~1799 Robert Adam 1728~1792 George Francois Blondel 1730~1790 Claude Nicolas Ledoux 1736~1806 Tomas Jefferson 1742~1826 Sir Sir John Soan 1753~1837 Quatremere de Quincy 1755~1849 Jean Nicolas Louis Durand 1760~1834 Venjamin H Latrobe 1764~1820 Karl Friedrich Schinkel 1781~1841 Karl von Fischer 1782~1820 James Bogardus 1800~1874 Henri Labrouste 1801~1875 Joseph Paxton 1803~1865 Gottfried Semper

1850

1803~1879 Augustus Welby Northmore Pugin 1812~1852 Viollet-le-Duc 1814~1879 John Ruskin 1819~1900 Charles Garnier 1825~1898 Gustav Eiffel 1832~1923 William Le Baron Jenny 1832~1907 Henry Hobson Richardson 1838~1886 Otto Wagner 1841~1918 Otto Wagner 1841~1918 Charles Louis Ferdinand Dutert 1845~1906 Victor Alexandre Feredric Laloux

1900

1850~1937 Antonio Gaudi 1852~1926 Louis Sullivan 1856~1924 Chales Rennie Mackintosh 1868~1928 Otto Wagner 1841~1918 Hendrik Petrus Berlage 1856~1934 Chales Rennie Mackintosh 1868~1928 Adolf Loos 1870~1933 Auguste Perret 1874~1954 Kasimir Malevich 1878-1935 Ross George Allen 1978-1946 Morris Whitehouse 1878-1944Eileen Gray 1879-1976 Antonio Sant'Elia 1880-1916 Bruno Taut 1880-1938 Marcello Piacentini 1881-1961 Hugo Haring 1882-1958 Walter Gropius 1883-1969 Theo Van Desburg 1883-1931 Josef Frank 1885-1967 Vladimir Evgrafovich Tatlin 1885-1953 Ernst May 1886-1970 Ludwig Mies Van der Roh e 1886-1969 Ozenfant 1886-1966 Wijdeveld 1886- Hermann Finsterlin 1887-1973 Richard Yitzchak Kauffmann 1887-1958 Le Corbusier 1887-1968 D.A. Pikionis 1887-1968 Siegfried Giedion 1888-1968 Gerrit Rietveld 1888-1964 Paul Zyker 1888-1971 Frederik Kisler 1890-1965 Eleazar Lissitsky 1890-1941 Flank Lloyd Wright 1890-1978 Pier Luigi Nervi 1891-1979 Richard neutra 1892-1970

1960

이 건축가들에 관하여 얼마나 알고 있습니까

tects

Hans Scharoun 1893-1972 Buckminster Fuller 1895- Laszlo Moholy Nagy 1895-1946 Skimore Owing and Merrill, James 1965
Stirling, Vesnin Family, Luis Baragan, Sylvia Cowe, Louis I Kahn 1901-1974, Marcel Breuer 1902-1981 Ivan Ivanovich
Leonidov 1902-1957 Carlo Scarpa 1902-1978 James Stuart Polshek , Bruce Goff, Giueppe Trragni, Philip Johnson,
Mario Campi , Oscar Niemeyer, Kenzo Tange, Ralph Erskine, Io Ming Pei, Kevin Lynch, Jorn Utzon, Aldo van Eyck,
Bruno Zevi, Gottfried Bohm, Leonardo Benevolo, Charles Moore, Trei Otto, Robert Venturi, John Portman, O M 1970
Ungers, Fumihiko Maki, John Hejduk , Lucien Kroll, Stanley Tigerman, Adolg Loos, Charles Edouard Jeanneret, Hack
Kampman, Erick Gunnar Asplund, Hendrick Petrus Berlage, Konstantin Melnikov, Hannes meyer, Ivan Nikolayev, Vitaly
Lavrov, Ivan Leonidof, Daniel Banham, Eliel Saarinen, Rayman Hood William Van Elen, Richmond Shreve, Thomas
Lamb, Arthur harmon, Rudolph Schindler, Charles Fourier, Ebenezer Howard, Tony Garnier, Martin Wagner, J J P 1975
Out , Karl Ehn, Johannas A Brickman, Ilya Golosov, Erich Mendelsohn, Johannes Duiker, Rudof Steiner, Paul Bonatz,
Laymond Loewy, Henry Bacon, Bertram Goodhue, Edwin Lutyens, Atrhur Gordon Shoosmith, Dominikus hm, Alvar
Aalto, Albert Speer, Robert Maillart, Adalberto Libera, Cuzio Malaparte, Quincy Jones, Josef Lluis Sert, Dimitris Pilionis, 1980
Lucio Costa, Alison Smith, Peter Smith, Terry Farrel, Alvaro Siza, Jose Antonio Coderch, Arata Isozaki, Peter Cook,
Dennys Lasdun, Paul Ludolph, Micheal Graves, Charles Correa, Ricardo Legorreta, Sedad Hakki Eldam, Andre Ravereau,
Minoru Yamasaki, Aldo Rossi, Norman Foster, Herman Hertzberger, Philip Johnson, Richard Rogers, Robert AM Stern,
Hans Hollein, Michael Wilford, Robret Krier, Ricardo Borill, Quinlan Terry, Giorgio Grassi, Mario Botta, Aurelio Galfetti, 1985
Livio Vaccini, Francesco Venezia, Raphael Moneo, Esteban BonellJuan Navarro BaldewegAndo Tadao, Jeoffrey Bawa,
Gordon Burnshaft, Renzo Piano, Frank o Gehry, Richard Meier, Peter Eisenman, Rem Koolhaas, Daniel Libeskind,
Fumihiko Maki, Dominique Perrault, Jean Nouvel, Pierre Louis Faloci, Mikko Heikkinen, Markku Komonen, Juha
Leiviska, Jacques Herzog, Pierre de Meuron, Enric Mirakkes, Carlos Ferrater, Alberto Campo Baeza, Antoin Predock, 1990
Architectonica, Carlos Aymonnio, Bernard Tsumi, Christian de Portzamparc, Coop Himmelblau, Emilio Ambasz, Eric
Owen Moss, Fernando Montes, Leon Krier. Gae Aulenti, Antoine Grumbach, Gunter Bennish, Hans Kollhoff, Helmut yahn,
Henri Ciriani, Henri Gaudin, Herman Herz Berger, Jean Micheal Willmotte, Jean Pierre Buffi, John Andrews , Karim 1995
Rashed, Loan Arad, Mario Campi, Micheal Hopkins, Morphosis , Moshe Safdie, MVRDV, FOA, Nicholas Grimshaw, Nigel
Coates, Paolo Portoghesi, Padolo Soleri, Peter Eisenman, Philippe stack. Rafael Vinoly, Ricardo Rigoleta, Zaha Hadid,
Asymtote, Shogeru Ban, David Chipperfield, Odilie Deque, Diller + Scoidio, Massimiliano Fuksas, Steven Holl, Maya Lin,
Mansila + Tunon, Marcos Novak, Santiago Calatrava, Neil M Denari, Toyo Ito, Greg Lynn, Nox, Un Studio, Ken Yeang,
Bolles Willson, Kazuyo Sejima, Waro Kishi, Wiel Arets, Neuteling Riedijk, Kazuyo Sejima, Ryue Nishizawa, Benedetta 2000
Tagliabue, Annette Gigon, Mike Guyer, Dominique Perrault, Sauerbruch Hutton, RCA Arquitectos, Kisho Kurokawa,
Kohn Federsen Fox.........................

2005

여러분들은 얼마나 많은 건축물을 알고 있습니까 그리고 그 건축물이 어떠한 시대적 정신을 표현하고 있습니까

이 건축물은 모두 그 시대의 정신을 담고 있습니다. 그리고 가장 훌륭한 건축물로 인정받는 것입니다. 건축물의 용도는 시대에 따라 변화하고 있습니다. 신전, 궁전, 기념물로부터 기능을 가진 여러 시설들로 바뀌고 있습니다. 그것은 시대가 더 많은 기능과 역할을 요구하고 있기 때문입니다. 그리고 건축물의 소유주가 변화합니다. 시대의 요구는 곧 건축물의 기능과 형태와 규모에 영향을 미쳤습니다. 사실 더 많은 건축물이 존재하고 이 페이지에서 소개하기에 무리라고 할 수 있습니다. 여러분들은 더 많은 건축물과 익숙해지고 더 깊은 사고와 감각을 얻어야만 합니다.

건축물은 그 자체로 중요한 교과서 입니다. 그리고 항상 그러할 것입니다.

BC 30000

BC 8000
예리코 7000　카탈휘익주거지 6000

BC 5000
기자 피라미드 2550　기자 스핑크스 2530　모헨조다로 2500

BC 3000
우르 지구라트 2150　스톤헨지 2000
크레타 크노소스 알현실 1600　카르낙 신전 1500　미케네 사자의 문 1300

BC 2000
사르곤 II 궁전 740

BC 1000
바빌로니아 이슈타르문 575　피에스툼 헤라신전 530　페르세폴리스 500
파르테논 447　아테나신전 420　아폴로신전 300　이프루 호루스신전 237　제우스신전 170

AD 0
퐁뒤가르 AD14　콜롯세움 72　판테온 120
네오티우아칸 멕시코 150
막센티우스 바실리카 306　산타 마리아 마지오레 432
하기아소피아 532　라벤나 성아폴리나레 534　크세노폰 연회장 550

500
멕시코 욱스말 660　다마스커스 대모스크 706　예루살렘 알아크사 모스크 710
독일 아헨성당 792　자바 보로부두르 사원 800　오리사 브라메스사원 9 C　포광사 857
멕시코 카스티요 피라미드 1000　독일 오름스 성당 1016　툴루즈 생세르냉 1050
산 마르코 성당 11C　더람성당 1110　크라크데 슈발리에 1142　생 드니 성당 1144　샤르트르 성당 1194

1000
아르프 모직회관 1202　솔즈베리 성당 1220　웨일즈 보마리스 성 1283　베네치아 도제궁전 1309
카르카손 13C　그라나다 알함브라궁전 1370　밀라노 성당 1385
사마르칸트 구르에아미에르 1404　자금성 1420　피렌체 고아원 1421　만투아 산안드레아교회 1472
페루 마추피추 1502　피렌체 산로렌초 1519　만토바 팔라초 델 테 1525　이스탄불 쉴레이만 모스크 1551

1500
다리 샤토 드 슈농소 1556　로마 일제수교회 1568　스페인 에스코리알 궁 1562　비첸차 빌라 로톤다 1565
아우크스부르크 병기고 1602　화이트홀 대연회장 1619　마두라 대사원 1623　타지마할 1630
헤이그 마우리초이스 1633　산 카를로 알레 콰트로 폰타네 교회 1638　산 피에뜨로 대성당 1656
세인트 폴 대성당 1675　베르사유 갈레르 데 글라세 1678　요크셔 하워드 성 1699

1700
토리노 수페르가바실리카 1717　빈 벨베데레 궁전 1720　세이트 마틴 인더필즈 교회 1721
치즈윅하우스 1725　피어젠하일리겐 교회 1743
시온하우스 1762　베르사유 르 포티 트리아농 1762　몬티젤로 1770

1800
볼티모어 카톨릭 성당 1805　런던 리전트공원 1812
베를린 알테스뮤제움 1823

이 건축물들은 어느 시대의 어느 지역, 어떤 양식을 따르고 있습니까? 그리고 건축가는 누구입니까? 여러분은 건축물이 어떠한 특징을 지니고 있으며 재료와 형태, 건축적 개념은 무엇입니까? 그리고 어느 건축물로부터 영향을 받은 것입니까? 여러분은 그러한 건축물의 변화와 양상을 이해할 수 있습니까?

1900

세이트 길스교회 1841 생트 주느브에브 도서관 1843
수정궁 1851 파리 오페라하우스 1861
바르셀로나 사그라다 파밀리아 교회 1884 시카고 마셜필드 상회 1885 파리 에펠탑 1887
브뤼셀 타셀 호텔 1892 암스테르담 증권거래소 1896 글래스고 미술학교 1896
빈 마욜리카 하우스 1898 시카고 카슨 피리 스콧 백화점 1899 파리 역사건물 1900 파리 아파트(페레) 1903
다름스타트 웨딩 타워 1908 로비하우스 1908 AEG 터빈공장 1909 Sulphuric Acid 공장 1912
프랑크푸르트 암 마인 가스웍 1912 파구스 신발공장 1914 구엘공원 1914 뉴델리 총독관저 1920 아인슈타인타워 1821
노트르담 드 랭시 교회 1922 함부르그 칠레 하우스 1922 슈레더하우스 1923 데사우 바우하우스 1925
빌라 스타인 1927 뉴욕 크라이슬러빌딩 1928 스톡홀름 시립도서관 1928 바르셀로나파빌리언 1928 빌라사보아 1928

1950

구세군빌딩 1933 파이미요 요양소 1933 스톡홀름 숲속의 화장터 1935 낙수장 1935 마르세유 위니떼 따비따시옹 1946
카우프만 하우스 1947 MIT 기숙사 1948
글래스하우스 1949 롱샹 노트르담 뒤 오 순례교회 1950

1965

핀란드 세이나찰로 시청사 1950 시그램빌딩 1954 베를린 필하모닉 1956 까스텔베키오 미술관 1956
뉴욕 TWA 테미널 1956 시드니 오페라하우수 1957
펜실바니아대학 리처드 의학센터 1958 브라질리아 정부청사 1958

1970

체스텃 힐 하우스 1962 레스터 대학 공학관 1963 예일대학 예술 및 건축대학 1964
포드 파운데이션 빌딩 1963 필라델피아 길드하우스 1963 바나벤츄리 하우스 1964
도쿄올림픽 스테디움 1964 솔크 연구소 1965 스미스 하우스 1967 한셀만 하우스 1967 올리베티 헤드쿼터 1968

1975

멕시코 에게르스톰 1968 바인스타인 하우스 1969 아이젠만 하우스 II 1970
퐁피두 센터 1971 뮌헨 올림픽 스테디움 1972

1980

퍼시픽 디자인 센터 1975 아테네움 1975 하우프트빌라 1978 다다오 월하우스 1976 스투트가르트 스타츠갤러리 1977
아랍문화원 1981 AT&T 빌딩 1978 홍콩 상하이 뱅크 1979 바르셀로나 산츠광장 1981 쿤스탄 미술관 1981
High Museum of Art 1980 스페인 로마 예술 박물관 1980 드 메닐 콜렉션 1981 포틀랜드 시청사 1980 휴마나 빌딩 1982

1985

까사 로톤다 1982 브로니 스쿨 1982 콜럼버스 웩스너 시각예술센터 1983 레날트 세일즈 헤드쿼터 1983
켈리포니아 항공 박물관 1983 모데나 산 카탈도 묘지 1984 파리 라빌렛 공원 1984
그랑 아르쉐 1984 반타 미르마키 교회 1864 이구알라다 묘지 1985 물위의 교회 1985 아난트 라제

1990

리꼴라 스톨리자 빌딩 1986 베를릴 미국기념관 1988 간사이 국제공항 1988
길리하우스 1988 산티에고 꼼뽀스텔라 1988 빌리 올림피카 하우징 1989 루브르 피라미드 1989
유태 박물관 1989 파리 그랑 비블로테 1990 치카츠 아즈키 역사박물관 1990 쉬니발 하우스 1990

1995

워싱턴 피니쉬 엠바시 1990 릴 의회 및 전시관 1991 아루툰 인류학박물관 1991

2000

2005

?

여러분들은 얼마나 많은 건축이론가와 비평가를 알고 있습니까 그리고 그들이 쓴 책은 무엇이며 그들은 무엇을 이야기 하고 있습니까

Vitruvius (Marcus Vitruvius Pollio, BC 1C) Ten Books/ Villard de honnecourt(1210-1240)/ L eon Battista Alberti (1404-1472) De re aedificatoria libri(ten books)/ Filarete(Antonio Averlino, 1400-1465)/ Francesco di Giorgio Martini(1409-1501)/ Fra Giovanni Giocondo da Verona(1433-1515) M. Vitruvius per Iocundum solito castigatior factus, cum figuris et tabula, ut iam legi intellegi possit/ Albrecht Düre(1471-1528) Erliche underricht, Zu Befestigung der Stett, Schloß, und flecken/ Sebastiano Serlio(1475-1553) Turtte l'opere d'architetturaet prospettiva/ Jean Martin(-1553) Architecture ou Art de bien bastir/ Cesare Cesariano(1476-1543) Di Lucio Vitruvio Pollione de Architectura/ Walther Rivius(1500-1548) Vitruvius Teutsch/ Iacomo Barozzi da Vignola(1507-1573) Regola delli cinque ordini d'architettura/ Iacomo Barozzi da Vignola(1507-1573) Regola delli cinque ordini d'architettura/ John Shute (-1563) The First and Chief Grounds of Architecture/ Pietro Cataneo(1510-1571~) I quattro primi libri di Architettura/ Daniele Barbaro(1513-1570) Ideici libri dell'architettura di M. Vitruvio/ Andrea Palladio(1508-1580) Iquattro libri dell'architettura/ Diego de Sagredo 16C Medidas del Romano/ Philibert de l'Orme(1514-1570) Nouvelles inventions pour bien bastir dt a prtits fraiz; Le pre tome de l'architecture/ Hans Blum(1520-) Von den Fünff Sülen/ Jacques Androuet du Cerseau(1521-1586) Livre d'architecture, Le premier volume des plus excellents bastiments de Franve/ Hans Vredeman de Vries(1526-1609) Architectura der Bauung der Antiquen auss dem Vitruvius/ Daniel Speckle(1536-1589) Architectura Von Vestungen, Wie Die zu unsern zeiten mögen erbawen werden/ Vincenzo Scamozzi(1548-1616) L'idea della architettura universale/Wendel Dietterlin(1550-1599) Architectura von Außtheilung, Aymmetria und Proportion der FünffSeulen / Juan Bautista Villalpando(1552-1608) In:Ezechielem Explanationes/ Henry Wotton(1568-1639) The Elements of Architecture/ Joseph Frttenbach the Elder(1591-1667) Architectura civilis, das ist Eigentliche Beschreibung wie man nach bester form und gerechter Regul, Fürs Erste: Pallä st ... erbawen soll/ Pierre Le Muet(1591-1669) Maniere de bien bastir pour touttes sortes des personnes, Augmentation de nouveaux bastiments faits en France/ Fray Lorenzo de San Nicolás(1595-1679) Arte y Uso de Architectura/ Juan Caramuel de Lobkowitz(1606-1682) Architectura Civil recta, y obliqua/ Roland Freart de Chambray(1606-1676) Parallele de l'architecture antique et de la moderne : avec un recueil des dix principaux autheurs qui ont ecrit de cinq ordres/ Nicilaus Goldmann(1611-1665)/ Claude Perrault(1613-1688) Les dix livres d'architecture de Vitruve; corrigez et traduits nouvellement en Fracois; Ordonnance des cinq especes de colonnes selon la methiods des anciens/ Francois Blondel (1618-1686) Cours d'architecture/ Guarino Guarini(1624-1683) disegni di architettura civile de ecclesiastica; Archtettura civile/ Jean-Louis de Cordemoy(1631-1713) Nouveau traite de toute l'architecture ou l'art de bastir/ Abraham Luthner von Grundt(1639-1701) Grundtliche Darstellung Der fünff Seüllen wie solche von dem Weiberühmbten Vitruvio Scamozzio vud andern Vornehmben Baumeistren Zuesamben getragen/ Andrea Pozzo(1642-1709) Perspectiva pictorum et architectorum/ Augustin Charles D'Aviler(1653-1701) Cours d'architecture qui comprend les ordres de Vignole/ Johann Bernhard Fischer von Erlach(1656-1723) Entwurff Einer Historischen Architectur/ Domenici De' Rossi(1659-1730) Dtudio d'archtettura civile, Disegni di vari altari d cappelle nelle chisesdi roma/ Germain Boffrand(1667-1754) Livre d'architecture/Leonhard Christoph Sturm(1669-1719) Vollständige Anweisung zu der Civil-Bau-Kunst/ Colen Campbell(1676-1729) Vitruvius Britannicus/ Paulus Decker(1677-1713) Fürstlicher Baumeister Oder: Architectura Civilis/ Charles-Etienne Briseux(1680-1754) Architecture moderne ou l'art de bien batir pour toute sorte de personnes; L'Art de batir des maisons de campagne; Traite du beau essentiel/ James Gibbs(1682-1754) A Book of Architecture Containing Designs of Building and Ornaments; Rules for Drawing the Several Parts of Architecture/

Cri

오늘날 우리가 알고 있는 건축적 개념은 건축가와 이론가들이 정립해 놓은 개념에 의한 것입니다. 그러므로 이 개념은 바로 건축이론의 역사입니다. 개념을 남기는 건축에 있어서 두 가지의 방법은 문자로 남기거나 건축물로 남기는 것이었습니다. 그들은 건축가이며 비평가이며 이론가였으며 역사가였습니다.

Giuseppe Galli Bibiena(1695-1757) Architettura Orispettive/ Robert Morris(1701-1754) An Essay in Defence of Ancient Architecture; Lectures on Architecture/ Jacques Francois Blodel(1705-1774) Architecture francoise; Cour d'architecture ou traite de la Decoraton Distribution & Construction des Batiments/ Issac Ware(1707-1766) A Complete Body of Architecture/ Marc-Antoine Laugier(1713-1769) Essai sur l'architecture, Observations sur l'architecture/ Giovanni Batista Piranesi(1720-1778) Della mgnificenza de architecttura de' Romani/ William Cambers(1723-1796) A Treatise on Civil Architecture/Bernardo Antonio Vittone(1702-1770) Istruzioni delementari per indirizzo de' giovani allo studio dell'architettura civile; Istruzioni diverse concernienti l'officio dell'architettocivile/ Francesco Milizia(1725-1798) Principj di architettura civile/ Giocanni Battista Cipriani(1766-1839) Indice delle figure relative ai Principi di architettura divile/ Marie Joseph Peyre(1730-1785) Œuvres d'architecture/ Claude-Nicolas Ledoux(1736-1806) L'Architecture Considérée sous le rapport de l'art des mœurs et de la législation/ Jean-Nicolas-Louis Durand(1760-1835) Recueil et parallèledes édifices de tout genre anciens et modernes;Précis des leçons d'architecture/ Friedrich Weinbrenner(1766-1826) Architektonisches Lehrbuch/ Jean-Baptiste Rondelet(1743-1829) Traité théorique et pratique de l'art de bâtir/ Karl Friedrich Schinkel(1781-1841) Sammlung architectonischer Entwürfe von Schinkel enthaltend theils Werke welche ausgeführt sind, theils Gegenstände deren Ausführung beabsichtigt wurde/Leo von Klenze(1784-1864) Anweisung zur Architectur des christlichen Cultus/ Carl Alexander Heideloff(1789-1865) Der kleine Altdeutsche (Gothe)oder Grundzüge des altdeutschen Baustyles. Zum Handgebrauch für Architekten und Steinmetwen, besonders für technische Lehranstalten/ Guillaume Abel Blouet(1795-1853) Supplément/ Friedrich Hoffstadt (1802-1846) Gotisches A-B-C Buch, das ist: Grundregeln des gothischen Styles für Künstler und Werkleute/ Gottfried Semper(1803-1879) Vorläufige Benerkungen über bemalte Architektur und Plastik bei den Alten; Die vierElemente drt Baukunst. Ein Beeitrag zur vergleichenden Baukunde; Der Stil in den technischen und tektonischen Künsten/ Auqustus Welby Pugin(1812-1852) Contrast : Or A Parallel between the Noble Edifices of Middle Ages and Corresponding Building of Present Day; The True Principles of Pointed or Christian Architecture/ Eugène Emmanuel Viollet-le-Duc(1814-1879) Dictionnaire raisonné de l'architecture; Entretiens sur l'architecture/ John Ruskin(1819-1900) The Seven Lamps of Architectur; The Stone of Venice/ Georg Gottlob Ungewitter(1820-1864) Lehrbuch der gothischen Konstruktionen/Camillo Sitte(1843-1903) Der Städte-Bau nach seinen künstlerischen Grundsätzen. Ein Beitrag zur Lösung moderner Fragen der Architektur und monumentalen Plastik unter besonderer Beziehung auf Wien/ Ebenezer Howard(1850-1928) To-morrow: a Peaceful Path to Real Reform/ Adolf Loos(1870-1933) Ornament und Verbrechen/ Tony Garnier(1869- 1948) Une Cité industrielle: Étude pour la construction des villes/ Bruno Taut(1880-1938) Die Stadtkrone; Alpine Architektur/ Le Corbusier(1887-1965) Vers une Architecture; Urbanisme; La Charte d'Athènes/ Henry-Russell Hitchcock(1903-1987)/ Philip Johnson(1906-) The International Style: Architecture Since 1922/ Walter Gropius(1883-1969) Internationale Architektur/ Frank Lloyd Wright(1867-1959) Ausgeführte Bauten und Entwürfe von Flank Lloyd Wright/ Paul Schmitthenner(1884-1972) Das Deutsche Wohnhaus/ Sigfried Giedion(1888-1968) Space, Time and Architecture. The Growth of New Tradition/ Archigram(1960-) Archigram/ Kisho Kurokawa(1934-) Mstabolism in Architecture/ Aldo Rossi(1931-1997) L'Architettura della Città/ Lobert Venturi(1925-) Complexity and Contradiction in Architectur; Learning From Las Vegas/ Charles A Jencks(1939-) The Language of Post-Modern Architecture; Architecture Now; New Paradigm in Architecture/Rem Koolhaas(1944-) Delirious New York: A Retroactive Manifesto for Manhattan; S, M, L, XLo

자유를 얻게 된 대신에, 상대주의는 혼란과 무질서를 낳았습니다. 우리는 스스로 길을 만들어야 하는 힘겨운 여정의 주인공이 되었습니다. 그 결과 더 많은 것을 시도하고 창조할 수 있게 되었습니다. 절대적인 것은 그 무엇도 남겨지지 않았습니다.

건축가들의 강력한 무기는 언어이고 개념이며
창조적 사고였습니다.

?

그들은 왜 주변을 개척하기 시작했을까요 건축가에게는 디자인의 개념과 원칙이 존재해야만 했습니다. 그리고 나름의 윤리와 역할을 찾아 내야만 했습니다. 그러므로 건축 철학과 디자인 원칙은 무엇보다 중요해졌습니다. 양식은 사라지고 스타일은 개인의 건축적 특성으로 변화하였습니다. 그들의 생각이 개념과 건축 언어가 되었습니다.

11. 새로운 건축디자인의 도구...... 개념

건축사에서 개념은 어떠한 역할을 하였습니까 왜 갑자기 개념적 어휘들이 감당할 수 없을 만큼 생겨난 것입니까

사실상 현대 건축은 거의 정리할 수 없을 만큼 방대하고 그 범주를 얻기 쉽지 않습니다. 그리고 오늘날의 구조주의적 개념은 이 개념들, 현상들, 이즘들, 작품들, 그리고 작가들을 구별해내는데 새로운 시각을 부여하였습니다. 오늘날 이들 건축적 양상을 체계화하는 작업은 몇몇 비평가들을 제외하고는 접하기가 쉽지 않습니다. 개념적 어휘의 생성은 왜 이렇게 많은 개념적 어휘들이 생성되었을까요? 왜 디자인에서 개념은 그렇게 중요한 것이 되었습니까? 기하학적 자유는 왜 개념적인 확장을 낳았습니까? 간단히 이야기 하자면, 세계의 이해는 상대적이고, 개인은 독자적인 표현을 원하기 때문이었습니다. 자신의 세계를 구축하고 이를 실현하고자 하였기 때문입니다. 역사적으로 발전시켜온 모든 원칙들을 조직하고 관리할 수 있는 직접적인 지침의 역할을 개념이 수행하기 시작했기 때문입니다.

초기의 개념들은 그러므로 아방가르드적이고 이데올로기적인 이즘을 대변했습니다. 그들은 새로운 경향을 요구했습니다. 그러나 점차 개인적 사고의 창조에 집중되었습니다. 많은 경우 그들은 어느 하나의 개념에 고정되지 않고 새로운 것을 탐구하였습니다. 그 많은 건축가들이 공간, 시간, 색채, 기하학, 단순화, 인간, 경험, 장소 이루 다 말할 수 없는 만큼의 테마들을 가지고 개념을 만들어냈습니다. 그들은 우왕좌왕하고 있었습니다. 그렇기 때문에 어느 한 부류에 속해있지도 않았으며, 하나의 이즘을 탐구하지도 않았습니다. 그러자 한 건축가가 일생을 거쳐 다양한 이즘을 거치게 되고 이제는 살아 생전에 그의 일대기를 연구하게 되었습니다. 그러나 전체 건축의 양상은 연구 가능한 범위를 넘어서게 되었습니다. 진정한 다원화적 세계가 도래했습니다. 이 모든 것은 건축가들이 스스로 자신의 상황을 개발해나갔기 때문입니다. 스스로 선전하고 모임을 결성하고, 교육하고, 책을 출판했습니다. 그들은 전시회를 개최하고 잡지를 출판하였습니다. 이러한 모든 일들이 동시에 일어났습니다. 그것은 거의 100년이라는 짧은 시간 동안 일어난 것입니다. 그 결과 개념은 놀라운 결과를 만들어냈습니다. 인간의 사고가 가능한 것은 무엇이나 창조하게 되었습니다. 그러므로 인간의 지적인 탐구와 성취를 고스란히 건축에 적용할 수 있게 되었습니다. 이제 모든 인간의 학문을 빌어 건축하게 된 것입니다.

철학으로부터 과학에 까지 건축은 모든 분야를 받아들였습니다. 어떻게 보면 그것은 당연한 것이었습니다. 건축은 바로 인간의 삶을 담는 그릇이기도 하기 때문입니다. 개념에 의한 사고체계는 건축적 형이상학의 개념들과 이 개념들이 형성하는 건축적인 실체에 관여하였습니다. 이와 같은 사고는 건축에 있어서 무엇이 개념을 형성하고 이러한 개념에 의하여 의미를 부여하기 시작했습니다. 직접적이지 않은 매개체로서의 메타언어에 의한 건축적인 행위와 의미부여, 다이어그램에 의한 건축적 해석, 건축적 사고와 이론의 정립과 같은 인식과 이성에 의한 건축적 사고가 대표적인 것이라고 할 수 있습니다. 건축 형태원리와 대응되는, 실체가 지니는 의미의 부분에 해당합니다. 건축적으로 보자면 이와 같은 이성적인 원리를 유지하는 방법들은 다양하게 고안되었습니다. 스케치, 제도와 작도법, 원근법, 그리드, 다이어그램, 언어체계와 같은 도구들에 의하여 건축적 사실과 사고는 정립되었습니다.

무엇보다고 건축언어에 의한 언어체계는 가장 중요한 건축적 도구가 되었습니다. 개념적인 건축은 과거 표현을 위한 디자인적 원리와 형태원리로서 미학의 체계를 받아들였습니다. 그러나 오늘날 건축적 사고는 건축을 규정하고 건축적 행위와 형태를 결정하는 중심이 되었습니다. 이와 같은 결과로서 사고체계에 의한 이성적 건축도구와 방법론들은 현대건축의 담론의 형성과 담론에 의한 건축적 작업환경을 형성하는데 중심이 되었습니다. 최근의 컴퓨터 사용에 의하여 건축은 더욱 새로운 면모를 보여주고 있습니다.

Diagramic, Digital, Datascapes, biomorphic, Fractal, Cybernetic Architecture는 이와 같은 도구적 사고체계에 의하여 가능해 진 것이라고 있다고 할 수 있습니다. 건축적 사고의 연역적인 방법은 미학적으로 두 가지의 경향으로 관념론은 주장하는 사변적 미학으로 플라톤 Platon의 이데아, 쉐링 F. W J. Schelling, 헤겔 G. W. F. Hegel, 쇼펜하우어 A. Schopenhauer 등이 있습니다. 이들의 미학은 형이상학적인 미의 개념을 우선 설정하고 이로부터 구제적인 현상으로 향하는 것이었습니다. 언어에 의하여 존속된 개념들은 오랜 동안 건축이외의 분야들로부터 유지되어 왔습니다. 자유로운 표현과 개성을 가진 건축가와 개인의 형성이전에는 언어적의 개념들은 고대국가의 왕권, 종교적인 권위, 신의 영역, 절대군주, 법, 귀족사회, 계급제도와 같은 절대적 여건들이 강제하여 왔습니다. 주체 형성이후 이와 같은 절대 원칙들은 인간의 사고를 통하여 유지될 수밖에 없게 되었습니다. 그러한 이유로 개념을 형성하는 언어들은 형이상학적인 미학으로서 사유의 형식인 동시에 실재 존재의 형식이라는 것을 기반으로 하였습니다. 실제 작업에 있어서 이성적이고 개념적인 원칙과 원리들은 시각적으로 보여줄 수 있는 건축을 통하여 효과적으로 전달하거나 표현하기에 쉽지 않습니다.

절대적인 원리들을 구현하는 이성적이고 도구적인 방법은 무엇이었습니까 ?

실제 작업에 있어서 이성적이고 개념적인 원칙과 원리들은 시각적으로 보여줄 수 있는 건축을 통하여 효과적으로 전달하거나 표현하기에 쉽지 않습니다. 그러한 사실은 건축적 표현과 사고체계에 있어 절대적인 원리라고 밝혀진 사실들을 구현하고 표현하는 이성적 합리적 도구적 방법을 필요로 하게 만들었습니다. 이와 같은 절대적 원칙들은 스케치, 제도와 작도법, 투시도법, 그리드, 유형, 다이어그램, 위상기하, 프랙탈, 컴퓨터, 텍스트, 담론 등에 의하여 구현되었습니다.

스케치, 제도와 작도법, 투시도법, 그리드, 유형, 다이어그램, 위상기하, 프랙탈, 컴퓨터, 텍스트, 담론 . . . .

적어도 건축에서 사고와 개념은 건축을 구현하는 과정으로 당연히 받아들여진 건축적 정신이고 건축가의 철학이었습니다. 최근의 양상은 이와 같은 담론에 의한 체계와 의미들이 건축의 한 경향을 형성하게 되었습니다.

건축가는 이제 도면을 그리고 만들어내는 디자이너이기 보다는 생각하는 계획가가 되었습니다.

사실 개념은 독보적인 도구였습니다. 그 어떠한 원칙도 그리고 어떠한 원리도, 규범들도, 어떠한 도구들도 해내지 못한 경이로운 결과를 만들어 낼 수 있게 되었습니다. 고대의 가장 중심이 되었던 예술은 바로 시와 음악이었습니다. 그러므로 건축은 형태의 시학, 동결된 음악으로 불리게 되었습니다. 건축은 공간의 예술이 되면서 그 어떠한 것보다도 더 훌륭한 예술이고 중심이 되었습니다. 그 결과 모든 예술을 담는 그릇이며, 종합예술로 불리게 된 것입니다. 그러므로 건축에도 예술을 지배하는 원리가 존재해왔습니다. 그것은 건축의 수사학 그리고 문법으로 불리는 규범이었습니다. 양식의 시대는 스타일을 만들어내고 그 전형적인 특징들로 건축물의 디자인을 통제하게 되었습니다. 그것은 시대의 모든 건축물을 일정한 수준과 형식을 보장받기 위한 방법이기도 했고 건축물의 후원자들이 선택한 우수한 미감으로 선택된 규율이기도 했습니다. 건축가들에게 이론가들에게는 더 근본적인 과학적 사고가 바탕이 되고 있었습니다. 수와 비례의 기하학적 사고는 건축물의 형태를 규정하는 원리였습니다. 이러한 근본원리들은 공간의 예술로서 건축에 있어서 새로운 것들을 요구하게 되었습니다. 그것은 새로운 언어였습니다.

Orders
Grammer
Poetics
Rules
Principles
Theory
Concept
Diagram
Program

형태의 언어는 이제 볼륨을 주장하고 공간은 더 많은 자유를 얻게 되었습니다. 그러자 공간의 분화와 연속, 중첩 그리고 관입, 사이공간, 전이와 같은 새로운 가능성을 모색하게 되었습니다. 이제 공간은 사유의 대상이며 감각의 대상이 되었습니다. 철학, 언어, 기호, 주체, 이미지, 상징과 같은 관련 개념의 정립이 건축적 사유를 도왔습니다. 그리고 그 결과는 건축디자인의 개념으로 유도되었습니다. 그러자 이제는 건축언어가 중요한 테마가 되었습니다. 건축언어는 사유의 실질적인 매개체가 되었습니다. 건축언어에 의한 개념은 사실상 아름다운 건축, 창조적 건축, 훌륭한 건축, 즐거움을 주는 건축, 살만한 건축을 위한 디자인의 도구가 된 것입니다. 수많은 건축적 사유의 도구들이 생겨났습니다. 공간, 형태, 행위, 기능을 연구하고 가능성을 판단할 수 있는 과학적 도구는 물론이며 분석적 방법들이 생겨났습니다.

건축적인 데이터는 치수적으로 제시되고 필요한 요건들은 리스트화되었습니다. 이제 합리적인 사고가 건축을 모두 장악하게 되었습니다. 수많은 도표와 다이어그램이 건축을 통제하게 되었습니다. 그리고 사고를 전달하고 사실상의 건축적인 표현의 도구가 되었습니다. 한때 형태를 중시하던 시대의 스케치는 다이어그램이 자리를 차지하고 있습니다. 실제로 개념은 바로 다이어그램으로 치환되고 있습니다. 건축가들은 그 정도로 만족하지 못했습니다. 그보다 더 강력하고 정확하며 과학적인 도구를 원하였습니다. 그러므로 세부적인 요건들에까지 통제하고자 하는 그리고 요소들 사이에 관계를 유기적으로 보이고자 하였습니다. 그러자 프로그램이 그 관계를 대체하게 되었습니다. 중요한 사실은 과거의 형태원리가 사라진 것이 아니며 개념이 사라진 것도 무가치해진 것도 아닙니다. 다만 더 강력한 도구가 우선적으로 선택되고 중심이 되었다는 것입니다. 그러므로 여전히 조화와 균형, 비례는 사용되며, 어떠한 건축물도 개념이 없는 것을 방관하지 않습니다.

우리는 스케치와 다이어그램을 함께 사용하고 모형을 만들게 되었습니다. 그리고 프로그램을 작성하고 많은 분석적 도구를 함께 사용합니다. 심지어 오늘날에는 수많은 건축정보를 동시에 분석하고 건축적인 결과를 유도하기까지 합니다. 이 과정은 아날로그적 과정과 도구에서 디지털 도구로 전환되어 갑니다. 이 규범적 원리와 원칙으로부터 다양한 도구, 그리고 개념으로 발전하고 다이어그램과 프로그램으로 변모하게 되었습니다. 그 모습은 변화하였지만, 궁극적으로 훌륭한 건축을 위한 방법으로 고안해낸 것입니다. 그러나 모든 예술이 개인의 표현이라는 점에서 그 개념은 가장 중요한 것이 될 것입니다. 모든 수단과 방법들은 그 개념을 실현하는 도구가 될 것입니다. 그리고 새로운 도구와 접근방법이 지속적으로 창조될 것입니다. 그러나 그 모든 것은 모두 상대적인 가치를 지니게 될 것이 분명합니다.

? 개념의 매개체는 바로 건축어휘입니다. 여러분은 얼마나 많은 건축용어를 알고 있습니까

건축은 많은 경우 새로운 대상, 요소, 형태, 공간 ..... 이루 헤아릴 수 없을 만큼 다양하고 광범위한 내용들을 만들어내고 그것은 용어를 생산하게 됩니다. 이 용어들은 건축적 사고를 가능하게 하는 매채체입니다. 그러므로 그 시대에 따라서 생겨난 용어도 달랐으며 그 용어에 의하여 진행되는 사고 역시 변화하였습니다. 건축용어에 근거하여 건축물은 구축되기 시작했습니다. 이와 같은 구성적 사고는 건축물을 투상하는 것으로부터 텍토닉 tectonic, 구축 construct, 구성 composition하는 건축으로 유도해왔습니다. 건축언어는 그와 같은 용어의 구성방식과 조절을 포함하게 되었습니다. 용어와 용어의 구성은 건축적 구성을 유도하고 건축 용어의 구성은 통사론과 구문론을 만들어 냈습니다. 건축물과 공간은 언어의 조직을 동반하였습니다. 건축용어는 사실 매우 깊고 광범위한 개념의 깊이를 가지고 있습니다. 그러나 아주 간단하지만 그 용어의 뜻을 알고 있다는 것 그리고 어휘를 텍스트로 만들어 낼 수 있다는 것은 더 큰 가능성을 만들어 냅니다. 하위 의미의 텍스트의 연관을 구성하고 연상에 의한 가능성과 이론적인 흐름을 가늠할 수 있습니다.

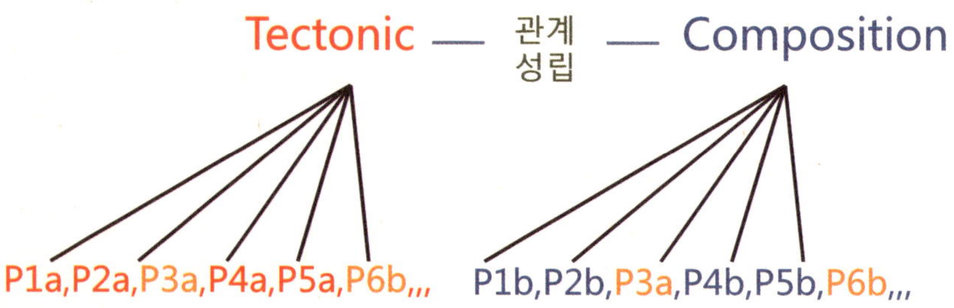

즉 두 개념으로서 텍토닉 tectonic과 구성 Composition 사이의 관계가 성립하고 어떠한 이야기가 생겨나는 것은 하위 개념들 사이에 어떠한 공통적인 개념(P3a, P6b)이 존재하기 때문입니다. 이 개념은 역사적인 사건일수도 단순한 의미일 수도 있으며, 건축물, 건축가, 이론가일 수도 있습니다. 그것이 서로간에 영향을 미치고 관계를 만들어 냅니다. 또한 그로부터 더 많은 개념을 확장해 갑니다. 또 새로운 구성체계를 만들어냅니다. 사실상 관계는 P3a, P6b입니다. 이제 우리가 만들어낼 수 있는 개념은 수많은 관계를 만들어낼 수 있게 됩니다. 그것은 거의 그물과 같은 복잡한 구조(리좀)을 만들어 냅니다.

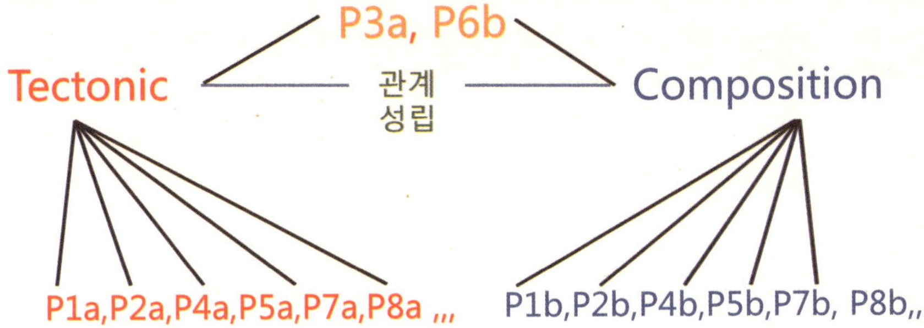

우리는 이 구조를 리좀구조, 하이퍼 텍스트구조, 그물그조, 패브릭 fabric 등으로 부르고 있습니다. 이 구조는 사실상 단계적인 체계(수목구조)가 무한하게 존재합니다. 그것이 개념의 사유를 더욱 확장시키고 더욱 가능하게 만들었습니다. 통시적으로 공시적으로 갖게 되는 무수한 관계는 전체 역사를 하나의 구조체로 만들어 냅니다. **역사는 개념의 바다를 형성합니다. 만약 P3a, P6b가 존재하지 않는다면 새로운 루트를 만들어 관계를 성립시킬 수도 있습니다. 적어도 우리는 최소의 단위에 익숙해질 필요가 있습니다.**

건축용어를 명확히 한다는 것은 개념의 재료를 얻었다는 것입니다. 건축적 사고를 시작할 수 있는 준비가 된 것입니다.

건축용어는 그 내용이나 실질적인 건축물로부터 이해하는 것이 바람직합니다. 그래야만 더 적절하게 접근할 수 있고 다양한 내용을 확대 해석할 수 있기 때문입니다. 용어는 시대에 따라 변화하였습니다. 그리고 각 지역마다 다르게 기원합니다. 그리스어, 라틴어, 프랑스어, 독일어, 영어로부터 시작하여 그 형태가 변화한 것도 있고 재료가 변화하기도 하고 그 의미자체가 변화하기도 했습니다. 건축적 영향이 어느 지역에서 다른 지역으로 영향을 미치면서 건축 용어는 전파되기도 하고 이주민들이 가지고 가기도 했습니다. 따라서 언어를 모른다면 일정 지역, 건축 형태, 구조 그리고 작업에서 진전을 이룰 수가 없습니다. 많은 용어의 습득은 개념의 습득을 수반합니다. 그리고 건축적인 이해를 도와줍니다. 오늘날 디자인은 바로 이와 같은 용어의 능수능란한 유희이며 개념화입니다.

건축용어를 이해하고 개념을 자유롭게 사용할 수 있다는 것은 건축을 알아가는 중요한 방법입니다.

12. 건축 언어.... 형태와 개념의 어휘들

건축언어는 용어의 구성입니다. 그것은 건축적으로 형태를 구성하고 공간을 형성하는 실재의 구조이며 동시에 언어적 구조를 지니고 있습니다. 그러한 구성을 우리는 다양하게 부르고 있습니다.

우리가 용어를 통하여 구축하는 언어의 세계는 사실상 세계의 원리를 대변합니다.

다음 문장들은 과연 타당합니까?

- 승용자는 차보다 더 편리하다.
- 사람들은 누구보다 더 익살 스럽다.
- 나는 나보다 더 젊다.
- 과일은 포도보다 더 빠르다.

흥미로운 사실은 어떠한 언어적 표현이든지 모든 단어 전부에 계층적으로 연관된 사실들이 존재한다는 것입니다. 이미 어휘와 어휘 사이에는 구성되고 연관될 수 있는 보이지 않는 절대적인 규칙이 전제되어 있고 그것은 실제 세계와 관계합니다. 문장은 그러한 관계를 위반하여서는 존재하지 않습니다. 그리고 우리가 사용하는 어휘들은 언어학적인 범주와 체계를 가지고 있습니다. 그 범주와 체계는 시대와 상황에 따라 변화해 왔습니다. 그러므로 언어적인 가능성이 확대된 것은 건축적 가능성의 지평을 열어 놓은 것이 되었습니다. 사실 오늘날 우리가 생각할 수 있는 모든 건축적 사고는 그다지 멀지 않는 이전 시기에는 상상조차 할 수 없었던 것이고 그것은 동시에 문장으로도 만들어질 수 없었습니다.

표현의 도구로서 건축언어는 나름의 문법과 구문을 가지고 있다고 여겼습니다. 그것은 모든 건축가에게 반드시 지켜야만 하는 원리처럼 여겨졌고 그렇지 않다면 언어가 성립될 수 없듯이 건축물도 존재할 수 없는 것으로 여겼습니다. 그것은 건축적 원리이고 원칙이며 규범이었습니다. 대부분은 형태의 원리이고 공간의 원리였습니다. 수와 비례였습니다. 그 실체로서 고전적인 오더의 원칙이 그 중심에 있었습니다. 그리고 고딕 성당의 구조체가 한때 언어를 구성하였습니다. 모더니즘은 또 나름의 언어들을 구축하였습니다. 오늘날에는 고정된 언어가 존재하지는 않습니다.

건축에 관련된 표현을 위한 모든 언어를 건축언어라고 할 수 있습니까?

구분				내 용
동사	건축적 상태	개체		건축물과 요소들의 관계, 상태
				상부의 아치는 기둥을 잇는다
		장면		일시적 관계, 상태
				현관 앞에 의지를 배치하였다
	건축적 행위	과거		건축적 상태, 사건의 과거
		현재		건축적 상태, 사건의 현재
		미래		건축적 상태, 사건의 미래
	건축적 사건	완성		건축적 상태 사건의 완성
				그는 학교를 설계했다.
		달성		건축적 행위의 달성
				그는 6시간동안 관람했다.
명사	건축적 형식 (가산)	개체	수평	*건축적 대상*
			위계	*벽돌, 기둥, 유리창, 지붕 등*
		그룹	수평	건축적 대상의 그룹
			위계	*건축자재, 건축공간, 개실 등*
	건축적 질료및 구조 (불가산)	개체	수평	건축적 질료와 구조
			위평	*진흙, 쇠, 나무, 유리, 경사 등*
		그룹	수평	건축적 질료, 구조의 그룹
			위계	*토양, 금속, 목재, 규범, 등*
형용사	건축적 실체(필연)			존재하는 건축적 대상 자체
	실제의 의미 (우연)	수식	*	건축적 대상의 경험에 의한 표상, 감각, 판단 등
		술어	*	

기본적으로 이들 명사류, 동사류, 형용사류는 범주를 구성할 수 있는 의미적 차원을 지닙니다. 이들의 서술적 상태가 건축을 구분할 수 있는 범주를 형성하게 됩니다. 동사류 명사류, 형용사류의 구분은 개별적으로는 단편적인 의미와 어휘만을 생산합니다. 그러나 이러한 어휘들이 통사적으로 만나서 복합언명을 생성하는 순간 개념들은 재생산되고 더 확장된 의미를 형성합니다.

용어와 용어는 문장, 단락, 텍스트로 확장됩니다. 그러므로 건축 언어적인 구조가 생겨납니다.

자유로운 개념의 표현을 가능하게 하는 모든 언어가 생겨났습니다. 그렇다면 오늘날의 언어는 개인의 사유와 감각을 전달하는 언어라고 할 수 있습니다. 물론 언어의 특징은 자신을 위한 것은 아니기 때문에 커뮤니케이션을 전제로 하고 있습니다. 그렇다면 최소한의 공통분모를 가지고 있음이 분명합니다. 최초의 언어는 구조적이고 형태적인 용어들로 시작하였을 것입니다. 그리고 기술적인 구축적인 공간적인 어휘들이 생산되었습니다. 그리고 나서 개념의 시대에 와서는 개념 디자인의 언어들이 생겨났습니다. 이 모든 용어들은 개념적인 건축과 사고를 위해서는 반드시 필요한 것입니다 역사를 이해하고 형태를 이해하는데 반드시 필요한 용어입니다. 언어적 차원에서 얻을 수 있는 구조는 사실상 실제의 표현을 가능하게 해 줍니다. 다음은 언어의 특질구조 Qualia structure에 의한 의미 범주입니다. 이 범주를 보게 되면, 건축물의 특질이란 어떻게 구성되어 있는가를 언어적 차원에서 엿볼 수 있습니다.

구조 Constitutive			형상 Formal						기능 Telic		작인 Agentive			
물질	무게	부분/요소	근원	크기	모양	차원	색채	위치	목적	기능	창조자	인공물	자연류	인과관계

특질구조는 어휘의 품사적 차원을 넘어선 의미의 구조입니다. 특질 구조의 의미는 첫째. 구조 constitutive 로서 한 사물과 구성소 사이의 관계를 보여주며 둘째, 형상 formal 으로서 한 사물을 보다 큰 영역에서 다른 것과 구별해 주는 것이며 셋째, 기능 telic 은 사물의 목적이나 기능으로서 구분해 주는 것이며 넷째, 작인 agentive 은 사물의 근원이나 '이를 발생하게 한' 요인으로서 건축언어를 구분해 줍니다. 구조, 형상, 기능, 작인은 의미의 원리적 형성의 근거가 되며 건축적 개념의 중심이 됩니다.

용어의 위계와 관계는 형태적인 원리와 규정을 가지고 있습니다. 건축용어는 형태 언어이며 구조언어이며 공간의 언어입니다. 이 언어들의 규칙은 문법이고 원칙입니다. 그리고 실체적 구성을 담고 있습니다.

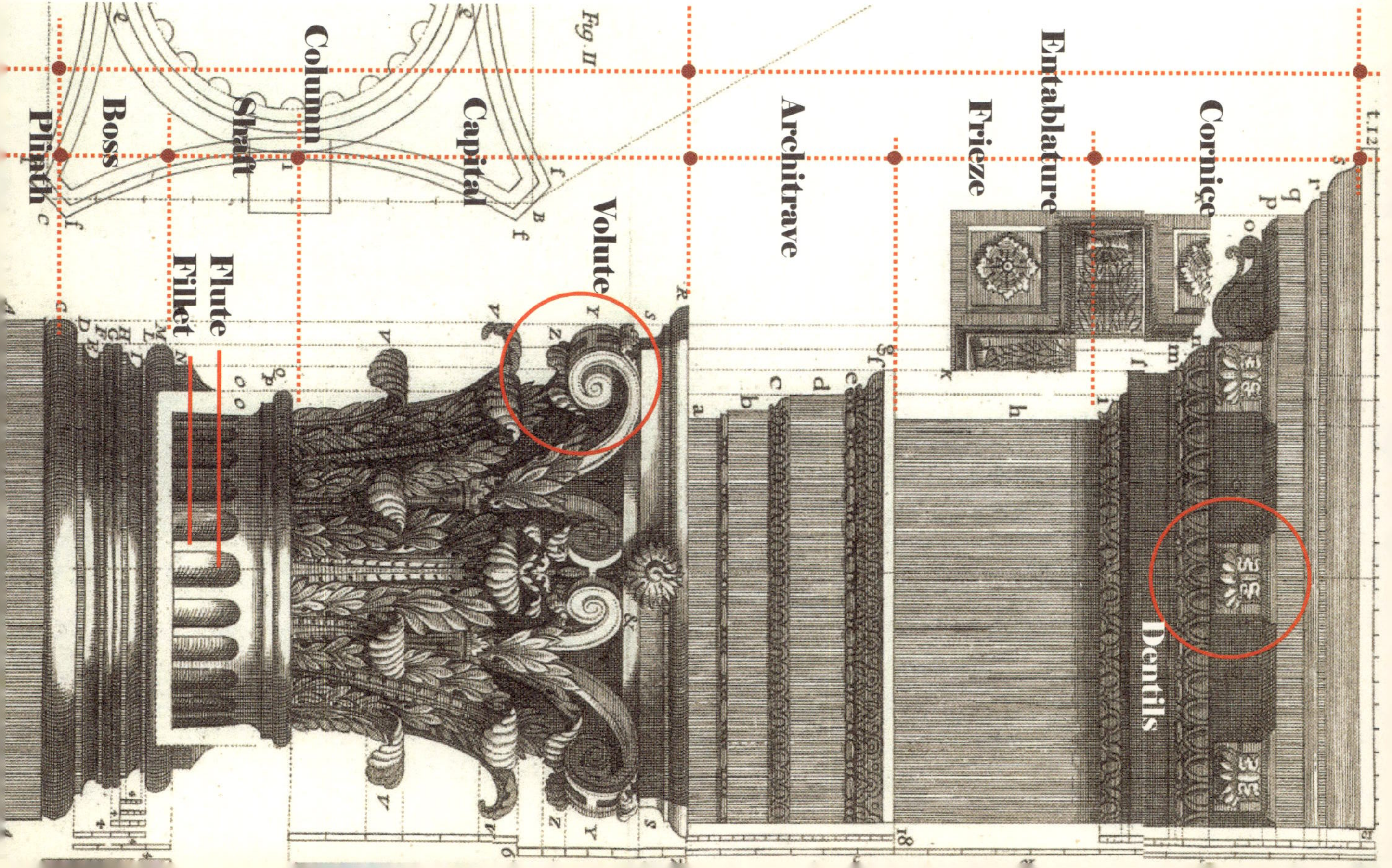

용어의 위계와 관계는 형태적인 원리와 규정을 가지고 있습니다. 건축용어는 형태 언어이며 구조언어이며 공간의 언어입니다

건축용어들은 서로간에 상하 좌우 전후의 관계를 내포하며 그 비례와 관계를 담고 있습니다. 그것은 보이지 않은 가치이며 원칙입니다. 고전의 원칙들은 형태언어를 중심으로 구성되었습니다. 그리고 그 용어들은 바로 고전적인 오더와 그 비례가 중심이 되었습니다. 그러므로 1800년대까지 모든 이론가와 건축가들은 오더로부터 건축을 배웠습니다. 고딕의 거대한 건축물까지 그 요소들은 어휘적으로 구조적으로 완성해 냈습니다. 이러한 구축은 매우 논리적 정연한 요소의 관계를 가지고 있었습니다. 그리고 공간적인 구축에서 다양한 실들은 유기적인 관계를 가지고 있었으며 그들의 관계는 언어적으로 정립되어 있었습니다. 당시의 아름다운 평면은 그렇게 결정되어 있었습니다.

여러분은 형태와 공간이면에 관계를 볼 수 있습니까 그것은 구조, 공간, 동선, 기하학, 비례와 같은 보이지 않는 것으로 묶여 있습니다.

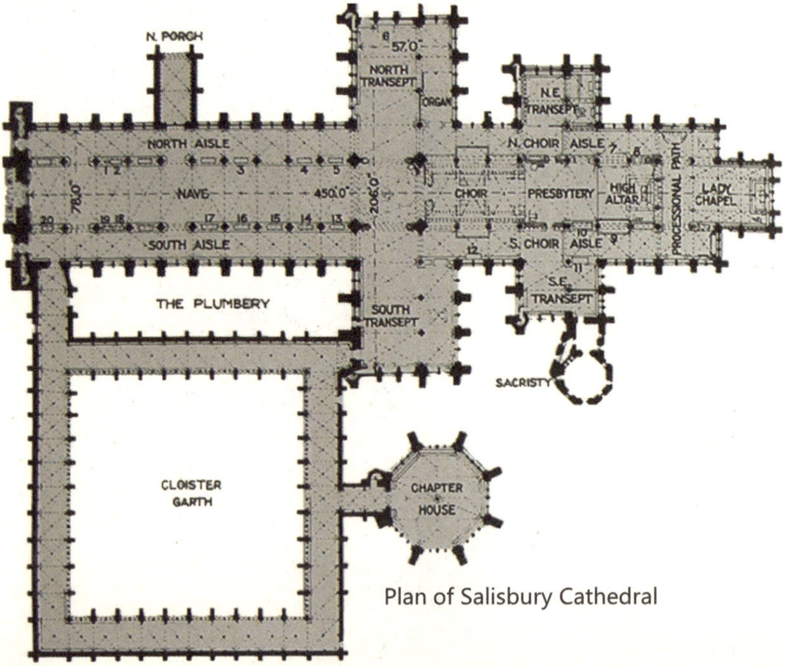

Plan of Salisbury Cathedral

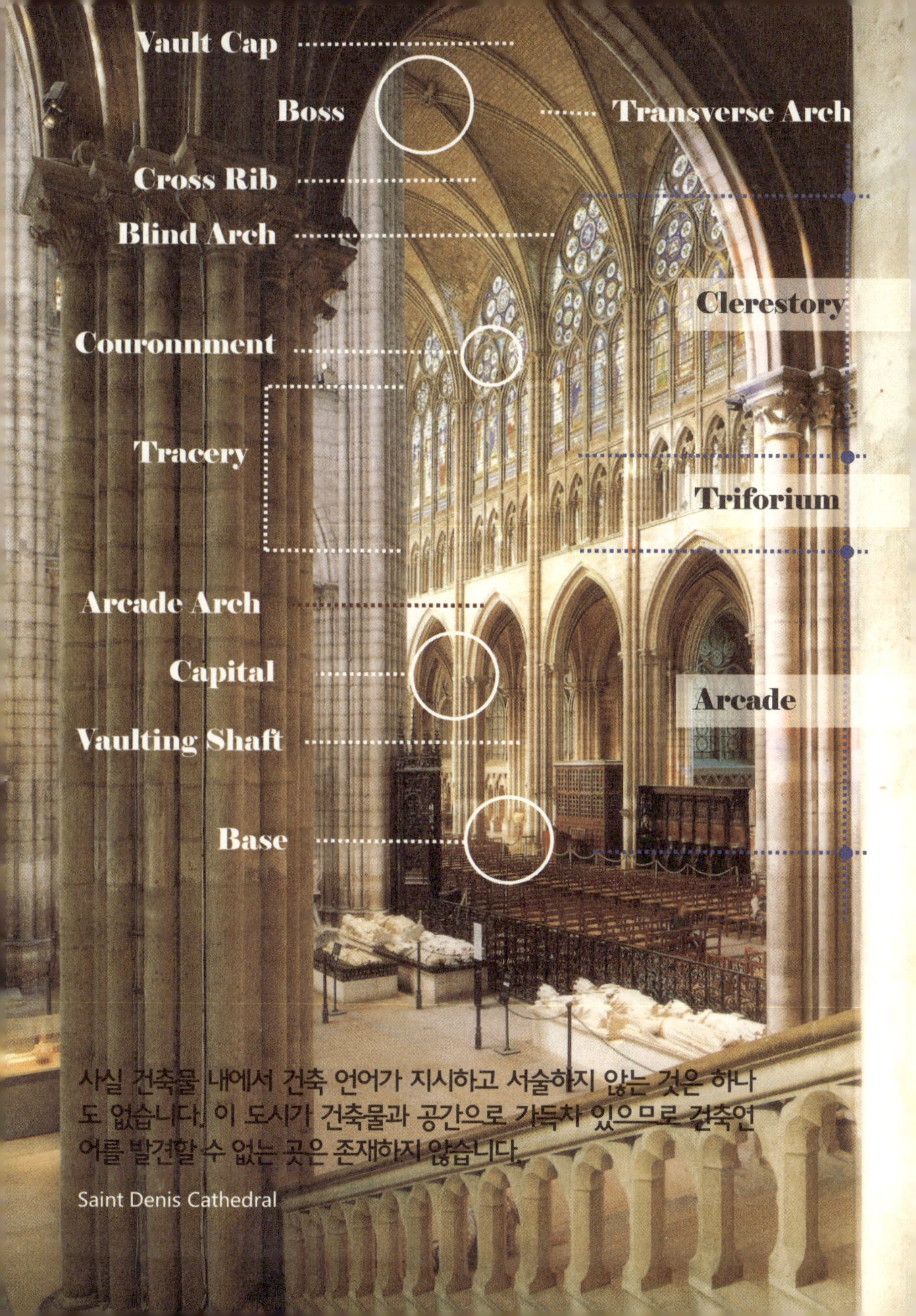

사실 건축물 내에서 건축 언어가 지시하고 서술하지 않는 것은 하나도 없습니다. 이 도시가 건축물과 공간으로 가득차 있으므로 건축언어를 발견할 수 없는 곳은 존재하지 않습니다.

Saint Denis Cathedral

언어의 측면에서 보자면 건축은 바로 구조화된 구문과 텍스트의 완성입니다.

Less is More.

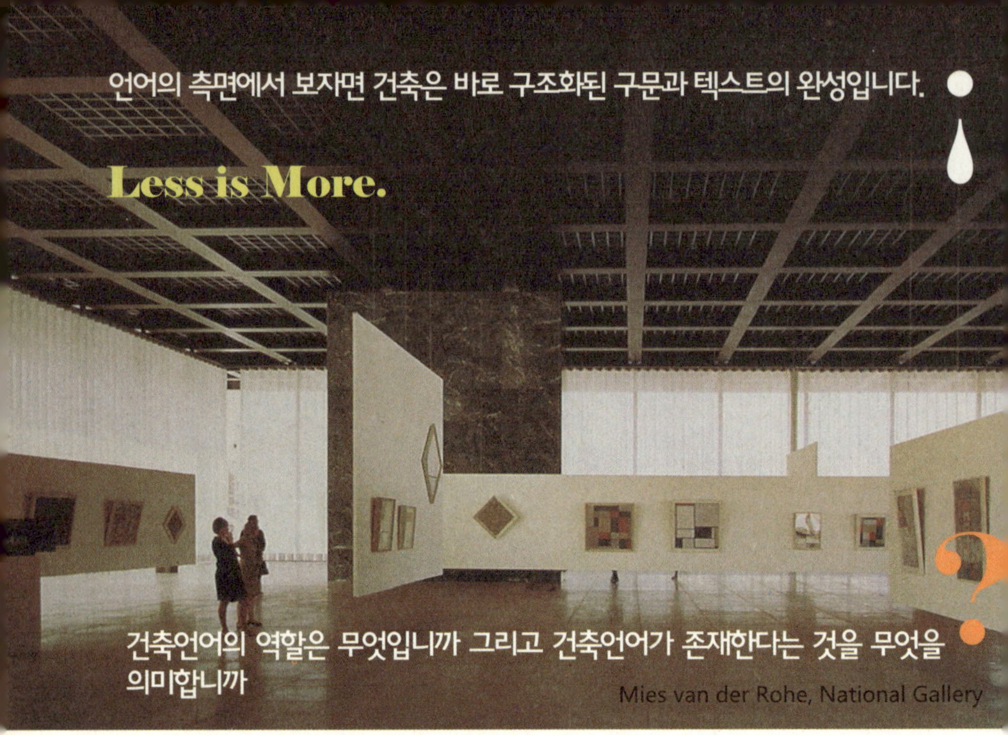

건축언어의 역할은 무엇입니까 그리고 건축언어가 존재한다는 것을 무엇을 의미합니까

Mies van der Rohe, National Gallery

언어가 형성되지 못한다면, 그 언어를 통해서 드러날 수 있는 건축적 대상과 사고 역시도 생겨날 수 없으며, 심지어 실재하는 건축적 사실과 대상이 있다 하더라도, 우리의 사고 안에서 사라지고 말 것입니다. 그러나 건축 용어가 지칭하는 대상과 사실은 언제나 존재하고 있습니다. 다만, 그것이 드러나기 위하여 반드시 언어가 필요하고, 언어는 그 존재의 정립을 돕게 되는 것입니다. 건축에서 언어를 규명한다는 것은 현대 건축이 지니고 있는 개념들을 정립하는 것입니다. 현대 건축에서 드러나는 공간과 형태를 포함한 많은 연구의 대상들이 무엇을 의미하는 것인가를 밝혀내는 것임과 동시에 끊임없는 변화와 불확정적인 현대의 양상들에 대한 최소한의 범위를 가늠하는 도구가 될 수 있습니다. 어떠한 건축적 언어가 존재한다는 사실은, 그 건축적 언어에 대하여 개념적인 정립이 이루어졌다는 것이며, 그것이 지칭하거나 의미하는 바가 실제적인 건축의 영역에서 존재하고, (적어도 건축을 전공한 사람에게는) 공통적인 인식의 대상으로서 이미지화되어 있음을 의미합니다.

Form Follows Function.

건축은 개념을 통하여 하나의 이야기를 만들고 감정을 담는 시(詩)가 될 수 있었습니다.

다시 한번 언급하자면, 건축언어를 의미 있게 하기 위해서는 그 언어의 의미를 규명하는 것과 그 언어가 생겨난 배경을 드러내고, 다른 언어와의 연관관계를 조직화하는 것이라고 할 수 있습니다. 그러한 연관관계가 긴밀할 때, 그 건축언어는 건축에 가치를 부여합니다. 다르게 말하자면, 가치 있는 건축언어는 다른 언어와 긴밀한 관계를 지니고 있으며, 다른 언어에게 지대한 영향을 줄 수 있는 의미와 형태를 내포하고 있다는 것입니다. 만약 정립된 언어와 언어 사이의 관계를 조직하거나 그 관계에서 상위언어와 하위 언어를 분류하고, 비교와 구분이 가능하다면, 건축언어는 건축 자체와 건축이 가지는 모든 가능성을 대변하는 도구가 될 수 있습니다. 오늘날의 건축은 바로 그러한 가능성 위에서 태어났습니다. 그러므로 건축언어의 최소 단위, 최소한의 한계, 최소 의미를 담는 그릇, 의미의 매개체인 건축용어를 아는 것은 모든 가능성의 시작입니다. 우리는 건축적 개념과 의미를 표현하기 위하여 언어를 사용하고 다이어그램으로 표현하고 텍스트화합니다. 그렇게 보자면, 모든 건축적 의미들은 통시적으로 공시적으로 서로 연관을 가지게 되었습니다. 점점 모든 의미들은 건축이라는 이야기의 부분이 될 수 있습니다.

13. 개념의 퍼즐 건축용어?

여러분은 얼마나 많은 건축용어를 알고 있습니까 그리고 얼마나 많은 용어를 사용하고 있습니까

언어가 형성되지 못한다면, 그 언어를 통해서 드러날 수 있는 건축적 대상과 사고 역시도 생겨날 수 없으며, 심지어 실재하는 건축적 사실과 대상이 있다 하더라도, 우리의 사고 안에서 사라지고 말 것입니다. 그러나 건축 용어가 지칭하는 대상과 사실은 언제나 존재하고 있습니다. 다만, 그것이 드러나기 위하여 반드시 언어가 필요하고, 언어는 그 존재의 정립을 돕게 되는 것입니다. 건축에서 언어를 규명한다는 것은 현대 건축이 지니고 있는 개념들을 정립하는 것입니다. 현대 건축에서 드러나는 공간과 형태를 포함한 많은 연구의 대상들이 무엇을 의미하는 것인가를 밝혀내는 것임과 동시에 끊임없는 변화와 불확정적인 현대의 양상들에 대한 최소한의 범위를 가늠하는 도구가 될 수 있습니다. 어떠한 건축적 언어가 존재한다는 사실은, 그 건축적 언어에 대하여 개념적인 정립이 이루어졌다는 것이며, 그것이 지칭하거나 의미하는 바가 실제적인 건축의 영역에서 존재하고, (적어도 건축을 전공한 사람에게는) 공통적인 인식의 대상으로서 이미지화되어 있음을 의미합니다. 다시 한번 언급하자면, 건축언어를 의미 있게 하기 위해서는 그 언어의 의미를 규명하는 것과 그 언어가 생겨난 배경을 드러내고, 다른 언어와의 연관관계를 조직화하는 것이라고 할 수 있습니다.

그러한 연관관계가 긴밀할 때, 그 건축언어는 건축에 가치를 부여합니다. 다르게 말하자면, 가치 있는 건축언어는 다른 언어와 긴밀한 관계를 지니고 있으며, 다른 언어에게 지대한 영향을 줄 수 있는 의미와 형태를 내포하고 있다는 것입니다. 만약 정립된 언어와 언어 사이의 관계를 조직하거나 그 관계에서 상위언어와 하위 언어를 분류하고, 비교와 구분이 가능하다면, 건축언어는 건축 자체와 건축이 가지는 모든 가능성을 대변하는 도구가 될 수 있습니다. 오늘날의 건축은 바로 그러한 가능성 위에서 태어났습니다. 그러므로 건축언어의 최소 단위, 최소한의 한계, 최소 의미를 담는 그릇, 의미의 매개체인 건축용어를 아는 것은 모든 가능성의 시작입니다.

여러분은 최소한의 용어를 머리 속에 이미지화하여 둠으로써 더 많은 경우에 적절히 사용할 수 있습니다.

가구식 columnar and Trabeate : 기둥과 보 혹은 상인방을 사용하는 방식 곧 아치의 원리를 사용하지 않는 방식 가로틀 transom : 관 중간 혹은 창의 개구부를 가로지르는 나무나 돌로 된 수평막대 간주 studs : 목조 주택의 수직 부재 강철 구조 steel frame : 건물이 서 있는데 필요한 구조적 요소를 모두 제공해 주는 철골 구조 개선문 triumphal arch : 승리를 기념하기 위해 세운 로마의 기념 아치로서 비문이나 부조 등이 새겨져 있다. 중앙의 커다란 아치 양쪽에 작은 아치들을 둡니다. 갤러리 gallery : 1. 건물의 외벽을 따라서 외부로 확장된 보행 공간 2. 중세나 르네상스 시대 건축에서 길고 좁은 방 거대오더 clossal order : 기둥이 여러 층에 걸쳐 솟아 오르는 오더, 거인 오더 giant order 라고도 합니다. 거대한 기둥양식 giant order : 정면을 명확히 나타내기 위해 사용된 벽기둥이나 반(半)기둥으로 2층이상 높이로 올라가 있습니다. 건설 construction : 기술적 문제를 해결하여 구조적 효능을 추구하는 행위 firmitas 건식 접합 dry-jointed : 모르타르 없이 접합하는 방식 건축디자인 architectural Design : 인간이 조성하는 환경에 관련되는 기능적, 기술적, 형태적 문제에 대한 통합된 해결, 계획, 형태구성, 구조의 통합 게쉬탈트 gestalt : 잘 만들어진 예술 작품의 역동적인 통일성을 가리키는 용어로서 각 부분들을 떼어내어 분석하면 특질을 파악할 수 없을 정도로 통합된 구조를 의미합니다. 격자천장 coffering : 움푹 파낸 관으로 지붕이나 돔을 구성하는 방법 경계벽 Party wall : 부분의 땅이나 주택을 나누어 공동 경계선을 형성하는 벽 경사 코니스 raking cornice : 페디먼트의 경사면에 만들어진 코니스 경험주의 Empiricism : 모든 지식은 감각적 경험에서 비롯한다는 이론 계몽주의 Enlightment : 개인, 범세계적인 인류의 진보, 과학의 경험적 방법, 이성의 자유로운 사용 등을 강조한 18세기의 철학사조 계획 planning : 기능적인 문제를 해결함으로써 운용적 효능을 목표로 하는 행위 utilitas 유용성 고딕 gothic : 12세기 중반에서 르네상스 시대 이전까지의 유럽 중세 건축에 붙인 명칭, 포인티드 아치, 플라잉 버트레스, 리브 볼트가 그 특징입니다. 고인돌 dolmen : 거대한 덮개용 석판을 얹은 여러 거석들로서 선사시대에 세워졌습니다. 고전적 classical : 그리스와 로마의 건축 그리고 그 특성을 계승한 건축을 가리키며 특히 고전적 오더의 사용을 가리킵니다. 고전주의 classicism : 고대 그리스 혹은 로마의 문학, 예술 건축에서 형성되었던 원리나 양식. 공간 space : 물리적 요소들로 구획된 3차원적 실체 개념적 공간 conceptual space : 눈을 감고 사고할 수 있는 공간 물리적 공간 physical space : 물리학의 법칙이 적용되는 연속체 시각적 공간 visual space : 눈에 보이는 공간 실존적 공간 existential space : 어린 시절부터 형성되어온 심적인 개념으로 중심, 통로, 영역으로 이루어진 정신적 개념 행태적 공간 behavioral space : 실제 인간이 활동할 수 있는 공간 공공 욕장 thermae 각각 다른 온도의 물이 담긴 큰 홀(칼다리움, 테피다리움, 프리기다리움과 함께 오락시설이 있던 로마의 공공 욕장) 과립상 기법 granulation : 보석세공에서 주로 금과 같은 금속 알갱이를 평평한 면에 땜질해서 붙이는 장식 기법 광장 forum : 로마시대 건축에서 주로 공공 건물과 열주랑으로 둘러싸인 중앙의 옥외 공간, 그리스의 아고라에 해당합니다. 교차부 crossing : 십자형 교회에서 네이브와 트란셉트가 교차하는 부분의 공간 교회 church : 그리스도교의 주된 종교적 건물 구석기 시대 paleolithic : 중석기 시대에 선행하는 시대를 가리키는 용어로 석기의 사용과 동굴벽화가 특징이다. 전기 구석기인 BC 32000 년이전은 유목적인 수렵인이었으나 후기 구석기시대인 BC32000-8000은 전문화된 수렵인이었습니다. 구성 composition : 형태의 문제를 해결함으로써 시각적 효능을 추구하는 행위 우아함 venustas 구성주의 constructivism : 입체파의 한 유파로서 2차원 면들을 형태적으로 구성하는 것과 3차원적 볼륨을 현대의 공장 생산된 재료로 표현하는데 관심을 가졌습니다. 구심력 concurrent force : 움직임을 갖는 물체들의 힘이 한 점에서 모일 때 나타나는 힘. 구조체계 structural systems : 건축물을 지지하는 구조의 하중전달 방식과 형태를 일컫는 말. 국제주의 양식 international style : 1920년대 유럽에서 발전한 건축양식에 붙인 이름으로 그 특징은 기능의 강조, 전통적인 장식 모티프의 거부 등이 있습니다. 궁륭 groin : 두 개의 볼트가 만났을 때 형성되는 모서리나 이랑

궁전 palazzo : 대규모 도시 주거를 가리키는 이탈리아 말, 넓은 의미로 비교적 간소한 도시주거에서부터 대규모 공공 건물이나 종교 건물까지도 가리킵니다. 궁형볼트 segmental vault : 단면의 형상이 활모양인 배럴볼트 귓돌 quoin : 통상 조적조 건물의 외벽 모서리에 사용되는 석재로서 크기가 크고 러스티케이션 rustication 처리가 되어 있는 경우가 많고 약간 돌출되어 있습니다. 그로인 볼트 groin vault : 같은 형태의 터널 볼트 두 개를 직교시켜 얻어지는 볼트(교차 볼트)라고 합니다. 극장 theater : 고대 그리스 로마시대의 옥외 구조물로서 대개 언덕 경사면을 굴착하여 계단식 좌석들을 원호 형상으로 배치 기공점 springing : 아치의 곡선이 시작되는 지점으로 통상 아치굽 모울딩으로 표시된다. 홍예받이라고도 합니다. 기념비 cenotaph : 하나나 여럿의 인물을 기념하는 비 기념비적 monumental : 크기와는 무관하게 가식없는 장려함과 단순성을 갖는 예술 작품을 일컫는 말 기능 function : 어떤 대상을 사용하기에 적합하게 만드는 건축 형태의 수정자, 인간의 육체적 정신적 욕구와 관련이 있습니다. 기능주의 functionalism : 현대 건축의 중요한 조류로서 기능적 문제의 해결에 의해 형태가 결정되어야 한다고 봅니다. 기단 podium : 기둥을 지니하는 연속적인 기초나 대좌 기둥 column : 하중을 전달하는 수직부재로서 단면은 원형이고 주초, 주두로 구성됩니다. 기둥에 관련된 용어는 다양하다. 기본적으로 수직지지 부재 전반을 기둥이라 통칭하며 여기에 독립한 기둥을 원형기둥 column, 사각형기둥 pier, 조적조의 대형기둥 pillar로 구분합sI다. 그리고 벽면에 부착되는 경우에 원기둥의 경우는 half(quarter) engaged column이라는 용어를 쓰고 사각기둥일 경우에는 pilaster라는 용어를 씁니다. 번역본에서 일반적으로 기둥이라는 용어를 사용할 때는 기본적으로 원기둥을 사용하거나 원기둥 사각기둥 모두를 통칭합니다. 피어 pier는 사각기둥, 각기둥, 지지기둥 등으로 문맥에 따라 적절히 옮겼다. 필라 pillar는 지지주 혹은 지주로 옮겨서 사용합니다. 기둥-보 체계 post & lintel : 기본 단위가 두 개 이상의 수직 부재와 그 사이를 연결하는 수평 부재로 이루어지는 구조체계로서 고대에서 오늘날까지 광범위하게 사용되고 있다. 주로 가구식 체계라고 부릅니다. 기둥 간격 배치 intercolumniation : 고전 건축에서 기둥간격, 비례체계에 따른 기둥 간격의 배치 기술 technic : 건축재료와 건설방법으로 구성되는 건축 형태의 수정자 기초 base : 구조체의 최하부, 이오니아 혹은 코린트식 기둥의 최하부(주초), 원기둥이나 사각기둥이 서는 조적 구조물 기호론 Semiotics : 기호와 상징에 관한 일반적인 철학이론으로서 인공언어와 자연언어 모두의 기능을 다룹니다. 기호학 Semiology : 기호를 다루는 학문 길드 guilds : 은행가나 제조업자의 독립된 조합 꽂임 촉 dowel : 석재의 켜가 어긋나는 것을 방지하기 위해 켜 사이에 끼우는 목재 혹은 금속 핀 나르텍스 narthex : 교회의 네이브로 들어서기 전에 자리하는 현관부나 전실로서 일반적으로 열주랑이나 아케이드로 전면을 구성합니다. 나오스 naos : 그리스 신전에서 신의 조상을 보관하는 성소 혹은 주실 나타치오 natatio : 고대 로마 욕장의 옥외 수영장 난간 기둥 balustrade : 발루스터 baluster라고 부르는 짧은 기둥들로 이루어지며, 그 위에 난간을 얹습니다. 난쟁이 오더 dwarf-order : 애틱 층의 높이로 낮게 축소시킨 기둥이나 벽기둥의 열

난쟁이 회랑 dwarf gallery : 건물 외벽에 작은 아케이드로 만들어 놓은 통로, 주로 이탈리아와 독일의 로마네스크 건축에서 사용되었습니다. 납골당 crypt : 볼트 천장으로 된 건물의 저층부로서 전체 혹은 일부가 지하 중세 건축에서는 보통 앱스나 챈슬부의 지하층 낭만주의 Romanticism : 18세기 발생한 문학, 예술, 철학의 조류로서 원시적인 것의 찬미, 자연의 감상, 고대에 대한 관심, 우울함에 대한 편애 등을 강조합니다. 내쌓기 corbel : 구조체 상부에 돌출시킨 지지 벽체 또한 석재나 벽돌의 층을 그 아래의 층보다 돌출 시켜 쌓는 방식을 말합니다. 두 방식 모두 정점에서 만나 아치 형태를 만듭니다. 내쌓기 아치 corbeled arch : 가짜 아치라고도 하며, 양쪽의 석재들을 조금씩 내밀어 쌓으면서 좁혀나가 마지막에 그 사이를 하나의 판으로 덮습니다. 내쌓기 켜 corbeling : 네쌓기를 한 벽돌이나 석재의 조적 켜 냉탕식 frigidarium : 로마시대 욕장의 냉탕실

네이브 nave : 교회에서 주 출입구와 성가대석 사이에 자리하는 부분으로서 사각기둥이나 원기둥으로 아일과 분리된다. 네비브는 본진, 본랑으로도 번역됩니다. 이 방식에 따르면 측랑, 트랍셉트는 수랑으로 번역합니다. 노르만 norman : 영국의 로마네스크 양식에 붙인 이름 능보 bastion : 성이나 오새의 커튼월에서 돌출되어 나와 있는 부분. 능보에서 불이 나면 벽으로 둘러싸인 부분이 화염에 휩싸일 수 있게 자리해 있습니다. 니치 niche : 벽의 후퇴부로서 주로 조각상이나 장식을 둡니다. 벽감(壁龕) 다가바 dagoba : 싱할리즈어인 다가바는 사리를 의미하는 dhata와 자궁을 의미하느 garbha가 합성된 용어입니다. 스리랑카의 스투파를 의미합니다. 다다이즘 Dadaism : 1916년 스위스 취리히에서 발생한 미술, 희곡, 문학의 국제적인 운동, 직감과 비합리성을 냉소적으로 표현한다, 초현실주의의 선두주자 다주식 hypostyle : 지붕(주로 평지붕)을 양쪽의 기둥만이 아니라 기둥들 전체에 얹는 방식 다주실 hypostyle hall : 수많은 기둥들로 지붕을 지지하는 홀, 대규모의 폐쇄 공간을 이룹니다. 이집트 탑문식 신전의 열주홀이 그 예입니다. 단 dais : 홀의 끝에 높이 올린 대 단면 section : 건물이나 구조체의 일부를 가상의 수직면으로 잘라서 보여주는 도면 혹은 표현 방법 단일거석 monolith : 단일한 거대한 거석 닫집 canopy : 천개라고도 함. 무덤이나 설교단. 벽감과 같은 작은 개방된 구조 위를 덮고 있는 장식. 대개 기둥 위에 얹혀 있습니다. 대좌 plinth : 주초에서 가장 아래의 부재 혹은 조상의 기초로서 사용되는 부재 대칭 symmetry : 미적 균제로서 형태를 실제의 혹은 상상의 축에 관련지어 배치함으로써 이루어집니다. 그럴 경우에 한쪽이 다른 한쪽과 형태, 색체, 질감 등에 있어 대응합니다. 대현관 portal : 대형교회 혹은 대형 건물의 입구나 현관처럼 특히 위풍당당한 모습의 문을 가리킵니다. 데쿠마누스 decumanus : 에트루리아 혹은 로마시대의 도시에서 카르도와 작교하는 동서방향의 도로 도기 pottery : 진흙으로 만들어 불로 구운 용기

도릭 오더 doric order: 세 가지 고전적 오더 중 가장 단순한 첫 번째 오더로서 주초가 없고 주신은 상대저으로 짧으며 예리한 단부가 바닥면과 직접 만납니다. 장식이 없는 단순한 에키누스와 정사각형의 아바쿠스를 갖는다. 로마시대의 도리스 오더와 비슷하지만 주초를 갖습니다. 도무스 domus : 로마건축에서 부유한 계층의 단독 주거 돌림띠 : 조적조로 된 수평 모울딩 혹은 띠로서 장식용이긴 하지만 대개의 경우 내부의 구조를 나타내 보입니다. 돔 dome : 반구형 볼트, 이론적으로는 수직축을 중심으로 한 바퀴 회전시킨 아치

돔형 볼트 domical vault 사각형 혹은 다각형의 기단 위에 직접 올린 돔으로서 곡면은 교차부에서 분리됩니다. 드럼 drum : 돔을 지지하는 원형의 벽체 또는 원통형 주신을 이루는 여러 개의 석재 중 하나 드로모스 dromos : 벌집형 무덤으로 들어가는 통로 드로잉 drawing : 이미지를 설명하는 점, 선, 톤, 질감 등을 그리기 위해 연필, 펜 혹은마커로 표면의 형과 형태를 묘사하고 재현하는 그래픽 과정 등각투상도 isometric projection : 건물을 3차원으로 보여주기 위한 기하학적 도면으로 모서리가 실제 비례와 같은 평행 투영. 디아코니콘 diaconicon : 비잔틴 건축에서 교회에 부가시키거나 교회냐에 둔 공간. 구빈원(救貧院) 띠벽 fascia : 평탄한 수평띠, 통상 아키트레이브에 속합니다. 랜턴 lantern : 실내쪽으로 하부가 트여 있는 탑으로서 빛을 받아들이기 위한 창이 나 있다. 돔이나 큐폴라의 정상부에 올린 창이 있는 작은 종탑 러스티케이션 rustication : 대형 석재로 벽체를 쌓는 방식으로서 석재 사이의 결합부는 깊이 파내어 집니다. 이 방식은 외부 벽면에 풍부하고 대담한 질감을 만들어주며 주로 아래층에 사용됩니다. 레이디 채플 Lady chapel : 성처녀 마리아에게 봉헌된 채플로서 통상 챈슬부 동쪽에 자리하며 주 건물에서 돌출됩니다. 로마네스크 Romanesque : 카롤링 왕조 시대와 고딕시대의 양식으로 육중한 조적벽체, 두터운 비례, 반원형 아치, 배럴 볼트→그로인 볼트→ 리브 볼트로 이어지는 볼트 구축법의 재발견 등을 특징으로 합니다. 로지아 loggia : 측면에 개방된 아케이드나 열주랑을 갖는 회랑 로코코 Rococo : 물 흐르는 듯한 선, 아라베스크 풍 장식, 장식적인 스터코, 각기 다른 성격의 요소들을 단일한 볼륨으로 빚어 내는 것 등을 특징으로 합니다.

로툰다 rotunda : 원형 건물을 일컫는 말로서 반드시 돔 지붕일 필요는 없습니다. 리듬 rhythm : 질서 있게 되풀이되는 보이거나 들리는 가운데 느끼는 강약의 교대 리브 rib : 세장하게 모울딩한 조적조 아치로서 표면에서 돌출해 있다. 고딕 건축에서 리브는 볼트 전창의 뼈대를 형성합니다. 리브볼트 rib Vault : 대각선으로 교차하는 리브들로 이루어지는 뼈대로 그 사이에 자리한 작은 구획들을 지지하는 볼트 마드라사 Madrasah : 이슬람교도의 학교로서 대개 이슬람교 사원에 부설됩니다. 마루대 ridge-beam : 경사지붕 최상부의 보 마스터바 mastaba : 고대 이집트의 벤치모양의 무덤 마천루 skyscraper : 철골조로 건설되는 고층 건물로서, 고속 엘리베이터가 설치되며 내부의 실 자체는 저층 건물과 마찬가지지만 건물의 높이가 현저하게 높습니다. 매너리즘 Mannerism : 성기 르네상스와 바로크 사이의 양식, 그 특징은 고전적 요소의 특이한 사용방식, 부자연스러운 비례, 의도적으로 대립되는 양식의 사용 등을 특징으로 합니다. 매스 Mass : 공간 속에서 물질이 갖는 크기, 밀도, 무게 등의 효과와 정도, 2차원의 평면이나 영역에 비하여 3차원 공간으로 형태를 나타냅니다. 맥락주의 contextualism in architecture : 포스트 모던의 한 경향으로서 개개의 건물과 주변 환경의 상호연관성에 관심을 갖습니다. 멀리온 mullion : 창을 분할하는 혹은 창 사이를 분리시키는 수직 부재 메가론 megaron : 두 개의 기둥을 갖는 옥외 현관을 전면에 둔 커다란 사각형의 주거용 홀로서 그리스에서는 미케네 시대부터 전통적으로 사용되었습니다. 메타볼리스트 Metabolists : 현대 건축이 기계적 유추로 대치하려고 시도했던 일본 건축가 집단, 이들은 거대한 스케일의 총체적 인공환경에 관심을 보였습니다. 메토프 metope : 도리스식 엔타블레춰에서 프리즈의 한 부분으로서 트리글리프 사이의 빈 부분입니다. 처음에는 평평한 채 두었지만 나중에는 조각을 새겼습니다. 모듈러 Modulor : 르 꼬르뷔제가 Le Modulor(1951)라는 책에서 제시한 비례 체계, 남자의 신체에 기초하며 건물 각부의 비례를 결정하는데 사용했습니다. 모듈 module : 건물 전체 혹은 일부의 비례를 규정하는 단위 치수 모스크 mosque : 이슬람 교도의 기도장소, 이슬람 사원 모울딩 molding : 연속되는 좁은 면으로서 돌출되거나 함몰되고 평탄하거나 장식으로 처리하는 것입니다. 그 목적은 표면을 빛과 그림자 효과를 통해 분절하고 강조하고 장식하려는 것입니다. 모자이크 mosaic : 벽면이나 바닥면의 장식 기법으로서, 유리, 돌, 대리석 등의 작은 조각이나 네모진 조각들을 회반죽으로 접착시켜 만듭니다. 문설주 jamb : 문이나 창문의 수직 측면 문장 coat of arms : 중요한 가문이나 지도자의 이름을 대표하는 상징 문양 문틀 홈 reveal : 문틀 또는 창틀을 끼우기 위해 벽체에 만든 홈으로서, 문틀 바깥 쪽으로 벽의 두께를 볼 수 있다. 미 beauty : 감각에는 즐거움을 마음에는 희열을 주는 것으로 미학적인 감각의 대상입니다. 미나렛 minaret : 이슬람교 사원에 부착된 높고 세장한 탑 혹은 종탑입니다. 미래파 Futurism : 1910년경 이탈리아에서 시작된 문학, 음악, 미술, 건축의 운동으로서 기계의 역동적인 에너지와 움직임을 형태적으로 표현하려 했습니다. 미학 aesthetics : 철학의 한 분야로서 미의 본성과 미에 관련된 판단을 다툰다. 형태와 관계가 있습니다. 미흐랍 mihrab : 이슬람교 사원에서 메카의 방향을 가리키는 벽감 niche 민바르 minbar : 모스크의 설교단 밀레토스식 배치 Milesian layout : 균일한 너비의 가로와 거의 균일한 크기의 주거 구획으로서 이루어지는 규칙적인 격자 패턴을 사용하는 도시계획 바로크 Baroque : 1600년경 이탈리아 매너리즘 이후의 양식으로서 후에 전 유럽으로 전파되었습니다. 역동적인 선과 매스, 고전적 모티프의 자유로운 사용이 그 특징이었습니다. 바실레우스 Basileus : 왕이나 황제를 가리키는 그리스(비잔틴) 용어 바실리카 basilica : 로마시대에 소송이 열렸던 대규모의 공공 집회시설, 초기 그리스도교 건축과 그 이후의 건축에서 네이브와 아일로 구성되고 창이 아일 지붕 위(클리어스토리)로 나 있는 건물 바우하우스 Bauhaus : 1920단대 독일의 바이마르와 뎃사우에서 설립된 디자인 및 건축학교로서 현대 건축에 커다란 영향을 미쳤습니다. 박공 gable : 박공 지붕의 삼각형 단부, 고전 건축에서는 페디먼트 pediment라고 부릅니다.

박공지붕 gable roof : 양쪽으로 경사 지붕을 두고 단부에 삼각형 박공이 있는 지붕반기둥 half column : 원기둥을 수직으로 반을 나누어 벽면에 부착시킨 것으로서 장식으로 혹은 아치를 받는 벽기둥으로 사용됩니다. 반원 아치 round or semi-circular arch : 단순한 반원형의 홍예석으로 이루어진 가장 평범하고 기본적인 아치 발코니 balcony : 벽에서 돌출된 난간을 두른 바닥판 방사상 채플 radiating chapel : 앱스에 부가된 채플로서 그 모양이 방사상으로 펼쳐집니다. 배럴 볼트 barrel vault : 반원통형 볼트로서 연속적인 지지체와 버트레스를 필요로 합니다. 버트레스 buttress : 추가적인 지지, 혹은 볼트나 아치의 횡추력을 지탱하기 위한 조적 벽체, 부축벽, 버팀벽입니다. 버팀목 strut : 경사 지붕면에 수직이고 대들보나 서까래를 바치는 경사 보 버룬 프레임 balloon framing : 미국과 스칸디나비아에서 사용되는 목구조 방식 법칙 precept : 하나의 규칙, 원리, 공리 벌집형 무덤 beehive tomb : 벌집모양을 한 지하무덤으로서 내쌓기 볼트로 축조된다. 선사시대의 그리스 유적에서 발견되었습니다. 베마 bema : 아고라나 광장에 마련된 공공 연설단, 혹은 초기 그리스도교 건축에서 동쪽 단부에 만들어 놓은 사제단 베이 bay : 내부 공간의 구획 단위, 로마네스크와 고딕 교회에서는 아케이드의 횡단 아치와 지지기둥을 이용해서 건물을 베이 단위로 구획합니다. 기둥간격으로 옮기기도 하는데 문맥의 흐름상 주로 베이라는 용어가 더욱 가깝습니다. 베이윈도우 bay window : 건물 전면에 돌출된 각이 져 있거나 곡선을 이룬 창, 곡선인 경우에는 활모양 창 bow window라고도 부릅니다. 최상층에 있을 때 오리엘 oriel 혹은 오리엘 창이라고 부릅니다. 벤벤 ben-ben : 피라미드 모양의 돌로서 이집트의 태양신 레 Re의 신물(神物) 벽기둥 필라스터 pilaster : 벽면에서 돌출된 평탄하고 직사각형의 수직 부제, 통상 주초와 주두를 가지며 통상 수직 홈이 파여 있습니다. 벽기둥 레스폰드 respond : 부착기둥이나 벽기둥 혹은 이와 유사한 구조체로서 복합 지지기둥이나 기타 유사한 지지체에서 돌출되거나 아케이드의 단부에서 벽면에 부착되어 아치의 한쪽 끝을 지지합니다. 벽기초 footing : 벽 하부에 벽돌, 석재, 콘크리트 등으로 만들어 놓은 켜로서 하중을 넓은 면적으로 분산시키기 위해 벽체보다 넓게 만듭니다. 병영 castrum : 고대 로마의 군사용 막사로서, 그 배치는 직교하는 두 개의 통로인 카르도와 데쿠마누스에 기초합니다. 보 bean : 두 지지체 사이의 일정한 스팬을 건너지르는 수평부재로서 담당하는 하중을 지지체로 전달합니다. 인방/상인방 lintel이라고 부릅니다. 복합성 comlexity : 서로 다른 요소, 성분, 특질로 구성되어 있어 시각적으로 해석하기 어려운 상태 복합오더 composite order : 로마시대에 고안된 오더로서 코린트 오더의 아칸투스 잎을 이오니아식 주두의 와형 장식 volute과 결합한 것. 복합지지기둥 compound pier : 부착되거나 분리된 혹은 반원형의 기둥들을 지지기둥의 전면에 놓은 복합기둥 속주 혹은 다발 기둥 clustered pier라고 부릅니다. 볼트 vault : 주 아치를 연결하는 조적조 지붕 혹은 천장, 단면이 반원통형인 배럴 볼트는 사실상 깊이가 깊은 아치 혹은 끊이지 않고 이어진 아치입니다. 부조 relief : 배경에서 형상이나 대상이 도드라지게 표면을 조각하는 기법. 고부조 haut-relief는 깊이 깍은 것이고 저부조 bas-relief는 얇게 깍은 것입니다. 부착기둥 engaged column : 벽면에서 돌출되어 벽면을 시각적으로 분절하는 원기둥으로서 기둥모양을 하지만 실제 지지 기능은 없는 기둥 형태 부축벽 abutment : 아치나 볼트의 횡추력을 지탱하도록 만든 조적조의 구조체, 건물에서 버팀벽 buttress으로 작용하는 부분 부크라니아 bucranium : 화환으로 장식된 황소 두개골로 이루어진 조각 장식, 로마 건축의 이오니아식 신전에서 찾아볼 수 있습니다. 블레우테리온 Bouleuterion : 그리스 원로원 혹은 시의회 건물 브라켓 bracket : 수직 부재를 지지하기 위해 수직의 벽면에서 돌출시킨 부분. 까치발 console은 좀더 장식적인 브라켓입니다. 브루탈리즘 Brutalism in architecture : 강렬한 형상과 거친 표면을 강조하는 현대 건축의 한 경향으로서 매끄럽고 깊이가 없는 커튼월과는 대립되는 양식. 르 꼬르뷔제의 마르세이유 주거단지에서 비롯하여 그의 추종자들은 다른 건물 재료로도 확장시켰습니다.

브리즈 솔레이유 brise soleil : 햇빛의 눈부심을 막기 위해 창문위에 설치한 차폐물, 오늘날 건축에서 이러한 차폐물은 대개 루버 형태를 취하며 통상 건축의 영구적이고 효과적인 부분을 이룹니다. 블라인드 아케이드 blind arcade : 실제 개구부 없이 벽면에 장식으로 만들어 놓은 아케이드. 비대상적 예술 Non-objective Art : 추상 표현주의, 구성주의 앵포르말 informal 아트 같은 양식들을 총칭하는 용어. 비례 proportion : 양과 크기의 비교. 비례는 종종 수적 관계로 표기되거나 '~보다'와 같은 관계로서 표현합니다. 비잔틴 Byzantine : AD 5세기경 콘스탄티노플에서 발전한 양식으로서 아직까지도 일부 지역에서 사용되고 있다. 원형 아치, 부분 돔, 대리석판의 사용 등이 그 특징입니다. 빗물받이 impluvium : 로마시대 주거의 중정 atrium을 덮는 지붕에서 떨어지는 빗물을 받기 위하여 만들어 놓은 사각형 모양의 물받이 사각면 chamfer : 판이나 기둥의 모서리를 경사각으로 잘라내서 형성되는 면 사분볼트 quadripartite vault : 직교하는 두 개의 배럴 볼트로 형성되는데, 네 개의 삼각형 구획으로 분할됩니다. 이들 구획의 면이 만나는 부분은 리브로 보강하거나 교차하는 선으로만 남겨 둘 수 있습니다. 사실주의 realism : 예술은 자연을 이상화하지 않고 표현해야 한다는 교의 사제석 Presbytery : 교회에서 높은 제단이 자리하는 부분으로서 넓게는 동쪽 단부 전체를 일컫는다. 건축적으로 성소 santuary와 같은 말입니다. 사판식 quatrefoil : 네 장의 잎이나 꽃잎을 갖는 건축 양식 삼석식 구조물 trilithon : 곧추 세운 두 개의 석재 위로 수평의 석재를 올려놓는 선사시대의 기념물, 스톤헨지가 그 예입니다. 삼판식 trefoil : 세 장의 잎이나 꽃잎을 갖는 건축 양식 상대적 크기 relative scale : 이미 알고 있는 대상을 표현시킴으로써 회화나 드로잉, 사진에서 표현된 크기. 상대적 크기는 언제나 경험적인 정보를 통하여 이루어집니다. 상심 아치 stilted arch : 아치가 시작되는 지점이 아치굽보다 높아서 하단부의 측면이 수직으로 보이는 아치. 서까래 rafter : 경사 지붕에서 기와를 얹는 널빤지를 받치는 경사보 서측 정면 west front : 대규모 교회에서 네이브 단부가 이루는 주 정면. 성 베드로 성당에서처럼 서측정면부가 동쪽을 향하더라도 관습적으로는 그렇게 부릅니다. 서측정면부 Westwork : 여러 층의 구조물로서 서측 정면과 여러 개 탑들로 구성됩니다. 중세 교회의 서쪽 단부에 놓입니다. 석관 sarcophagus : 돌로 만든 관 선 line : 점이 움직인 궤적으로서 선의 방향과 무게에 따라 다른 심리적 효과가 만들어진다. 예술에서 선은 공간을 정의할 뿐만 아니라 윤곽을 형성하거나 구획을 지으며 매스와 입체의 화영을 만들어 냅니다. 선돌 menhir : 선사시대의 단일 거석으로서 다듬지 않았거나 거칠게 다듬었습니다. 이는 외따로 세워지거나 다른 것들과 함께 열이나 원을 이루며 세워지기도 합니다. 선형 볼트 fan vault : 부채살 모양으로 펼쳐진 볼트 성가대석 choir : 교회에서 성가대가 앉는 부분으로 원래 챈슬부의 서쪽에 자리합니다. 중세의 대성당에서는 성가대석이 교차부 아래 혹은 챈슬부 서쪽에 자리 잡지만, 대개는 챈슬부와 동일한 의미로 사용됩니다. 성구실 vestry : 교회 내의 한방, 혹은 교회에 부가한 별개의 건물로서 의식용 예복과 성구를 간수하는 곳. sacristy라고도 한다. 어떤 교회에서는 채플이나 회합장소로 사용한다. 성궤 tabernacle : 성체(聖體)나 혹은 성스러운 유물을 보관하는 용기나 후퇴부 성소 sanctuary : 교회의 주 제단 주변지역. 성식(盛飾)양식 decorated style : 영국 초기 고딕 양식에 뒤이은 양식. 정교한 곡선 트레이서리, 대담한 공간적 효과, 복잡한 모양의 리브볼트, 포인티드 아치, 자연주의적 잎 조각 등이 특징입니다. 성역 temenos : 그리스 건축에서 벽으로 둘러싼 성스러운 영역으로서 신전이나 제단을 포함합니다. 세례당 baptistery : 세례의식이 거행되는 별개의 건물, 혹은 교회의 일부 세르답 serdab : 죽은 사람의 조상을 안치하기 위해 피라미드에 숨겨 놓은 작은 방 세이첸토 Seicento : 1600년대 이탈리아 예술 셀 cell : 작은 구획, 그로인 볼트나 리브볼트의 한 구획 셀라 cella : 고전적 신전의 핵심으로서 사방이 둘러싸인 방, 통상 의식을 위한 조상이 서 있습니다. 소첨탑 pinnacle : 주로 장식 용도의 작은 첨탑이지만, 고딕 건축에서는 버트레스나 지지기둥에 하중을 부가하는 역할을 합니다. 소첨탑 turret : 주로 원형계단실 상부에 올린 작은 탑, 장식용으로도 만듭니다.

수도원 abbey : 수도원장이나 수녀원장 혹은 수도원자체로 운영하는 종교단체, 수도원 교회는 수사 혹은 수녀를 수용하기 위한 대규모의 성가대석 choir같은 특징적인 요소들을 갖고 있습니다. 수로 aqueduct : 로마인들이 발명한 인공 수로로서 통상 조적의 석조나 벽돌조로 되어 있습니다. 수직 이랑 fillet : 모울딩 사이라든가 특히 기둥의 홈 사이에 만들어진 좁고 평평한 띠 두 홈이 만나서 하나의 능선을 형성할 때 모서리 arris라고 부릅니다. 수직 양식 Perpendicular : 영국 고딕의 말기 양식으로서, 14세기 후반에 성식 양식을 대체하여 17세기까지 계속되었다. 경쾌한 비례, 큰 창, 창과 벽면의 직선적인 격자 트레이서리, 얕은 모울딩, 선형 볼트 등의 특징을 갖고 있습니다. 수직 통로 무덤 shaft grave : 깊은 수갱 형식의 무덤으로서 실제 사제를 묻는 지점은 수갱의 기저부 혹은 기저부의 벽감이 됩니다. 순수파 purism : 1918년 르 꼬르뷔제와 오장팡이 설립한 입체파로서 비대상적인 요소를 거부했습니다. 주로 건축에 커다란 영향력을 발휘하였습니다. 쉘 shell : 달걀 껍질 원리를 이용한 얇고 스스로 지탱하는 막, 목조나 콘크리트조로 지붕을 만드는데 사용됩니다. 쉬베이 chevet : 성가대석, 회랑, 방사상 채플을 포함하는 로마네스크 교회의 동쪽 단부 스케네 skene : 그리스 극장에서 무대 뒤쪽에 세운 건물(혹은 건물의 정면)으로서 건축적 배경을 이룹니다. 스케일 scale : 건물 또는 대상의 전체나 부분을 용도나 기능에 관련지어 나타내는 치수, 건축 도면에서 건물의 실제 크기와 도면에서 나타나는 크기 사이의 관계, 척도 혹은 축적으로 이해되기도 합니다. 스케치 sketch : 일반적으로 필요한 기본 선만을 사용하여 물체나 형태를 묘사하는 그래픽 과정 스퀸치 squinch : 돔을 얹기 위해 기단을 사각형에서 다각형으로 전이시키는데 필요한 요소. 인방이나 내쌓기나 아치로 구성되기도 합니다. 스타일로베이트 stylobate : 그리스 신전의 기초에서 가장 윗부분으로 기둥을 받치는 기단 역할을 합니다. 스터코 stucco : 벽면의 마감이나 장식을 위해 사용하는 정제한 회반죽 혹은 시멘트 스테레오베이트 stereobate : 주로 벽이나 기둥 열에 대한 기초로 사용되는 견고한 매스 스텔레 stele : 직립한 석재로 형성되는 단일 거석 기념물로서 상징이나 비문이 새겨집니다. 스토아 stoa : 고대 그리스 건축에서 전면이 열주로 개방된 건물 스팬 span : 아치, 지붕, 보 등의 지지체 사이의 거리. 경간(徑間) 스팬드럴 spandrel : 아치나 창문 같은 개구부 상부에 자리하는 삼각형 혹은 사각형 판 스페이스프레임 space-frame : 공간을 에워싸는 삼차원의 틀로서 모든 부재들은 서로 연결되어 일체로 작용하며 모든 방향의 하중을 받습니다. 스핑크스 sphinx : 이집트 신화에서 사자의 몸을 하고 사람이나 새나 짐승의 얼굴을 한 괴물, 그러한 모습을 한 기념적 조각물을 일컫습니다. 시각 angle of vision : 정지된 한 시점에서 물체를 바라보는 제한된 범위의 각도 시각적 보정 : 건물이 휘어 보이거나 비례가 맞지 않아 보이는 착시를 보정하기 위해 윤곽이나 표면을 정교하게 수정하는 것. 시빌 sibyl : 그리스와 로마의 신화에서 예언가. 계시의 능력을 가진 것으로 유명한 여인들을 일컫는 말 시카고파 Chicago School : 19세기 마지막 25년 동안 시카고에서 고층 사무소 건물을 중심으로 전개된 독창적인 건축운동 신고전주의 Neoclassicism : 바로크 이후에 발생한 양식으로 고전적 형태를 아카데믹하게 사용하는 것이 그 특징입니다. 신석기 시대 Neolithic : 농업경제의 특징들이 최고로 나타나며 정착 생활을 시작하는 시대 신조형주의 Neoplasticism : 입체파의 한 유파로서 1917년 네델란드에서 탄생했다. 단순한 기하학적 형태를 강하게 주장함으로써 색채와 형태의 작용을 극도의 단순성으로 환원시키는 것이 특징입니다. 오늘날에 De Stijl운동으로 부르기도 합니다. 십자가 cruciifix : 예수가 못박힌 십자 모양의 나무틀 십자형 cruciform : 교차 형태 쌍대공 queen-posts : 연결보 위에 세운 한 쌍의 수직부재로서 주 서까래와 중도리 purlin를 지지합니다. 씨아이에이엠 CIAM (Congress International d'Architecture Moderne) : 1928년에서 1951년 사이에 현대 건축과 현대 도시계획의 신념들을 정립했던 영향력 있는 회합 아고라 agora : 고대 그리스 도시에서 공공 집회나 사업에 사용된 옥외 광장이나 공간 아레나 arena : 원형 극장의 중앙에 자리한 공간

아르누보 Art Nouveau : 1895년 1905년 사이에 회화, 건축, 실내장식, 그래픽에서 일어난 양식 운동으로서 과거의 양식을 천박하게 모방하는 것에 반발하여 시작되었습니다. 이 운동은 새로운 형태의 소재로 유기적으로 유동하는 식물 형태를 사용합니다. Floral Style이라고 부르기도 합니다. 이 운동은 독일의 유겐트스틸 Jugendstil, 이탈리아의 리버티 Liberty, 오스트리아의 세제션 Secession과 같은 경행으로 나타났습니다. 아바쿠스 abacus : 기둥의 주두에서 가장 위에 있는 부재로서 보통 얇은 판 모양으로 되어 있습니다. 아일 aisle : 교회나 바실리카에서 네이브, 성가대석, 트랍셉트와 평행하게 진행하며 사각 기둥이나 원기둥의 열 혹은 아케이드로 구획되는 공간입니다. 아치 arch : 개구부 상부를 구성하는 곡선형 구조부재로서 일반적으로 아래 방향의 하중을 옆으로 전달시키는 쐐기형 벽돌(홍예석 voussoir)로 구성됩니다. 아치굽 석재 (impost block) : 꼭대기가 잘린 피라미드를 뒤집어 놓은 모습으로 석재로서 주두와 아치 사이에 자리합니다. 아치굽 impost : 벽면에 브라켓 모양으로 돌출시켜 놓은 모울딩으로 이 위에 아치의 시작부분에 놓는다. 아치볼트 archivolt : 로마네스크 혹은 고딕의 아치에 만들어진 일련의 동신 모울딩 중 하나. 아치식 arcuated : 가구식 건물과는 대조적으로 구조적으로 아치 혹은 아치의 원리를 사용하는 건물을 가리킵니다. 아치 오더 arch order : 아치와 기둥의 결합으로 나타나는 구조체. 아칸투스 acanthus : 두껍고 육감적인 부채 모양의 잎을 갖는 식물로서 코린트 오더와 복합 오더의 주두 내지는 모울딩에 사용됩니다. 아케이드 arcade : 사각기둥이나 원기둥으로 지지되는 아치의 열, 고딕 성당 내부의 1층. 아크로폴리스 Arcropolis : 그리스 시대 도시의 높은 곳에 세워진 성채로서 대개 수호신의 신전을 세웠습니다. 아키트레이브 architrave : 엔타블레춰에서 맨 아래 자리하는 인방으로 가끔 에피스타일 epistyle이라고 부릅니다. 아파다나 apadana : 고대 페르시아 궁전의 대규모 홀 안타 anta : 경계기둥. 주초와 주두의 모습이 건물에 사용된 오더와 일치하지 않는 벽기둥. 보통 열주 현관 양쪽에 돌출한 벽면에 자리합니다. 알라 ala : 고대 로마주택에서 중정이 끝나는 부분에 양쪽 날개처럼 만들어 놓은 작은 후퇴부. 복수는 alae라고 합니다. 암피프로스타일 amphiprostyle : 전후면에 열주 현관이 있지만 측면에는 기둥이 없는 신전 형식 압축력 compression : 사각기둥이나 원기둥 같은 부재가 상부의 하중으로 압축되는 힘 애틱층 attic : 건물의 최상층으로서 엔타블레춰나 주 코니스의 안쪽에 자리하며 층고가 낮습니다. 통상 벽기둥으로 장식됩니다. 앱스 apse : 볼트를 얹은 반원형 혹은 다각형의 단부로서 통상 챈슬부나 채플을 이룹니다. 앱시디올 apsidiole : 작은 앱스 야수파 fauvism : 프랑스 표현주의 회화의 한 조류로서 눈에 거슬리는 색상, 과격한 변형, 넓고 과감한 붓터치를 사용합니다. 양식 style : 문명이나 민족, 혹은 개인에 특징적인 예술 작품을 다루거나 수행하는 방식, 혹은 예술작품에 있어서 특별하거나 탁월한 특성 억압적 환경 oppressive environment : 자아실현, 정위, 소속감 등과 같은 기본적인 정신적, 인간적 욕구를 충족시키지 못하는 환경 언어학 linguistics : 인간 언어의 단위, 본성, 구조, 변형 등을 연구하는 분야 에키누스 echinus : 주두에서 아바쿠스 바로 아래 자리하는 불룩한 부재 엑세드라 exedra : 좌석이 있는 앱스 모양의 후퇴부로서 르네상스 건축에서는 니치나 작은 앱스 엔타블레춰 entablature : 오더의 상부 구조물로서 아키트레이브, 프리즈, 코니스로 구성됩니다. 이탈리아어 intavilatura에서 유래하였습니다. 어원 intavolare는 테이블위에 둔다는 의미를 갖고 있습니다. 엔타시스 entasis : 기둥의 중간 부위가 가늘어져 보이는 착시 현상을 보정하기 위해 기둥을 약간 배부르게 처리한 것. 배흘림이라고도 하며 그리스어 enteinein에서 유래합니다. 그 뜻은 팽팽하게 펼친다는 뜻입니다. 여상주 caryatid : 지지 기둥 역할을 하는 여인상 역사주의 Historicism : 가치기준으로서 역사의 중요성을 강조하는 이론 역청 bitumen : 아스팔트 혹은 탄화수소의 혼합물로서 고대에는 시멘트나 모르타르로 사용되었습니다. 연결보 tie beam : 경사지붕 하단의 보(혹은 막대)로서 양단부가 벌어지지 않도록 붙잡는 역할을 합니다. 연쇄 concatenation : 다양한 요소들을 통합된 전체로 결합시키는 디자인 방식

열주 현관 portico : 신전, 주거, 교회 등의 입구나 전면 중앙부를 이루는 지붕 덮인 공간으로서 전면에 열주가 있으며 개방되어 있거나 부분적으로 폐쇄되어 있습니다. 현관에 관련한 용어로는 포치(porch : 지붕을 덮은 현관), 포티코(portico : 지붕을 덮고 전면에 열주를 둔 현관), 포탈(portal : 원래는 도시의 문을 의미하는 대형현관. 대개 고딕 성당 서측 정면부 입구 부분을 가리킵니다) 등이 있습니다. 열탕실 caldarium : 로마시대 욕장의 열탕실 영묘 mausoleum : 화려하고 위엄있는 무덤. 이 용어는 할리카르나수스 Halicarnassus에 있는 마우솔루스 Mausolus의 무덤에서 유래합니다. 영역 domain : 실존적 공간의 세 번째 요소 예술 및 수공예 운동 Arts and Crafts Movement : 19세기 후반 윌리암 모리스가 시작한 운동으로서 공장의 기계로 생산된 추한 형태에 반발하여 수공예로 돌아갈 것을 주장했습니다. 예첨창 lancet : 트레이서리가 도입되기 전에 사용된 영국 초기 고딕의 특징을 보여주는 높고 좁은 창 오더 order : 고전 건축에서 기둥(주토, 주신, 주두)과 엔타블레춰로 구성되는 건축 요소로서 도리스, 투스카니, 이오니아, 코린트, 복합오더가 있으며, 각각 다른 장식과 비례를 지니고 있습니다. 오더는 주식(柱式), 주범으로 번역할 수 있습니다. 곧 기둥의 형식이나 양식, 혹은 전범이라는 의미입니다. 오라토리 oratory : 교회나 주택에 있는 작은 개인용 채플 오리엘 창 oriel window : 내쌓기 방식으로 지지되어 벽면에서 돌출한 창 오벨리스크 obelisk : 길고 끝이 가늘어지는 석재기둥으로서 통상 단일한 화강암 석재로 되어 있습니다. 단면은 정사각형 혹은 직사각형이며 최상부는 피라미스로 되어 있습니다 고대 이집트에서 많인 세워졌습니다. 오케스트라 orchestra : 그리스 극장에서 합창단이 서는 무대 앞 부분의 원형공간을 일컫습니다. 오쿨루스 oculus : 원형창 온탕실 tepidarium : 로마의 욕장에서 냉탕실과 열탕실의 중간 온도인 따뜻한 물이 있는 욕실 옵아트 Op Art : 1960년대의 한 조류로서 환상과 지각, 그리고 색채의 육체적, 심리적 효과에 관심을 가지고 있었습니다. 옹벽 revetment : 1. 콘크리트나 막돌 쌓기한 면을 피복한 석판 2. 흙이 무너져 내리지 않게 지지하는 경사벽 와권형 scroll : 와형 volute와 같은 의미로 사용되기도 하지만, 통상 2중 나선을 이루는 S자형 모울딩을 가리킵니다. 르네상스 교회 정면에서 낮은 부분과 높은 부분을 연결시키기 위하여 사용되거나 혹은 장식적인 트레버스로서 사용되었습니다. 왕대공 king post : 대들보를 지지하는 수직부재로서 연결보의 중앙에 놓입니다. 욕장 thermae : 다양한 온도의 거대한 욕실(냉탕실, 온탕실, 열탕실)과 도서관이나 운동장 같은 다양한 위락시설을 갖춘 로마시대의 공공 욕장 우주 cosmos : 질서 잡히고 조화로운 체계로서 상정되는 세계 위치 position : 공간에서 존재하는 이미지나 어떤 요소의 자리. 각 요소는 2차원에서는 높이와 넓이로 3차원에서는 높이, 넓이, 깊이로 정의된다. 원형극장 amphitheater : 경사진 좌석열로 둘러싸인 타원형 혹은 원형의 건물로서 로마시대에 검투사들의 경기장으로 사용되었다. 그 예로는 콜롯세움을 들 수 있습니다. 유기적 건축 organic architecture : 현대 건축의 한 조류로서 자연의 유기체가 성장하는 방식의 특성을 직관적으로 찾아내는 것을 중시합니다. 육분 볼트 sexpartite vault : 사분볼트에 횡단 아치를 부가한 것으로서 이 횡단 아치는 베이의 중앙부에 위치하며 두 대각선 아치의 교차부를 통과합니다. 윤곽 contour : 형태를 한정하는 꼭지점, 가장자리 혹은 윤곽선 의미 meaning : 인문적인 상황이나 문화적 조건에 내재하는 가치와 열망 의미로 Semantics : 의미를 연구하는 학문 의식용 길 causeway : 의식용 행렬을 위하여 높이 돋은 길이나 통로 이디큘 aedicula : 엔타블레춰와 페디먼트, 그리고 이를 받치는 두 개의 기둥으로 구성되는 일종의 닫집으로서 신전 내에 조성을 안치하는 용도로 사용됩니다. 이맛돌 Keystone : 아치나 리브 볼트의 중앙에 위치하는 돌. 조각을 새기는 경우도 있습니다. 이오니아 오더 Ionic order : 세가지 고전적 오더 중 두 번째 오더. 그 특징은 우아하게 모울딩된 주초, 홈이 수직 띠로 분리되는 세장한 주신, 와형 volute이나 와권형 scroll을 인용한 주두 블록을 일컫습니다 인 안티스 in antis : 말 그대로의 뜻은 그리스 신전의 측벽을 마감하는 벽기둥 사이라는 뜻입니다. 돌출한 측벽 사이에 기둥들이 서 있는 열주 현관.

인방 lintel : 개구부 사이를 연결하는 보 인방식 traveated : 수평 보, 혹은 상인방을 갖는 구조형식 인본주의 humanism : 르네상스에 기원을 두고 있기는 하지만 그리스와 로마의 고전적 고대 문명의 영향을 받아 촉발된 교의로서 인간의 존엄성과 가치, 이성을 통한 자아실현 능력 등을 중시합니다. 인상파 Impressionism : 사실주의의 한 형태로서, 예술가의 즉각적인 감각 인상을 묘사하는 것을 목표로 합니다. 19세기 프랑스의 에두아르 마네의 작품에서 시작되었으며, 클로드 모네를 비롯한 여러 화가들을 거치면서 발전과 변형이 이루어 졌습니다. 주된 관심사는 빛의 탐구와 재현이었습니다. 인술라 insula(섬) : 고대 로마시대 도시에서 계획된 공간 혹은 도시의 한 블록 인유주의 Allusionism in Architecture : 포스트 모던의 한 경향으로서 과거의 형태를 직접적으로 혹은 간접적으로 즐겨 인용하여 도입하였습니다. 인장력 tension : 현수교의 케이블처럼 부재를 잡아 당기거나 늘이는 힘 입면 elevation : 제도법이나 건축도면에서 수평면이나 수직을 이루는 면에 건물을 기하학적으로 투영시킨 것입니다. 입체파 Cubism : 1900년경 발생한 예술 양식으로 동일한 대상이 갖는 여러 속성들을 동시에 드러내고 형태를 단편화함으로써 추상적인 구조를 강조합니다. 장미창 rose or wheel window : 통상 고딕 교회정면에 사용된 대형원형 창으로서 트레이서리와 스테인드 글라스를 가진다. 장선 joist : 바닥이나 천장을 지지하는 수평부재 장소 location : 공간에서 어떤 물체의 정확한 자리 장식벽 retable : 제단 뒤쪽 상부에 자리한 벽이나 차폐물로서 통상 그림, 조각, 부조, 다른 장식적 요로서 채워집니다. 장십자형 Latin cross : 수직 부재가 수평 부재보다 긴 십자형 장축형 평면 longitudinal plan : 네이브-챈슬 축이 트란셉트 축보다 긴 교회평면 전단력 sheer : 건축부재에서 인접한 두 부위를 접촉면에 평행한 방향으로 서로 미끄러트리는 힘으로서 내쌓기 아치의 석재가 그 예입니다. 절충주의 Eclecticism : 다양한 원천에서 선택해들이는 방식으로서 대개 새로운 체계나 양식을 만들기 위하여 여러 양식이나 체계의 특징을 조합하여 사용하곤 합니다. 점이 gradation : 처음부터 절정에 이르기까지 소정의 단계들을 거치도록 유도하는 디자인 기법 정면 facade : 주로 건물의 전면을 의미합니다. 다른 면이 강조된 경우에는 강조된 면을 가리키기도 합니다. 정면부 frontispiece : 건물의 주 정면 혹은 주 출입구 부분 정십자형 greek cross : 네 개의 팔 부분이 같은 길이를 갖는 십자형 정위 orientation : 엄격하게 말하자면 건물을 동서방향으로 정렬시키는 것을 합니다. 그리고 실존적 공간의 존재적 위치 설정을 포함합니다. 제단 altar : 신에게 바치는 제물을 올려놓는 장소 조각 engraving : 어떠한 디자인을 구리 같은 금속판 위에 새긴 것. 이러한 판을 이용해서 찍은 인쇄나 각인. 종유석 장식 stalactite work : 이슬람 건축의 천장 장식으로서 여러 조적 층으로 이루어지는 내쌓기 스퀸치들로 형성되며 자연의 종유석과 비슷하게 부채살 모양으로 펼쳐지는 모습을 이루고 있습니다. 종합예술작품 Gesamtkunstwerk : 회화와 조각과 건축이 고딕성당처럼 통일된 전체로 완전하게 통합된 예술작품을 가리키는 독일어 좌표 coordinates : 점이나 선, 2차원, 3차원의 공간에서 점이나 선, 면의 위치르 ㄹ표시하는 정확한 자리 값의 점들 주두 capital : 기둥의 최상부 주신에서 인방으로 전이하는 역할을 한다. 주신 shaft : 1. 고전건축에서 기둥의 중간부로서 원통형으로 되어있습니다. 2. 중세건축에서 벽이나 지지기둥에 부착된 가는 수직부재로서 볼트의 리브라든가 아치를 지지합니다. 주춧돌 socle : 벽이나 지지기둥의 아래, 혹은 주각이나 주초 아래에 만들어진 모울딩이 된 돌출부 중이층 mezzanine : 층간에 자리하는 층으로서 대개 1층과 2층 사이에 자리합니다. 중도리 purlin : 경사지붕의 중간에 자리한 수평 보로서, 주 서까래 위에 놓아서 보조 서까래를 지지합니다. 중석기 시대 Mesolithic : 구석기 시대와 신석기 시대 사이의 시기로서 야생식물 채집과 초보적 농업이 특징입니다. 중심 center : 실존적 공간의 첫 번째 요소. 구조물의 한 점에 모아지는 수직 하강력. 입체물에서 중심은 전체에 고르게 분산되기도 하고 한 점에 집중되기도 합니다. 중앙집중식 평면 central plan : 네 방향 모두 대칭이거나 거의 대칭인 평면

중정 atrium : 로마 주택에서 입구 쪽에 있는 중정으로서 부분적으로 하늘로 개방되어 있습니다. 또한 그리스도교 바실리카식 교회에서 교회 전면에 자리한 열주로 된 옥외 중정을 가리키기도 합니다. 중첩 오더 superimposed order : 아케이드나 열주를 갖는 건물에서 중첩되어 있는 오더로서 그 순서는 대개 다음과 같습니다. 1층으로부터 도리스 오더, 이오니아 오더, 코린트 오더의 순을 사용합니다. 중첩오더는 그리스 시대의 스토아에서 찾아볼 수 있으며, 로마시대와 르네상스 시대의 건물에 광범하게 사용되었다. 주거주의 Suprematism : 입체파의 한 유파로서 1915년 러시아에서 설립되었으며 순수하게 추상적인 양식을 위한 기본 소재로서 원, 사각형, 삼각형 등을 사용했습니다. 구성주의와 신조형주의에 영향을 미쳤습니다. 지각 perceive : 보고, 느끼고, 듣고, 맛보고, 냄새 맡는 것과 같이 감각을 통해 관찰하거나 분간하는 것 지각적 perceptual : 추상적ㅇ니 개념에 반대되는 것으로 감각적인 자극을 통해 이해되는 것을 일컫습니다. 지구라트 Ziggurat : 고대 바빌로니아와 앗시리아 시대에 세워진 여러 단으로 이루어진 피라미드형 구조물로서 각 단은 위로 오르면서 후퇴한다. 최상부의 단은 제단이나 신전을 받치고 있습니다. 지주 pillar : 통상 사각기둥이나 원기둥처럼 하중을 전달하는 부재. 때때로 기념적 목적을 위해 단독으로도 사용하는 독립적 구조체 지지기둥 pier : 원형의 기둥과 구별되는 통상 사각형의 견고한 조적 지지체 집중 convergence : 두 개의 평행선이 거리가 떨어진 어느 한 지점에서 만나는 것으로 보이는 현상 차양 awning : 어떤 장소의 위를 덮거나 앞으로 돌출시킨 지붕 모양의 덮개 착시 illusion : 틀리거나 잘못된 지각으로 실제적 존재와 감각을 통해 인식하는 것과의 불일치 챈슬 chancel : 주 제단이 놓이는 교회의 동쪽 단부로서 사제석 presbytery과 성가대석 choir을 위한 장소 처마 eave : 경사 지붕의 가장 아래쪽 부분으로서 벽면 바깥으로 돌출됩니다. 천개 baldachin, baldacchino : 옥좌, 제단, 계단실 등의 상부를 덮는 닫집. 철골골조 steel frame : 철골조의 구조체 철근콘크리트 reinforced concrete : 철망이나 철근으로 인장력을 보강한 콘크리트 첨탑 spire : 탑위로 치솟은 피라미드형 혹은 원추형의 높은 구조물 첨탑 steeple : 교회의 탑과 첨탑을 총칭하는 어휘입니다. 초현실주의 Surrealism : 원래는 1924년에 시작된 문학 운동이었습니다. 미수로 확장되면서 꿈, 비합리적인 것, 환상 등을 소재로 삼아 겉으로 드러난 것 이면의 실재를 밝히려 했습니다. 추녀 hip : 경사진 지붕 면이 만나는 선 추상 abstract : 간결성을 최대한 발휘하여 이미 알고 있는 물리적 사물을 표현하는 것입니다. 추상예술 abstract art : 사실보다는 디자인에 강조점을 두면서 주제를 단순화시켜 작가의 의도를 표현하는 예술의 형태 추상적 개념 abstract theoretical concepts : 자연환경 안에서 구체적인 형태의 물체와 구별되며 구체적 형태가 없는 아이디어나 생각. 이러한 개념은 이미질 표현될 수 있다. 추상표현주의 Abstract Expressionism : 1940년대와 1950년대 현대 예술로서 미국에서 독자적으로 발생한 최초의 운동입니다. 예술가 개인의 자발적인 충동을 비대상적인 방식을 통하여 시각적으로 표현하는 것을 본질로 삼았습니다. 이들은 액션 페인팅 Action Painting과 관련이 있습니다. 축 axis : 하나의 작품이나 그 부분, 혹은 일군의 작품들을 시각적이고 구조적으로 구성하는 상상의 선. 통상 대칭을 이루는 중심의 선이라고 할 수 있습니다. 축선 배치 axial planning : 여러 건물들을 단일한 축선을 따라 배치하는 것입니다.축측투상도 axonometric projection : 건물을 3차원으로 보여주는 기하학적 도면 치수 dimension : 시각 형태에서 치수 단위, 표준단위로 측정한 형과 형태의 실질적 크기. 입체형의 크기는 높이, 폭, 깊이로 측정하며 2차원 평면의 형태는 높이와 폭으로 측정합니다. 칭퀘첸토 Cinquecento : 1500년대 이탈리아 예술 카 Ka : 고대 이집트에서 인간의 불멸하는 본체로 생각한 것으로서 서양의 영혼개념과 가깝습니다. 카롤링 양식 Carolingian : AD 800년경 샤를마뉴 대제 때 발생하여 로마네스크로 이어진 양식 카르도 cardo : 에트루리아와 로마시대 도시의 남북방향 도로로서 데쿠마누스와 직교합니다.

카타콤 catacombs : 석관을 두는 벽감 niche과 장례 및 추모 예배를 위한 채플을 갖는 회랑으로 구성된 지하 매장 장소입니다. 카피톨리움 capitolium : 고대 로마의 쥬피터 신전 칼리프 caliph : 정신적, 정치적 의미 모두에서의 이슬람교 지도자 칼바리 Calvary : 예루살렘 외곽의 예수가 처형당한 장소 캄파닐 campanile : 통상 독립적으로 서 있는 종탑 캄포 산토 Campo Santo : 신성한 지역, 곧 묘지를 의미하는 이탈리아어 커튼월 curtain wall : 뼈대 구조 전면에 부착시킨 비내력 벽체 컨셉 concept : 마음속에 두고 지각되는 어떤 아이디어나 생각, 이론, 견해 코니스 cornice : 1. 고전적 오더의 엔타블레춰에서 가장 위에 있는 돌출부 2. 르네상스건축에서는 브라켓이나 콘솔로 지지되는 벽면 최상부의 돌출된 부분 코란 Koran : 알라가 모하메드에게 계시하고 모하메드와 그 동료들에 의해 전수된 이슬람교 성경으로서 암송의 뜻이며 꾸란이 원래의 발음에 더 가깝습니다. 코르틸레 cortile : 궁전 등 대규모 건축물에서 아케이드로 둘러싸인 내부중정을 가리키는 이탈리아어 코린트 오더 Corinthian order : 이 오더의 특징은 높은 주초, 높은 주각 pedestal을 이루는 경우가 있으며 홈파기 fluting가 된 세장한 주신, 홈과 홈 사이에는 이랑 fillet을 갖습니다. 양식화한 모습의 아칸투스 잎을 사용한 장식적 주두를 가지고 있습니다. 콘솔 console : 복잡한 곡선 장식이 되어 있고 대부분의 경우 돌출부 길이보다 높이가 더 높은 장식용 브라켓 콘크리트 concrete : 크고 작은 골재와 모래, 물을 특정한 비율로 혼합시킨 시멘트 콜로네트 colonnette : 작은 기둥 콰트로첸토 Quattrocento : 1400년대 이탈리아 예술 쿠리아 Curia : 고대 로마의 시의회 퀴클로프스 식 Cyclopean : 거대한, 광대하고 건친, 육중한, 퀴클로프스식 건축이란 부정형의 대형 석재를 모르타르 없이 구축하는 방식을 일컫습니다. 큐폴라 cupola : 원형이나 다각형의 기단위에 올린 자그마한 돔을 가리키는데, 주로 지붕이나 작은 탑의 상부에 올린다. 크라운 crown : 아치에서 이맛돌 key stone을 포함하는 최상부, 혹은 탑의 꼭대기 장식 finial 크로켓 croket : 주두, 박공, 버트레스, 첨탑 등에서 돌출된 잎모양 장식 클로이스터 cloister : 수도원의 중정. 통상 중정 주변으로 지붕을 덮는 통로나 회랑이 나 있습니다. 클뤼니 교단 cluniac order : 성 윌리암 1세가 910년 동부 프랑스의 클뤼니 수도원에서 설립한 베네딕트회 수도사의 개혁교단 클리어스토리 clerestory : 고창부(高窓部). 주변 지붕 위로 돌출해 있는 부분으로서 내부에서는 가장 상부의 창문열 부분에 해당합니다. 특히 바실리카식 건물에서 아케이드 층과 트리포리움 상부에 자리한 창문열 부분을 말합니다. 키블라 qiblah : 이슬람 교도가 기도할 때 향하는 방향으로 메카를 바라보고 있습니다.키치 kitsch : 대중의 취향에 맞춘 저급한 예술, 문학, 음악작품 타블리눔 tablinum : 로마 주거에서 중정 쪽으로 열려 있는 방 탑문 pylon : 벽면에 경사진 두 개의 조적 구조물로 이루어지는 고대 이집트의 기념적 탑문 터널 볼트 tunnel vault : 배럴 볼트와 같은 말 테라코타 terra cotta : 조각용 재료나 건축 재료로 사용되는 딱딱하게 구운 점토로서 유약을 바르거나 채색을 하기도 합니다. 테세레 tesserae : 모자이크에 사용되는 작은 정육면체 모양의 유리, 돌, 대리석 테이퍼링 taper, tapering : 끝으로 갈수록 두께를 점점 가늘게 하는 방식 톨로스 tholos : 고전기 그리스 건축의 원형 구조물 또는 고대의 원형 무덤 톱니형 성벽 crenelated : 흉장 battlement의 경우처럼 성벽 상부를 V형 혹은 톱니형으로 만드는 방식을 말합니다. 통로 path : 실존적 공간의 두 번째 형식 통로무덤 passage grave : 긴터널 같은 통로를 통해 들어가는 무덤 투스카니식 Tuscan : 로마시대 고전적 오더에 부가시킨 것으로서, 도리스 오더와 비슷하지만, 주초가 있으며, 홈파기 트리글리프는 없습니다. 투시도 perspective : 사람의 눈으로 본 것과 동일한 거리감과 상대적인 크기감을 주도록 3차원의 물체를 평면위에 재현하는 기법 트란셉트 transept : 십자향 교회의 팔부분으로서 주축과 직교합니다. 트러스 truss : 견고한 입체의 구조물로서 역학적인 방향으로 힘을 전달하도록 고안된 구조체입니다. 대부분의 목조지붕은 트러스 구조를 가지고 있으며 인장력과 압축력으로 힘을 분리합니다.

트레이서리 tracery : 통상 창에 사용되는 나뭇가지 모양으로 세공한 장식 석재로서 그 사이에 유리를 끼워놓습니다. 특히 고딕 건축의 특징적인 면모를 이루고 있습니다. 트레첸토 Trecento : 1300년대 이탈리아 예술 트리글리프 triglyph : 도리스식 프리즈에서 메토프와 교대하면서 나타나는 홈이 파인 부재 트리클리니움 triclinium : 고대 로마 주거에서 식당을 가리킵니다. 사각형 식탁의 세면에 의자를 놓은 것을 말하는데 이를 둔 방을 가리키기도 합니다. 트리포리움 triforium : 고딕 성당에서 네이브의 아케이드 층과 클리어스토리 층 사이에 있는 갤러리 층으로서 아케이드를 통해 네이브 쪽으로 열려 있습니다. 팀파눔 tympanum : 출입문 상부에 인방과 아치로 둘러싼 공간. 혹은 페디멘트의 후퇴된 면. 박공면 파라오 pharaoh : 큰 집을 뜻하는 이집트 말에서 유래한 용어로서 곧 이집트 왕의 명칭, 구약성경에서는 고유명사로 사용되었습니다. 파라펫 parapet : 갑작스런 낙하를 방지하기 위해 만들어 놓은 낮은 담 혹은 흉장 파로도스 parodos : 고대 그리스 극장에서 관객석과 배경 사이의 통로로서 이곳을 통해 관객이 극장을 출입하고 배우들이 공연중에 등장과 퇴장을 합니다. 파티오 patio : 스페인 건축 또는 스페인 식 미국 건축에서 하늘이 트인 중정 파피루스 papyrus : 이집트와 인접지역에서 자라는 식물로서, 종이와 비슷한 기록 매체를 만드는데 사용됩니다. 혹은 파피루스에 쓴 것을 일컫기도 합니다. 판테온 Pantheon : 모든 신들 혹은 모든 신들에게 봉헌된 신전, 특히 로마의 판테온 신전. 판테온식 돔 Pantheo dome : 중심부가 반드시 뚫려 있을 필요는 없지만 로마 판테온의 돔을 닮은 돔 파라디오 모티프 Palladian motif : 중앙의 아치형 개구부 양쪽으로 평평한 개구부를 두는 방식. 베네치안 원도우 venetian window라고 부릅니다. 팔라디오의 이름이 붙긴 했지만, 실제로 발명한 것은 아닙니다. 팔라디오 풍 Palladianism : 16세기 이탈리아 건축가 안드레아 팔라디오의 작품에서 유래한 건축양식. 17세기 초 영국에서 이니고 존즈가 도입했으며, 18세기에 들어와 부활하기도 했습니다.팔레스트라 palestra : 고대 그리스에서 레슬링이나 육상을 훈련시키던 공공장소, 체육관 팝 아트 Pop Art : 1960년 미국에서 유행했던 운동으로서 추상의 시대를 지나 인식 가능한 주제로 복귀했습니다. 대중문화와 상업적 이미지를 주제로 택했습니다. 패턴 pattern : 하나 또는그 이상의 시각 요소가 반복을 통하여 나타난 일련의 시각적 형태를 표현할 때 쓰이는 용어. 대부분의 재질감은 특정한 패턴을 갖거나 창조합니다. 페디먼트 pediment : 고전 건축에서 건물 단부에 코니스와 경사지붕의 단부로 형성되는 삼각형 공간 혹은 이러한 형태를 갖는 장식적 형태 페리스타일 peristyle : 건물이나 중정을 둘러싸는 열주랑 페립테랄 peripteral : 주건물 전체를 열주로 둘러싸는 형식 펜던티브 pendentive : 오목한 삼각형의 조적 벽체로서 반구형의 삼각형 단면을 형성합니다. 네 개가 모여서 정사각형 평면 위로 올린 돔을 지지합니다. 평면 plan : 건물의 각부를 수평적으로 배열한 것. 또는 그와 같은 배치를 수평으로 잘라 도면이나 다이어그램으로 나타낸 것. 축선적인 평면 배치는 건물의 각부를 장축형으로 구성한 것이며. 중앙집중식 평면 배치는 건물의 각부를 중심에서 방사상으로 구성한 것입니다. 포물선형 아치 parabolic arch : 포물선의 곡선을 이루는 아치. 최근의 건축에서 많이 사용된다. 포이어 foyer : 극장의 현관이나 입구 홀 포인티드 아치 pointed arch : 두 곡선이 예각으로 만나는 아치 표시 mark : 주어진 공간 안에서 선이나 면과 같은 시각 표시 표현주의 Expressionism : 건축의 역사에서 되풀이하여 나타나는 경향으로서 극적인 형태와 건축가의 개성에 중점을 둡니다. 프로그램 program : 대지, 기능, 재료, 목적에 대한 고려사항들과 관련지어 건축가가 디자인상의 문제들을 정리해 놓은 것 프로나오스 pronaos : 그리스 신전의 셀라 전면에 자리한 공간 프로세니움 proscenium : 그리스나 로마시대의 극장에서 공연이 행해지는 무대 프로스타일 prostyle : 전면에만 열주를 둔 신전 형식 프로필리아 propylaeum : 통상 신전 성역과 같은 폐쇄된 공간으로 들어가는 입구. 아테네의 아크로폴리스에서 찾아볼 수 있습니다.

프리즈 frieze : 엔타블레춰에서 아키트레이브와 코니스 사이에 자리한 부분. 또한 건물이나 가구에서 조각하거나 장식을 넣은 띠 프리핸드 드로잉 freehand drawing : 이미지를 표현할 때 기계적인 도구나 기구를 사용하지 않고 단지 눈으로 확인하며 손으로 그린 그림 플라잉버트레스 flying buttress : 아치나 볼트의 횡추력이 가해지는 지점의 벽체에 기대서 이 횡추력을 아래의 조적벽체로 전달하는 작용하는 반(半)아치, 고딕양식의 한 특징입니다. 플라테레스코 영식 Plateresque : 스페인에서 1520년부터 시작된 르네상스 양식
피라미드 pyramid : 고대 이집트 건축의 분묘 기념물로서 이 거대한 석조 구조물의 기단부는 정사각형을 이루며 네 개의 경사면은 정점에서 만나게 되어 있습니다. 피복 facing : 내부의 건축 재료와 공간을 덮는 얇은 판 피아노 노블레 piano nobile : 주거에서 응접실을 포함하는 주층으로서 통상 다른 층 보다 더 높습니다. 피아짜 piazza : 건축물로 둘러싸이는 통상 사각형의 옥외 공간. 광장 픽쳐레스크 picturesque : 무질서함과 조야함이 특징인 18세기 말의 미의 개념 필로티 pilotis : 건물을 지탱하는 지주(stilts, pillar)에 대한 프랑스 말로서 건물을 2층으로 들어올려 1층부를 개방시키는 방식을 말합니다. 합리주의 Rationalism in architecture : 현대 건축의 한 조류로서 합리적으로 구상한 체계의 발전을 중시합니다. 해자 moat : 요새화한 도시나 성채의 벽을 둘러싸는 깊은 방어용 도랑. 통상 물로 채워 둡니다. 현관 porch : 건물 전면의 지붕 덮인 입구. 신전 전면처럼 열주와 박공을 갖는 경우 열주 현관이라고 부릅니다. 현관 홀 vestibule : 큰 건물이나 홀로 이어지는 전실 현수교 suspension bridge : 길이나 도로가 탑 혹은 탑문 사이에 걸쳐진 케이블에 매달리도록 되어 있습니다. 형 shape : 면이나 형상 또는 물체의 윤곽. 형은 구체적이거나 추상적일 수 있다. 2차원에서 단순하고 규칙적인 기하학적 형들은 특정한 기본적 윤곽에 의해 사각형, 직사각형, 원, 삼각형 등으로 부른다.형식주의 Formalism in architecture : 형태적 문제에 대한 해결을 기능적, 기술적 문제에 대한 해결보다 우선하는 건축 경향으로서, 그 과정에서 형태는 의미를 잃어버리곤 합니다.형태 form : 인공환경 혹은 그 일부가 경험된 양상, 의미의 전달자를 의미합니다. 형태감소 diminishing form : 형태들이 거리를 두고 멀어지면서 점차 작아지는 현상 홀식 교회 hall church : 네이브와 아일이 거의 같은 높이로 된 교회 홈파기 flute or fluting : 반원에 가까운 단면으로 기둥에 수직으로 홈을 파는 방식으로 주로 기둥과 벽기둥에 사용됩니다. 홍예석 voussoirs : 아치를 형성하는 쐐기 모양의 벽돌 홍예틀 centering : 아치나 볼트를 축조하는 동안 받치는 목조 틀 화염 테 embrasure : 문이나 창문 주위에 두른 불꽃 모양의 틀 화염식 flamboyant(플랑보아양) : 불꽃같은 불타는 듯한 후기 고딕 양식의 특징으로서 특히 트레이서리에서 그러한 특징적인 모습을 보입니다. 화장(化粧)석재 dressed stone : 표면을 매끈하게 다듬은 사각형의 석재 환상열석 cromlech : 단일 거석들로 이루어진 원형 구조물 황금비 golden mean, golden section : 하나의 선을 짧은 쪽과 긴 쪽과 전체의 비와 같게 분할하는 비례 방식. 이 비례는 미적 호소력이 있어서 여러 시대와 문화의 예술가들이 기본 치수를 정하는데 채택했습니다. 회랑 gallery : 교회 건축에서 아일의 상층부로서 네이브 쪽으로 열려 있습니다.회랑 ambulatory : 직선으로 끝난 성소나 앱스를 둘러싸는 반원형 또는 다각형의 아일. 유보회랑이라고도 합니다. 횡격막 아치 diaphragm arch : 교회의 네이브를 가로질러 조적조 박공을 받치는 횡단아치 transverse arch. 횡띠 necking : 그리스 도릭식 주두의 아래에 만들어진 수평 홈으로써 에키투스와 홈파기한 부분 사이에 자리하며 주두와 주신의 연결부분을 완충합니다. 횡추력 thrust : 아치나 볼트의 바깥으로 향하는 힘. 버트레스로 균형을 잡히는 힘입니다. 휨 bending : 수평 부재를 스팬 중앙부에서 아래로 휘게 만드는 힘. 하중을 받는 보의 경우 위쪽 절반은 압축력을 받으며, 아래쪽 절반은 인장력을 받습니다. 흙무덤 tumulus : 무덤이나 묘실 위로 인공적으로 돋아 놓은 흙둔덕. 토루(土壘) 히포다모스적 Hippodamian : 십자형 격자를 적용한 도시계획 체계로서 밀레토스의 건축가 히포다모스를 따서 붙인 이름

건축용어는 사실상 추상적인 의미를 가진다 하더라도 사실은 이미지를 떠올립니다. 그리고 이 용어들은 궁극적으로 형태를 가진 건축물과 형태에 의하여 한정되는 혹은 암시되는 공간과 시간을 제시합니다. 그러나 그 모두는 어떠한 장소와 건축물에 연관되게 됩니다.

건축용어를 이해하는 가장 빠른 방법은 바로 이미지와 연관시켜 이해하는 것입니다. 그리고 실제 건축물로부터 그 뜻과 관계를 얻는 것입니다. 그러나 이 책의 지면상의 한계로 그렇게 모두를 보여 줄 수 없는 것이 안타까울 뿐입니다. 여러분들은 아주 오랫동안 그다지 관심을 두지 않았던 역사적인 어휘와 생소한 지역의 용어를 만나게 됩니다. 그와 같은 상황은 여러분이 건축을 깊게 이해하도록 돕게 됩니다. 여러분이 그 이미지와 형태를 찾고 역사적인 관계를 찾아가면서 건축용어를 이해하게 된다면, 진정한 건축의 의미와 가치를 생각하도록 만들어 줍니다. 건축적 디자인은 이와는 다른 많은 어휘를 생산하였습니다 그것은 단순한 어휘로 의미를 형성한다기보다는 작품의 총체적인 특성을 일컫는 말로서 사용되기도 합니다. 이렇게 보자면 어휘는 무수한 범위를 걸쳐 존재한다고 할 수 있습니다. 적어도 어휘는 건축 구성요소와 부분의 수준, 건축작품의 수준, 건축가의 수준, 건축이론과 개념의 수준, 이즘-스타일-페러다임의 수준으로 구분될 수 있을 것입니다.

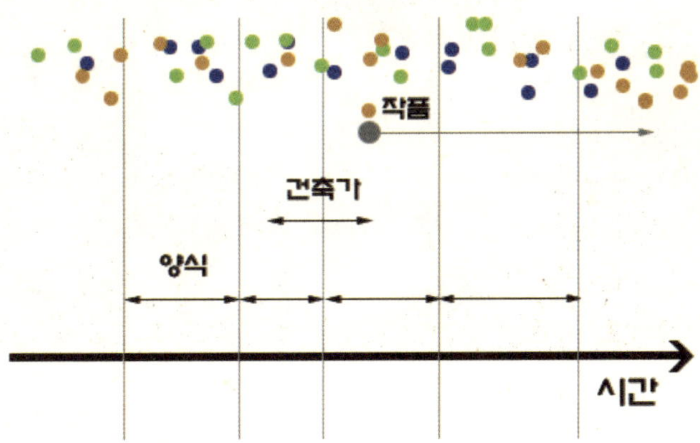

그 결과 대부분의 연대기는 양식 혹은 이즘, 건축가, 작품의 언어를 통하여 기술됩니다.

쿤스탈은 매우 독특한 건축물입니다. 이 건축물의 간략한 설명들을 요약한 것입니다. 이 설명은 사실상 건축물의 중요한 특징과 구조, 요구사항, 표현, 관찰자의 해석을 포함합니다. 이 문장은 단순한 기술뿐만 아니라 판단과 평가 그리고 여러가지 내용들을 담고 있습니다. 이 내용들은 사실상 쿤스탈을 보여주는 구조로서 성립합니다. 또한 작품의 개념적 구조를 드러냅니다. 각각의 어휘들은 문장내에서 통사구조를 형성하고 그로부터 연상되는 공간적인 형태적인 관계를 만들어 냅니다.

쿤스탈 (Kunsthal Temporary Art Center, 1987)

프로그램은 동시에 사용하거나 각각 분리해서 사용할 수 있는 세 개의 주요 전시 공간과 강연장, 독자적 출입구를 가진 레스토랑을 요구했다. 대지는 이중적인 상태를 나타내고 있다. 즉, 남쪽 끝은 제방 위에 있는 Maasboulevard 고속도로의 경계를 이루고, 낮은 부분의 북쪽은 관습적인 계획의 박물관 공원(Museum Park)에 면해 있다. 건물은 두 개의 도로가 교차하는 사각형으로 고안되었다. 하나는 동서로 이어지는 도로이고, 다른 하나는 박물관 공원의 남북 축으로 확장되는 공공의 경사로이다. 이 조건과 교차로 때문에 사각형이 4등분될 것이라는 사실을 안고 시작되었다. 건물의 개념은 연속적인 회로이다. 보행자의 경사로는 사람들에게 개방된 실외와 회로의 일부인 실내를 분리시키는 유리벽으로 나뉘어져 있다. 나란한, 그러나 반대방향으로 기울어진 두 번째 경사로는 강연장을 수용하기 위해 단을 이루고 있으며 아래쪽에 레스토랑이 있다. 두 개의 경사로가 교차하는 지점에서 주출입구가 정해진다. 이곳으로부터 방문객들은 아래로는 공원에, 위로는 제방에 이르는 두 번째 통로로 들어가게 된다. 첫 번째 홀로 접근하면 계단이 나오는데, 조금씩 드러나는 가로막힌 전망 공원쪽 입면의 서로 다른 유리들로 인해 더러 왜곡이 일어나는 프레임으로 된 수목을 배경으로 서 있는 나무모양의 기둥으로 이루어진 전망과 만나게 된다……

범주	건축언어
건축	쿤스탈, 스라브, 경사로, 연속된공간, 건축적산책, 유리벽, 옥상정원, 아트센터, 예술 등
건축가	렘쿨하스, 네오모더니스트, 레오니도프, 관람, 휴식, 새로움, 자유로움, 신경험주의 등
요구	로테르담, 방문객, 전시공간·레스토랑, 강연장 등,
표현과 의도	연속, 흐름, 기울어짐, 관입, 분할, 엇갈림, 단, 연속적회로, 흐름의 건축, 비분절공간 등
환경	로테르담, 제방, 고속도로, 공원, 경사, 도시 등

이 기술에는 무엇이 존재하고 어떠한 구조와 용어의 관계가 존재합니까 이 기술을 통하여 쿤스탈의 형태와 구조를 연상할 수 있습니까

쿤스탈의 어휘들은 더 많은 기록을 만들고 용어를 사용하게 됩니다. 그러한 과정은 매우 광범위하고 거대한 언어의 구조를 만들어내게 됩니다. 건축가는 그 구조를 무의식중에 머리 속에 이미지로 그려내고 있는 것입니다.

여러분들은 얼마나 많은 공간의 용어들을 알고 있습니까 그 용어들이 어떻게 사용되고 어떠한 내부형태, 크기 규모 그리고 행태가 필요한가를 알고 있습니까 !

여러분이 생활하는 모든 공간에는 그 이름이 있습니다. 심지어 하잘 것 없는 작은 여백에도 이름이 있고 적절한 가능성과 공간이 있습니다. 그곳은 단순한 이름이 정해진 영역이 아니라 어떠한 행위와 가능성에 의하여 장소(場所)가 됩니다. 장소가 된다는 것은 매우 깊은 의미와 가치를 수반하는 존재적인 장(場, field)이 된다는 것입니다. 그러므로 모든 공간을 알 수는 없지만 더 많은 공간을 이해한다는 것은 바로 존재적 개념을 확인시키는 것이 됩니다. 다음은 구겐하임 빌바오의 평면입니다. 이 평면은 사실상 오른쪽의 형태를 가진 구조물의 단면을 보여주는 것입니다.

Frank O Gehry, Plan of Guggenheim Museum Bilbao

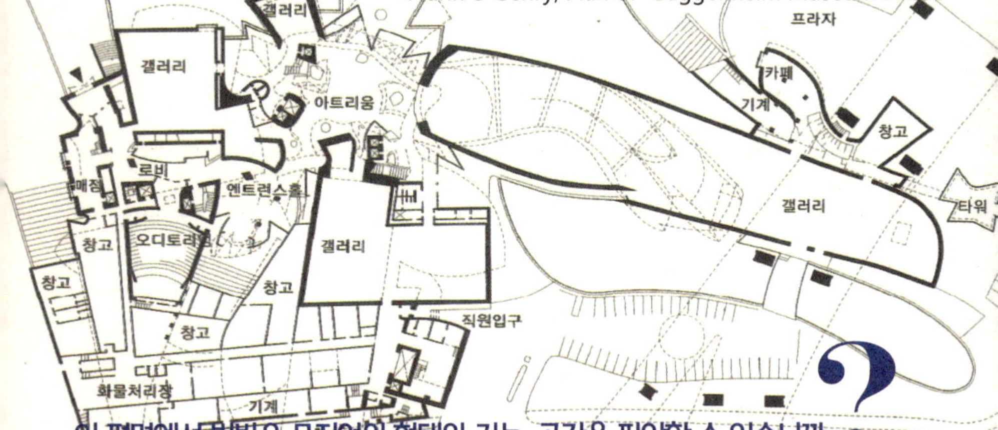

이 평면에서 빌바오 뮤지엄의 형태와 기능, 공간을 파악할 수 있습니까 ?

이 공간의 이름들은 원래부터 주어진 역할과 기능 그리고 행위를 전제하고 있습니다. 어휘들이 가지고 있는 관계는 새로운 디자인의 관계와 형태 그리고 공간안에서 또 다른 의미를 생산합니다. 이 어휘들은 기본적으로 전제되어야만 하는 의미이고 어휘들입니다. 따라서 우리가 어떠한 기능과 시설에 우선하여 조사하고 수집하는 데이터는 바로 이러한 기능, 공간, 동선관계, 공간치수, 가구 및 활동치수 등입니다. 평면 내에서 사실상 이 용어들과 연관된 것은 단순한 개념이 아니라 빌바오 구겐하임 뮤지엄의 전체 기능과 역할입니다.

그밖에 얼마나 많은 공간적인 혹은 기능적 용어를 알고 있습니까 우리는 왜 건축디자인을 위한 설계자료를 조사 연구하는 것입니까 ?

이 어휘들이 여러분이 구축하는 새로운 형태와 공간의 질서를 만들어낼 수 있지 않습니까 여러분이 이미지로서 가지고 있는 형태와 구조는 많은 공간을 담고 있습니까 ?

Frank O Gehry, Guggenheim Museum Bilbao

미술관, 박물관, 커뮤니티, 전시실, 중정, 소장품, 전시품, 보존, 수집, 수장, 조사, 통로, 관람, 일반전시, 특별전시, 크로크룸, 박물관학, 전시품반입, 교육자료, 학예원실, 저장실, 포장실, 처리실, 동선계획, 입체전시, 스케일, 엘리베이터, 안내실, 현관, 소방시설, 전시시설, 정보영역, 디스플레이, 오픈플랜, 가시면, 화장실, 회의실, 직원식당, 관장실, 수위실, 수리실, 수장고, 화물엘리베이터, 소독실, 제습실, 자료정리실, 상자보관실, 준비실, 포장해체실, 미정리보관실, 자료실, 서고, 보존과학실, 영상전시실, 자료열람실, 상품판매점, 사진실, 기계공조실, 전기실, 인쇄실, 숙직실, 소강당, 세미나실, 중앙홀, 연속순로, 코리더, 천창전시, 바닥전시, 선큰, 알코브전시, 가드레일, 스크린, 디오라마, 릴케이스. 현수물, 파노라마 전시, 회유동선, 아일랜드 전시, 지오라마, 시퀸스, 하모니카 전시, 슬라이드전시, 멀티비젼, 비디오테크, 실연전시, 체험전시 • • • • • • • •

? 이토록 많은 내용과 의미들을 조합하여 결합하는 것은 무엇입니까 그리고 무엇이 전체 개념을 조직화하는 것입니까 동시에 건축물을 조직화하는 것은 무엇입니까

놀라운 구조, 아름다운 공간의 연속, 기능적인 연계, 편리한 동선, 기능적인 요구, 아름다움의 표현, 작가의 의지, 형태적 신념, 법률적 규제…… !

우리의 수많은 사고를 조직하는 것은 개념 자체입니다. 이 개념들은 상위개념에 의하여 하위개념을 조직합니다. 그러므로 우리가 선택하는 수많은 개념 가운데 절대적인 원칙과 상대적으로 선택 가능한 것이 존재합니다. 그 두 범주 사이에서 우리가 선택할 수 있는 것은 사실상 전혀 없을 수도 있고 무한할 수도 있습니다. 오늘날의 건축가는 그 가운데 자유로운 상상과 무한한 선택의 가능성을 더욱 중시하고 우선합니다. 그 절대적 원칙들은 이제 점점 더 상대적이고 자유로운 선택으로 변화하게 되었습니다. 결코 절대적 원칙을 무시하거나 가볍게 여긴 것은 아니었습니다. 무수한 구조화의 원리와 요구 가운데 무엇이 가장 우선시 되는가의 문제가 되었습니다. 여러분이 알고 있는 현대 건축을 구축하는 근거는 단편적인 현대건축의 형태도, 건축적 특징도, 이즘의 개념도 아닙니다. 사실상 작가의 의지에 의하여 드러나는 다양한 요소와 부분들의 구조화 방식이라고 할 수 있습니다.

우리는 정체된 개념이 아니라 구조화와 통합의 도구로서 디자인의 방법을 찾게 됩니다. 또한 기존의 개념들을 분석하고 구조화할 수 있는 개념들을 만들어내게 되었습니다. 이러한 용어들은 솔직하게 한글로 번역하기 쉽지 않습니다. 너무나 많은 시도들이 이루어지고 있으며 건축은 개념을 통하여 새로운 개념을 만들어 냅니다. 이와 같은 양상은 형태의 변화와 다양한 요소의 변화, 재료의 사용과는 다른 차원의 어휘들 사이에 일어나는 관계입니다. 사실 완전히 추상적인 어휘이기도 합니다. 오늘날 건축가들은 이러한 개념의 용어들로서 무장하고 있습니다. 따라서 어떠한 이즘의 흐름과 건축적 양상의 변화는 실체로서의 형태적인 제시가 없이 그 전반적인 경향을 지시하고 내포하는 개념적 용어의 관계로도 제시됩니다. 이와 같이 수 많은 용어의 변화 그리고 용어의 이야기는 담론, 텍스트와 가까워지고 있습니다. 불과 50여년 전만 하더라도 건축에서 이와 같은 개념적인 논의들은 불가능한 것이었습니다.

여러분들은 아직도 형태의 모습에 이끌리는 건축을 하고 있지 않습니까 혹은 개념적 용어에 지나치게 빠져 있지는 않습니까

SPACE AND TIME	SPACE-TIME	SPACE-TIME-INFORMATION
CLASSIC	MODERN	CONTEMPORARY
<AB>: ABSOLUTE	**<RE>: RELATIVE**	**<IN>: INTERACTIVE**
FIXED	*STABLE*	*DYNAMIC*
META-PHYSICAL AND PHYSICAL	PHYSICAL-REAL	REAL-VIRTUAL
ESSENCE (ESSENTIAL)	**MATTER (MATTERIAL)**	**INFORMATION (INFORMATIONAL)**
SINGLE	DIVIDED	DIVERS
ANALOGICAL	MECHANICAL	DIGITAL
RITUAL	*FUNCTIONAL*	*OPERATIVE*
SYMBOLIC	DOGMATIC	OPPORTUNIST (CONTINGENT)
HARMONIOUS	AUTONOMOUS	ACCORDED
EVOCATIVE	ABSENT	REACTIVE
HIERARCHICAL RELATIONSHIP	**POSITIONAL RELATIONSHIP**	**TACTICAL RELATIONSHIP**
CONTINUOUS	DISCONTINUOUS	INTERMITTENT
COMPACT	*FRAGMENTED*	*FRACTAL*
UNIFORM	VARIABLE	EVOLUTIONAL
EXACT	*PRECISE*	*COMBINATORY*
PREDICTABLE	MESURABLE	DIFFERENTIAL
NORM	**TYPE**	**GENE**
PROTO-LOGICAL	TYPO-LOGICAL	TOPO-LOGICAL
FORMAL	ABSTRACT	MIXED
FIGURATIVE	*STRUCTURAL*	*INFRASTRUCTURAL*
SOLEMN	SEVERE	EASYGOING
CEREMONIAL	STRICT	UNINHIBITED
PURE	PURIST	CROSSBRED
CODE	**RELATIONSHIP**	**COMBINATION**
CONTROL	**ORDER**	**SYNERGY**
FLAT (2D)	**VOLUME (3D)**	**LANDSCAPE (4D)**
COMPOSITION	**POSITION**	**DISPOSITION**
(REGULATION)	**(CORRELATION)**	**(DECISION-COMBINATION)**

NEW MECHANISMS:
BEYOND LINKS- EXTROVERTED FORMS

이 다이어그램이 보여주는 수많은 용어와 그 용어의 관계 그리고 관계가 가지고 있는 흐름이 광범위하고 매우 다양하다는 것을 확인할 수 있습니까

The metapolis dictionary of advanced architecture. Actar. 2004.

얼마나 많은 현대건축의 용어들을 알고 있습니까

abduction, abroad, abstract, abstract and concrete, abs-traction, a-couplings, act, action, activation, activity, act-n, act-titude(attitude), actuality, adaptation, adherence/inheritance, advanced, advertisements, advertising, aformal, agriculture, AH houses, Al, Artificial Intelligence, algorithm, alienation(and estrangement), alienism, allegory, ambiguity(ambivalence), amdushments, american pragmatism, amphibious, anarchitectureand, animation, anonymity, anonymous, antigravity, antitypes, appropiation strategies, archaeology, arches of development, ArchiLab, architecture, areas of impunity, areas of opportunity, arkitektor, armadillo, artificial, artificil reactivity(or artificial complicity), a-scalarity(scalar ambiguity), aspiration, assembly, associate, overlap, connect, attractors, a-typ-l-call(atypical), audacity, auditoriums, authenticity, avatar, bank & beach, Barcelona Metapolis, beaches, beacons(maps as beacons), beauty(the latent garden), bends and (un)bendings, Benidorm, big glass, Bilbao effect, biodiversity, black holes, blobs, blondels, blunt, bluntings, blur, blurring, body, book, bored, braids, branchial, break water, bridge(s), brocades, bubbles, buds, camouflage, cantilevers, carbon fibre, carpets(advanced landscaping), cartographies, catalogue, catastrophe, catches, cephalia, chains, challenge, chance, chaos, chromatisms, Chrysler Voyager, chunking, circuits, citilab(community laboratory), city?, client, cloning, cloud, cloud9, code, cohabitation, coilings, collage, collaging, colours, combination (combinatorial), commensalism, communication, community, compact, companies, competition, complex system, complexity, complicity, component concentration devices, concept, concise, congresses, consequent, conservation, construction, intelligent, container, contemporary, context, contortionisms, contours, contract, contraction and extrusion, conventional, cosmos, countermarks: craters and basins, cover(covering), crash test, creation, creators, crest, criss-crossing(environmental conditions), criteria, critical object, critical pragmatism, cristicism, crossbreeding, crossing, cultivate, cultivations, culture, customisation, cut-outs, cuts, cuttings(and slips), cyber_punk, cyberspace, cyberspace architecture, cybertect, cyborg architecture, cybrid, cyclops, data(data and/or reality), data-driven forms, datascape, decalogue, decisions(and instructions) rather than designs, de-countrified(wastelands), deleuznable, de-location, delynniate, de-materialization, de-militarization, demolish, density, desire, de-subject, detournement, Detroit, developing, deviation, devices, deviod of complexes, diagonalisation, diagrams, dictionary, dichotomies, difference, digital, digitnature, dimension, dirty details, discipline, discotheque, Disneyification, dispersed, displacing by sliding, dispositif(device), dispositions, dissolved architecture, distortion, distribution, diversity, do-it-yourself, domestic, domotics, droog, dual(ity), dum-dum effect, dunes, dynamism, e-city, eco-, eco-tech, ecology,active(or bold), economy, education, egotecture, elastic, electric kool-aid acid test,

이 어휘의 의미와 설명은 시공문화사에서 출간한 개념의 구조로서의 건축 1권, 2권 및 아름다운 건축을 확인할 것.

emergence, emergency, (e)motion(moving), enclaves, energy, enjambements, enlarged, entropy, environment, ephemeral, epitome, equipped facade(and wall), equipped wall, eraser, eraserhead, error, erudition, Espana, essay, essayist knowledge, estate car, event, evolutionary, excavations, ex-jection, experience, experimental architecture, expression, extend, extensible-compressible(systole-diastole), extension, extroversion:<ex>factors of form, extruded architecture, extrusion, eye, virtual, fabrications, facet(s), fatuous fires(feux follets), fear, felt, fencing space, field, fiesta(party), figure-background, fillings, fingers, fish, fissures, flaneur, fleeting, flexibilisation, flexibility, flows, fold, fold(ing), fold(unfold-refold), force, foreignness, form, Fourth World, fractal(and fractals), fragile, fragment, frame-, franchise, frequency, fresh conservatism, friction, fringes, function, functionalism, funny, fury city or G8 Genoa, fuselages, future, game, gaze, generation, genetics, genetics of form, geography, geomancy, geometry, gestrategies, gesture, Gibson's sprawl, global city, global(globality), globalisation, glocal, gonzo architecture, goodbye to the metaphor, graft(in-jection), grids, ground, growing up, hacker, hackitecture, hang, hedonism, heterotopia, high speed, hills, history, holes, holistic, holograms, homeless, horizons, hotel, house, housing, housys, humour, hump, hybrid, hybrid technique,crossbred aesthetics, hypercontext, hyperiphery, hypermobility, hyperplace, hypertrophy, I/(my)self, I(formerly identity), <i>space, iceberg, ideas, ideogram, ideological dictionary, imagine, immanence, immersed, impact, impermanences, implant, implosion,urban, implosion,urban, impurity, <in>order factors, in-between, in-between fingers,in-between links, incubator, indefinition, indetermination(indeterminate), indiscipline, individual, individuality, infiltration, inflatable, informal, information, inform(ation)al, inform(ation)al structures, infrastructures(as networks), infrastructures(as structures), inhabit, innovation, in-out, install, instrument, intelligence, interaction, interactivity, intercadences(sequences), interechange, interchangers, intercommunity, interfaces, interference, interior, intermediary, intermediate places, intermittences, (inter)weavings and inter(plots), in-/uncertainty, in-/unconsciousness, in-/unfinished, in-/uninhibited, in-/unsettledness(incompleteness), in/unstable, invent, invent the invisible, invertlight or irradiate, invisible in architecture, islands, jack,jumping, jai-tech, jam session, jazz formation, jerry builder, joint, joy(alegria), juries, just do it, juxtaposition/superposition, Keaton, kits, knowledge, laminate(laminated), land-arch, land links, landscape/architecture/urbanism, landscapes,operative, land(s) in lands, landscrapers, lands of superposition, landstrategy, language, lava,programmatic, layers, leapfrogging, leisure(and landscape), liberty, light, lightness(and levity), limit, linear cities, link, litheness, living-working-resting, livrid(live+hybrid), locality, localization, logic, logic,digital, logic,direct, logic,fuzzy, logic,liquid, logic,open, logiter, loops, ludic machination, machine, macro-micro, magic, magmas, maieutics, manifesto(to demonstrate), manipulate, maps,battle, maps(to map), market, marks, Marx Bros., masses(silence), material, material world, materiature, mathematics, matrix, mats, matter, mayor, McDonaldization, mcguffins, m.city(or multicity), meanig, Media Lab, meldings, membrane, memory, menus, Mercabarna(Barcelona central supply market), Metapolis, metareality, M'house houses, midget & giant, millefeuilles, mimetic architecture, mixed-use, mmm, model: Lotka-Volterra, models, modern, monotony and repetition, moral, morphing, mountain, mouthfuls, movement(movida), movie, m-section, muare' or moire', multi, multicity, multifunctional environment, multilayered, multimedia,urban, multispace, music, mutation, nada(nothing but swimming and surfing), name(to name), naturicio, naturalism(a new naturalism), naturartificial, nature(advanced), negotiate, neoclassical, Net,the, network of cities, networks, new economy, news, newspace, new vision, no-box, no-day(night and day), no-form, no-palces(non-places), no-scale, nomad, normad, nubs-nodes-knots, object, ob-server, obsessions, occupation structures, occupations(spontaneous and evolutionary), olympic(after olympics), one is may, open, operation, operative, optimism, order, order and chaos, organism, origami, original and replica, out of scale, overflow, overlinearity, paper, papyroflexy, paradise,glaucous, paradoxes, parasitism, park-ing, particies,elemental(les particules elementaires), passion, patchwork city, path & peaks, patterned distributions, patterns, perfomance, periphery, permeable, photography, photovoltaic, pieces,loose, pixels(active), place of places, places, plaits, plastic, plateaux(for platforms), platforms, player, pleasure, plug and play, plural, polis, poly, polysensoriality, ponds, port, positioning, post-it effect, power, pragmatopia, precarious(ly), precision, principles, proceed, process, produce, product, production,intelligent, program, progress, progression, projection, projective, proneoism, prosthesis(prosthetics), protection, proto-architectures, prototypes, prototypology, protuverances, provisional, pseudo-realities, psycho-geographize, puff pastry(puffed up), purgatory effect, puzzle(or jigsaw puzzle), Quaderns, quantum, quidam, rays, re-flection, re-(prefix), <re>,urbanism, reaction, reactive, reality, recursiveness9reproduction and similarity), recycle, recycling, recycling,urban, refluences, refold, refounding, re-information, relational, relationships,transitive(of transference), repetition and monotony, represent, research, resonance-synergy-interaction, resonance and transference, reversible, rhythm, rhyzomatic, roll-ups, rootlessness, rough consensus and working code, rurban life, rurban loft, rurburbia: urban-territorial space, sample, scaffold, scaffolding, scaffolds(and dividing walls), scale, scalebound, scaleless, scaling, scanning, scene, score, scream, sea, search, search engine, section, section: scrambled flat, seed, self-organization, self-similarity, self-urbanism, sense, sensors, sensuality, sequence and series, sequences, shadow & light, shadows, shopping, shore or bank, Sierpinsky's sponge, simulation, simulator, simultaneity, sindrome-del-Liceu(Liceu syndrome), singular housing, situation, the, skateboarding, skeleton, skin, skyscrapers, slogan, Smart, society of the And, the, soft, software, solenoid, space, space,agitated, spaces, space-time, Spain, speed, sponged, spontaneous, sport rock, stack(stacks), stains,ink, stains, landscape, stampings, standardisation, stenosis, stimulus, strabismus, strategy, street market, strips, structure, study, subject, sub-over strata, subsoil, substratum, surface, surprise, suspense, sustainability, Swiss knife, symbiosis, syncope(syncopation), synergy, synthetical, system, tableland, tactic, take-away homes, tangent, tangle, tangram, tattoos, Team X, technique,the, Technonat Parks(Technological & Nature Parks), telecentre, telepolis, telework, temperate, tempo, temporary, tergiversation, terraces, terrain vague, territory, texture, theory, Think Tank, threat, threshold(umbral), topographies, operative, topological, topological(age), tornadoes(or twisters), tourism, tracing, trailers, trajectory, trans, transfers, transgenetic transfusions, transparency, transversality, trays, treem tremas, trenches, trip, tropism(active), true and false, ubiliquity, ugliness, unbuilding, unflatable ice, unfolding, (un)plug, unrestrained(<un>factors), uppercut, urbanism,anarchist(self-urbanism), urban-territorial, urbs/orbs, use, utopia, vague, vector, versatility, vertigo, virtual, viscous architecture, void, voids and fills, voids,inhabited/equipped, vortex, voyeurism, wander, wandering, war machine, the, water diviner, WebHotel, wetgrid, wireframes, work, WTC(crisis) X-Architecture, XL, y, y-, yes!, Yeti, Yin and Yang, yo, Yokohama, yuppie, zapping, zero(O), zigzag, zone of high-sensitivity, zoom

오늘날 건축은 더 놀라운 어휘들을 만들어 냈고 현재에도 앞으로도 개념을 만들어 낼 것입니다. 그리고 이 개념들은 개념적 건축으로의 접근을 유도할 것입니다. 또한 사실상 디자인에 적용된 원리를 설명할 수 있습니다.

이미 설명한 바와 같이 이 용어들은 서로가 서로를 설명하고 관계하고 그 원인이 되거나 결과가 됩니다. 혹은 하위 용어가 되고 또는 상위의 개념이 되기도 합니다. 그러므로 전체를 가늠하는 것은 더 많은 노력이 필요합니다.

이 용어들은 사실 빙산의 일각에 지나지 않습니다. 우리가 접근하고 해결해야 하는 내용들은 훨씬 더 광범위합니다. 현대건축은 이보다 더 많은 개념이 존재하고 그 개념의 내용들을 현대 건축의 양상을 설명할 것입니다. 그러나 그 자체는 복잡하고 시간적으로 과거로부터 유래하는 역사를 지니고 있습니다. 그러므로 쉽게 설명할 수 있는 것은 아닙니다. 대부분이 어떠한 형태적이거나 혹은 지시적인 용어가 아닌 논리적이고 상황적인 경향을 설명하는 용어이기 때문입니다. 이 개념의 논의는 또 다른 책 개념의 구조로서 건축 1권, 2권 및 아름다운 건축에서 정리할 필요가 있습니다. 다만 이 용어 가운데 하나를 소개하면서 개념적인 접근을 다음으로 미루겠습니다.

digital (architecture)

기술적 진보는 새로운 세계를 창조했습니다. 더욱 이질적이고 더욱 이단적인 형태에 접근시켰습니다. 그들의 형태는 근본적인 다이어그램들과 동시다발적인 정보들에 의하여 한정됩니다. 그리고 그것은 기존의 원리와 아름다움에 비하여 그다지 좋은 평가를 받을 수도 없으며 조화롭지도 못했습니다. 또한 안정적이거나 전통적인 미를 고수하지 않았습니다. 즉 디지털 세계는 배태적인 원시적인 생명적인 형태를 탄생시키게 되었습니다. 혹은 지나치게 도전적이고 진보적인 발전을 유도하기도 했습니다. 오늘날 거의 모든 디지털 형태는 진보적이며 프로그램되어 있으며 내부와 외부 공간의 표현은 변화하여 어떠한 프로세스를 지닌 전기적 비트의 데이터로 변화되고 있습니다. 이제 더욱 추상적인 형태의 세계는 우리의 삶과 도시를 발전시킵니다. 그것은 적절한 힘과 방향을 지닌 벡터화된 디지털 정보입니다. 이제 새로운 디지털 논리가 발생합니다. 오늘날 다수의 논의들은 바로 디지털 프로그램의 형태를 띠고 역동적 잠재성을 발산합니다. 새로운 기술은 어떠한 제한도, 중력적인 제한도, 권위적인 랜드스케이프도 물리적 법칙도, 가상적 세계의 한계도 가지고 있지 않습니다. 무한한 가능성은 역사적 전통적 건축의 개념을 바꾸고 있습니다. 표면적으로는 실체적인 공간을 창조하고 음악적인 공간, 프렉탈 기하학적 표면과 궤적, 무한한 차원의 거대함, 도시의 연속을 발생시킵니다. 공간과 컴퓨터의 프로그램은 이제 직접적인 결합을 형성하고 실질적인 내용들을 가진 가상의 세계를 대변하고 있습니다. 이러한 결과는 디지털 건축의 도구들이 가능해진 결과이기 때문입니다. (fluidity, hybridisation,complexity, complecity, morphogenesus, biomorphism ......), 이제 그러한 건축에 의하여 디지네이쳐 digitnature라는 용어가 생겨났습니다. 건축에 있어서 자연은 항상 참조의 대상입니다. 사실 우리는 새로운 자연 또 다른 자연을 창조합니다. 또한 다른 과정이 존재하는데 우리는 그것을 디지네이쳐라고 부릅니다. 자연의 효과는 자연의 법칙에 따르는 건축물을 만들어 냈습니다. 그 법칙과 원리들은 연구되고 탐구되어 현실화되었습니다. 많은 것이 구축되고 모델화되고 디지털화되었습니다. 표현이 있으므로 구축되었습니다. 그러나 새로운 표현은 새로운 건축, 새로운 디지털의 건축을 구축하였습니다. 이 세계는 모두가 디지털화되어 구축되고 있습니다. 그것은 디지네이쳐입니다.

디지털 건축의 설명은 사실상 이 용어와 동등하거나 관련된 용어에 의하여 설명합니다. 그리고 아주 많은 개념들이 결합되어 하나의 용어를 정의할 수 있습니다.

!

민약 이와 같은 개념을 이해하고자 한다면 또 다른 하위 용어를 이해해야만 합니다. 다음은 또 다른 어휘입니다. 거의 동등한 가치와 수준을 유지합니다. 또 세 개의 용어 사이에 공통적으로 사용되는 하위용어는 셀 수 없을 만큼 다양합니다.

diagrams

다이어그램은 다양한 사실들을 설명하는 도구이며 표현의 도구입니다. 다이어그램은 형태와 구조, 그리고 다양한 관계를 정립하고 제시합니다. 다이어그램은 조직화의 새로운 모형을 추상적으로 생산합니다. 다이어그램은 형식과 프로그램적인 구성을 보장합니다. 공간, 이벤트, 힘, 저항, 밀도, 분배, 방향 그리고 다른 모든 것을 정립합니다. 건축적인 문맥에서 조직화는 공간에서 프로그램을 설정하고 배치하는 것이 되었습니다. 다수의 기능과 행위는 프로그램 안에서 명확한 결론을 얻게 됩니다. 다이어그램은 그래픽적인 총합으로 드러납니다, 그 조직적인 유기적 총체를 보여줍니다. 기능, 형태, 동선, 배치 그 밖의 요소들이 함께 나타납니다. 이 그래픽은 근본적인 매커니즘을 전달합니다. 다이어그램은 사실상 지도는 아닙니다. 이미 존재하는 대상이나 시스템도 아니며 모방도 아닙니다. 그것은 새로운 복합체로 제시됩니다. 그 내용물을 하나로 조직화하는 역동적인 관계와 흐름의 질서를 가시화합니다. 이와 동시에 많은 의미와 내용들을 담게 되고 더 가능한한 많은 해석과 의미와 정보의 프로세스를 보여주게 됩니다. 들뢰즈는 다이어그램을 추상적인 기계 abstract machine라고 불렀습니다. 그리고 과정과 행위를 위한 길을 제시합니다. 많은 가능성과 가정의 종합으로서 행위의 논리를 설명하고 시스템의 원리를 보여줍니다. 오늘날 다이어그램은 제안된 효율적인 시스템 자체이며 그것의 총체이고 요약이 될 수 있습니다. 동시에 메타 시스템 meta-system을 구성합니다. 그로므로 다이어그램은 수많은 관계의 프로그램을 대변합니다. 프로그램을 축약한 것이 다이어그램이고 다이어그램을 설명하고 해석한 시뮬레이션과 해석이 프로그램이라고 할 수 있습니다. 둘 사이에는 밀접한 관계와 상호보완적인 균형이 존재합니다. 오늘날 형태와 공간의 장, 위상적 표면과 한정 사이에는 매우 유기적인 관계가 존재합니다.

data

건축은 랜드스케이프 landscape의 구축에 관한 것이며 실체를 형성하고 기능적, 사회적, 경제적 프로그램에 의하여 정보화됩니다. 이러한 프로그램은 유기적 조직체 Organigram(organizational diagram)로 변경될 수는 없습니다. 오히려 확률적인 통계와 연산의 결과를 낳게 됩니다. 이 관계에 의한 가능성은 실체의 모순들을 보여주는 제안적인 프로젝트를 생산합니다. 이것은 그러한 과정에서 가장 관심이 있는 부분입니다. 즉 정보화와 데이터의 연산이 가지는 모순과 한계입니다. 개념으로서의 공간의 문제점은 종합적인 생명력의 생성과 그 역량을 발휘하는 것에 관한 문제입니다. 이들 수동적이고 무생물의 감각 없는 부분적인 개별적 요소들과 관계는 총체적인 종합체로서 유기적 작용을 하는데 있어서 아무런 역할을 하지 않습니다. 오히려 그 구성과 조직 자체의 문제이기도 합니다. 그것은 어떠한 유희의 상태에 의존하고 동시에 형태와 구상적 완성물에 의존합니다. 오늘날 신자유주의자 neo-liberalist의 정신적 지주인 A. Gibben은 현대적 이론의 토대를 그 유연성에 있다고 보았습니다. 다양한 정보의 종합과 공간 조직의 역동적인 다이어그램, 벡터적으로 조직화된 공간, 공간에 있어서 고려 대상의 발생률과 가치를 판단하는 것을 우리는 데이터스케이프 data-scape라고 부릅니다.

Helmut Yahn. Drawing “Project 199

Alvar Aalto. Design sketch

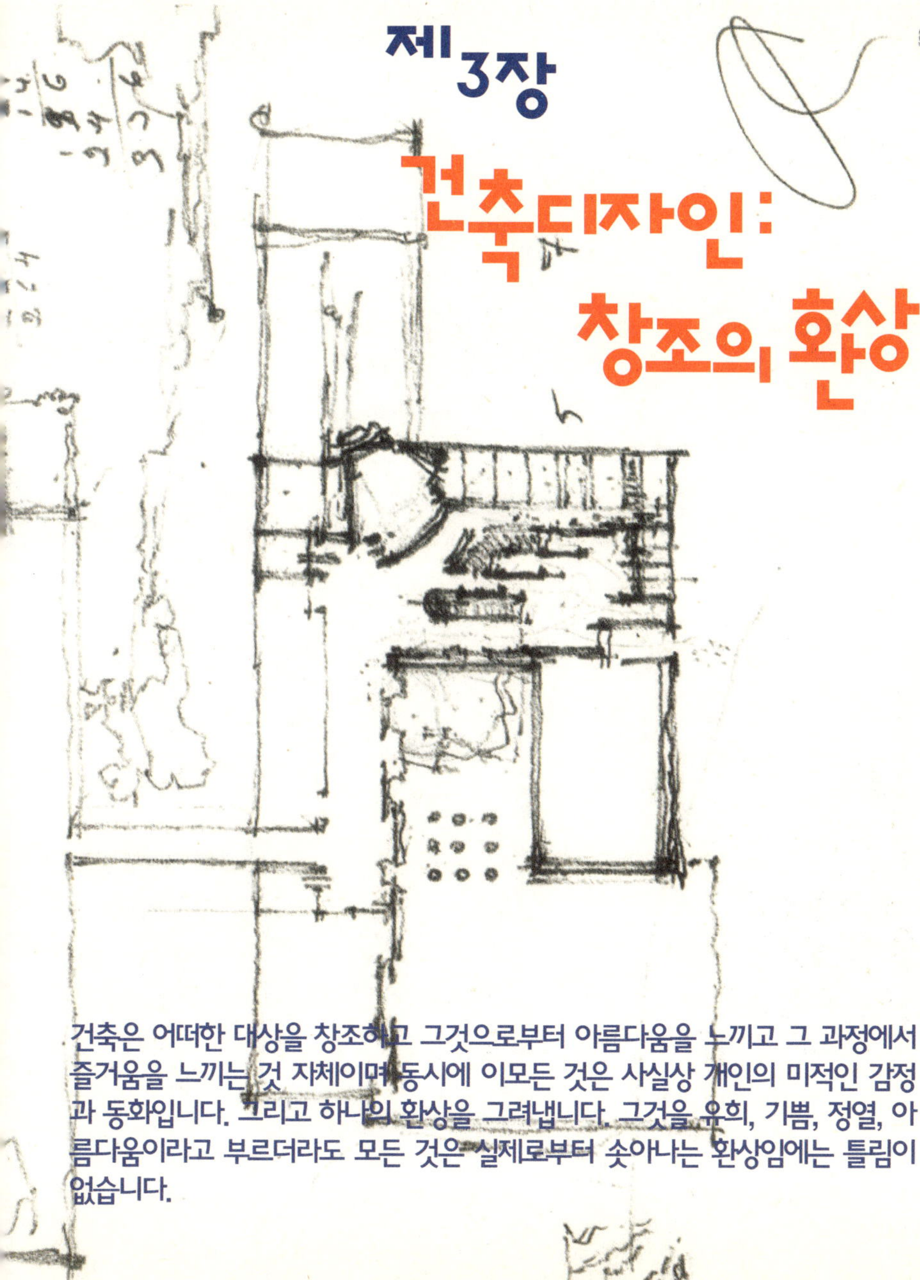

제 3장

건축디자인: 창조의 환상

건축은 어떠한 대상을 창조하고 그것으로부터 아름다움을 느끼고 그 과정에서 즐거움을 느끼는 것 자체이며 동시에 이모든 것은 사실상 개인의 미적인 감정과 동화입니다. 그리고 하나의 환상을 그려냅니다. 그것을 유희, 기쁨, 정열, 아름다움이라고 부르더라도 모든 것은 실제로부터 솟아나는 환상임에는 틀림이 없습니다.

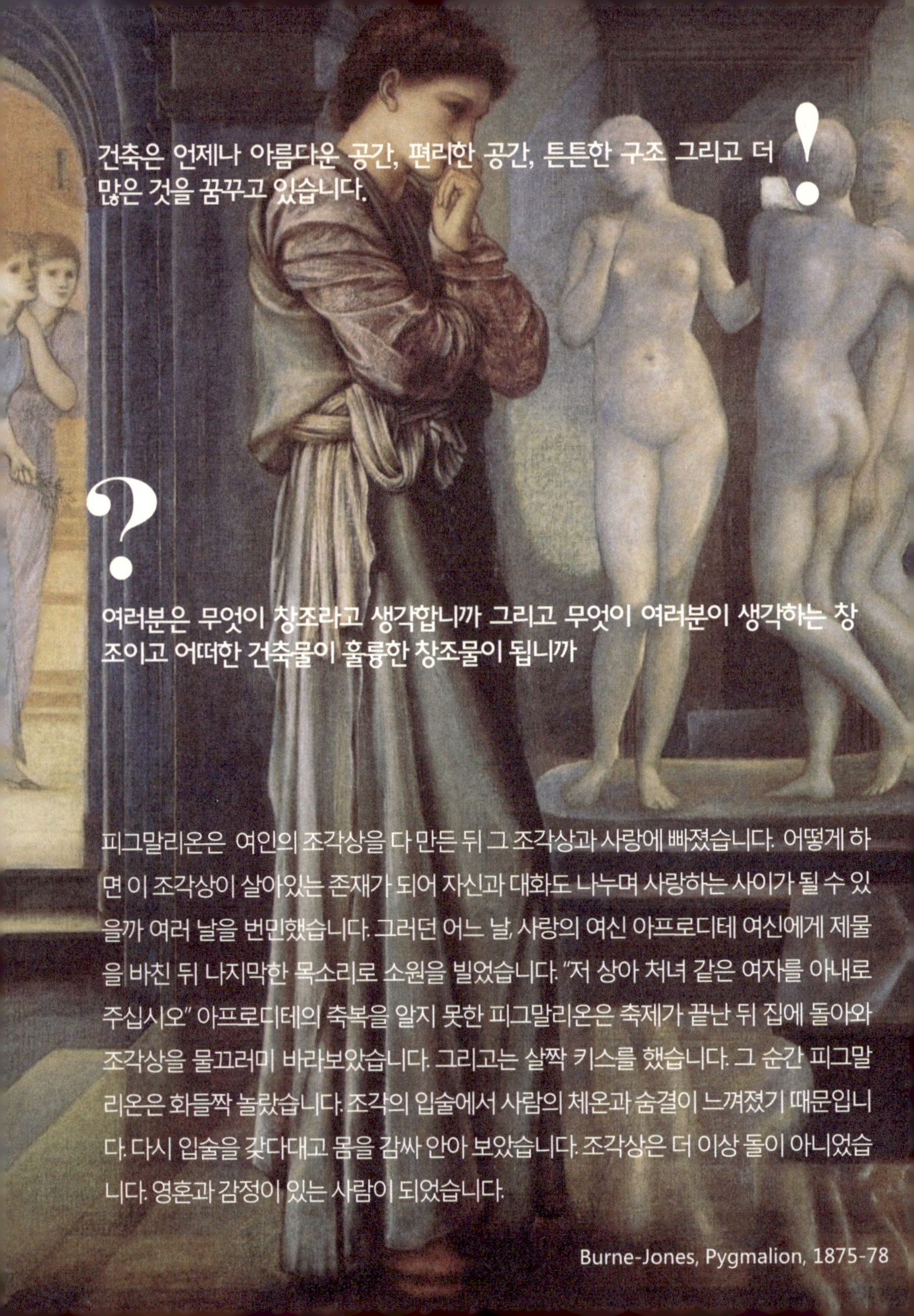

건축은 언제나 아름다운 공간, 편리한 공간, 튼튼한 구조 그리고 더 많은 것을 꿈꾸고 있습니다.

여러분은 무엇이 창조라고 생각합니까 그리고 무엇이 여러분이 생각하는 창조이고 어떠한 건축물이 훌륭한 창조물이 됩니까

피그말리온은 여인의 조각상을 다 만든 뒤 그 조각상과 사랑에 빠졌습니다. 어떻게 하면 이 조각상이 살아있는 존재가 되어 자신과 대화도 나누며 사랑하는 사이가 될 수 있을까 여러 날을 번민했습니다. 그러던 어느 날, 사랑의 여신 아프로디테 여신에게 제물을 바친 뒤 나지막한 목소리로 소원을 빌었습니다. "저 상아 처녀 같은 여자를 아내로 주십시오" 아프로디테의 축복을 알지 못한 피그말리온은 축제가 끝난 뒤 집에 돌아와 조각상을 물끄러미 바라보았습니다. 그리고는 살짝 키스를 했습니다. 그 순간 피그말리온은 화들짝 놀랐습니다. 조각의 입술에서 사람의 체온과 숨결이 느껴졌기 때문입니다. 다시 입술을 갖다대고 몸을 감싸 안아 보았습니다. 조각상은 더 이상 돌이 아니었습니다. 영혼과 감정이 있는 사람이 되었습니다.

Burne-Jones, Pygmalion, 1875-78

14. 환상의 시작

맨 처음 건축물은 비바람, 추위, 습기, 뜨거운 태양을 피하여 아늑한 실내공간을 갈망하였기 때문에 생겨났습니다. 그 건축물을 세우기 위한 구조물에 따라서 공간이 한정되었습니다. 그리고 정착지의 거주민은 스스로 건축하기 시작했습니다. 그들과 건축가는 형태를 디자인함으로써 미를 창조했습니다. 그리고 실내공간 나아가 외부 공간이 형성되었습니다. 그 형태는 부정형일수도 있고 정형적이기도 했습니다. 외관은 색채, 스케일, 무게 그리고 기타 다른 건축적 가치를 결정하는데 있어서 구조와 재료를 우선적으로 선택해야 했습니다. 그리고 출입구를 만들어야 했고 환기와 조명에 신경을 쓰고 난방방식을 결정 했습니다. 점점 많은 요소들이 서로간에 디자인적 원리들을 준수하고 있었습니다. 아름다움을 결정하는 규범들이 형태적인 실험을 지속하도록 만들었습니다. 시간이 흐름에 따라서 역사적 관점이 변화하고 미와 형태 그리고 기능의 요구는 변화하였습니다. 구조와 재료의 발전은 사실상 불가능한 건축이 사라지도록 만들었습니다. 도리어 건축가의 상상력과 창조력은 아직도 수많은 가능성을 탐험하지 못한 것으로 여겨집니다. 그러나 단순히 요소들의 구성과 집합만으로 통합된 유기적 건축을 생산할 수는 없습니다. 살아 숨쉬고 감동을 선사하고 나름의 의미와 가치를 지니는 건축은 또 다른 생명력에 의한 것입니다.

우리가 그것을 장소성이라고 부르고 예술이라고 부르고 아름다움이라고 부르겠지만, 그것은 단순히 구축할 수 없는 또 다른 차원임에는 틀림이 없습니다. 마치 우리의 몸체를 여기저기서 모아온 부분들로 묶어 프랑켄슈타인을 만들어 낸다하더라도 생명력을 부여하고 아름다움을 부여할 수 없는 것과 마찬가지 입니다. 그러므로 우리는 개념적인 이해와는 다른 새로운 부분에 관심을 둘 수밖에 없습니다. 그것은 바로 예술입니다. 그것은. 그것은 아름다움입니다. 감동이고 즐거움입니다. 건축물 자체가 가진 예술적 가치에 눈을 돌리게 됩니다. 오늘날까지 이성의 논의가 성장시켜온 건축의 부분들은 처음부터 아름다움, 감각의 세계와 단절되었던 적은 없습니다. 그 아름다움은 다양한 미의 개념으로 변화하였습니다. 그러므로 피그말리온 Pygmalion의 이야기는 예술이 가진 독특한 생명력을 잘 표현한 것이라고 할 수 있습니다. 우리에게 가장 중요한 생명력은 바로 행위하는 우리자신입니다. 우리는 스스로 건축물에 생명을 불어 넣을 수 있습니다. 그러나 정작 우리가 불어넣을 수 있는 생명력은 창조자로서가 아닙니다. 우리는 생활과 건축물의 사용자로서만 생명력을 부여할 수 있습니다. 그 어떠한 건축물도 그 의미를 얻고 장소가 될 수 있는 이유는 바로 사용하는 사람들이 머물고 행위하기 때문입니다. 만약 얼마만이라도 그 건축물과 공간이 사람들로부터 멀어진다면 우리는 그곳의 공허감을 느끼고 곧 슬럼화 된다는 것을 알게 됩니다.

예술로서 창조의 환상

창조의 의지는 예술의 전제조건입니다. 철학자 Richard Wollheim 은『예술과 정신에 관하여 On Art and Mind』에서 다음과 같이 적고 있습니다. "만일 우리가 아주 확신할 수 있는 예술에 관한 어떤 것이 진실이기를 원한다면 우리는 아마도 예술이 의도적이라고 하는 선언에 만족하게 될 것이다. 그리고 이것은 예술이란 우리가 행하는 어떤 일이며, 예술 작품이란 인간이 만드는 것임을 의미한다." 이것은 특히 건축의 경우 진실입니다. 즉 무의식적이거나 우연적인 건축 같은 것은 존재하지 않습니다. 우리의 도시는 인간의 창조물로 가득 차 있습니다. 이 모든 것은 인간이 세계내에 모든 것을 자신의 사고와 의지로 가득 채워가고 있다는 것을 의미합니다. 그리고 자연 그대로가 아닌 모든 것은 바로 인간의 창조물이라는 것은 분명한 사실입니다. 이제 건축은 단순한 집이 아니라 세계의 창조입니다. 그러한 건축은 선견과 노력을 요구하는 지루하고 값진 과정의 최종 결과물로서만 실현됩니다. 모든 예술에는 공통적인 디자인 원리가 존재합니다. 즉 조화, 리듬, 균형, 변화, 절정, 그리고 강조와 같은 원리가 그것입니다.

모든 예술의 장르는 독특한 도구를 가지고 있으며 특유의 독자적인 방법을 지니고 있습니다. 건축을 예술로 보는데는 일반적이지 않고 개인적이며 예측할 수 없는 부분이 항상 존재합니다. 건축은 3차원적 회화로서도, 사람이 살 수 있는 조각으로서도, 더구나 동결된 음악으로서도 정확하게 묘사 될 수 없습니다. 그러므로 건축 예술만의 독특한 기본 원리가 존재합니다. 역사를 통해서 지녔던 건축의 영향력이 현재에도 동일합니다. 역사를 통하여 한 시대의 종교, 경제, 경제 사회에 관해 알고 있는 것이 무엇이든지 간에 건축물들이 우리에게 이야기 하는 것은 지속될 것입니다. 그리고 그렇게 나타나는 언어는 건축의 영원한 언어입니다. 건축이 그러한 예술의 범위에 있다는 것을 거부할 수는 없습니다. 그러나 예술의 개념도 역시 변화해왔습니다.

그러므로 건축을 예술로서 바라보는 관점도 변화해 왔습니다. 우리는 건축을 무엇이라고 여기는가에 관심을 가질 필요가 있습니다. 사실상 양식 style은 적어도 한 시대의 예술로서의 미감과 표현의지가 변화해 왔다는 것을 단적으로 보여줍니다. 전통적인 아름다움과 그 개념은 근대에 와서 극적으로 변화했습니다. 그것은 모든 예술의 분야에서 일어난 엄청난 일이며 실로 놀라운 것입니다. 지난 수천년간 지켜져 왔던 수많은 원칙들이 붕괴되고 새로운 것으로 가득 찼습니다. 건축은 그 중심에 서게 되었습니다.

여러분이 생각하는 건축의 개념은 무엇입니까 그 안에 창조의 개념이 존재합니까 왜 건축은 예술이 되었습니까 왜 건축이 아름다움을 전달합니까 ?

사실상 건축은 언제나 가장 추상적인 예술이었으며 공간을 다루는 3차원의 예술이었습니다. 건축은 예술로서 몇 가지 개념을 더 생산하였습니다. 다양한 미(美)를 생산하였습니다. 그리고 하나의 실체로서 형식을 창조해 왔습니다. 그리고 매우 광범위한 표현의 실험과 성취를 반복해왔습니다. 동시에 건축물과 그 건축물이 만들어내는 공간 그리고 장소는 미적인 경험을 생산해냈습니다. 그리고 그것은 충격으로 다가왔습니다.

세계의 창조는 무엇으로 이루어집니까 그리고 무엇이 창조의 수단입니까 건축은 어떻게 창조됩니까 무엇을 창조합니까 무엇이 감동을 느끼게 합니까 그리고 그것은 진실입니까 환상입니까 !

William Blake, 1794, 신의 히하학적 창조

조화로운 세계의 질서

J. Kepler, Mysterium Cosmo-graphicum

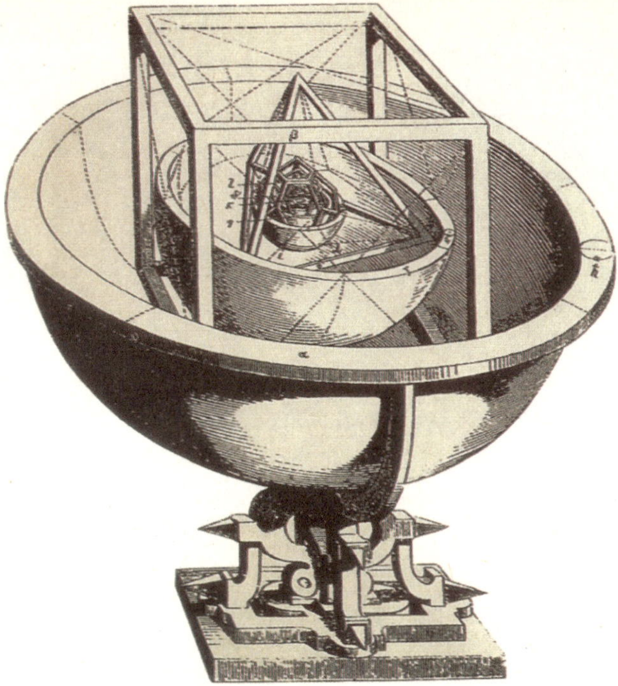

고전의 세계에서 수와 비례의 완전한 세계는 기하학적 세계를 구성하였습니다. 따라서 완전한 세계는 형태를 지녔으며 그것은 기하학적인 조화로서 이해될 수 있었습니다. 마찬가지로 건축은 그러한 기하학적인 완전성과 조화를 추구할 수 밖에 없었습니다. **케플러에 의하면 세계의 조화는 이와 같은 다섯 개의 기본적인 단위들로 구성되어 있다고 보았습니다.** 케플러는 기하학적인 완성으로서의 신의 존재를 믿었습니다. 그리고 그러한 기하학적 입방체의 관계는 우주적인 관계를 보여준다고 믿었습니다. 또한 각각의 기하학적 완성체는 흙, 불, 물, 에테르, 공기를 대표한다고 믿었습니다.

이래 좌측 바닥에 피타고라스는 세계를 구축하는 대장장이를 가리키고 있습니다. 그 대장장이는 피타고라스가 무엇을 생각하는가를 보여줍니다. 대장장이들은 세계의 귀 인에서 작업하고 있습니다. 세계의 조화 바로 음악적인 질서이며 그것이 우주적 질서라는 것을 보여줍니다. 보에티우스와 같은 신플라토닉주의자들의 세계는 음악적 완성체였습니다. 그림에서는 그것이 신의 질서이며 천사들의 음악과 천상의 질서라는 것을 암시합니다. ▶

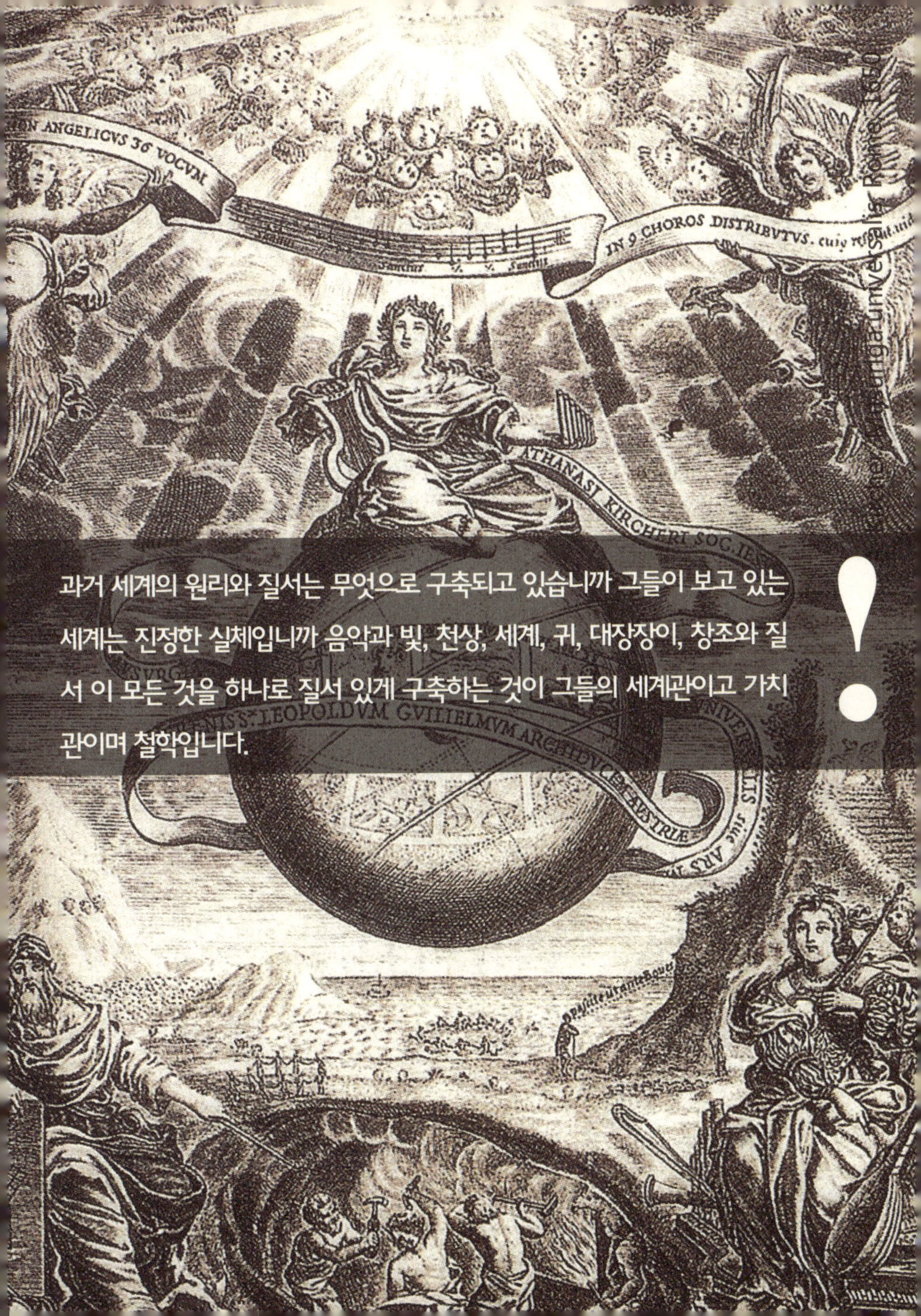

urgia universalis, Rome, 1650

과거 세계의 원리와 질서는 무엇으로 구축되고 있습니까 그들이 보고 있는 세계는 진정한 실체입니까 음악과 빛, 천상, 세계, 귀, 대장장이, 창조와 질서 이 모든 것을 하나로 질서 있게 구축하는 것이 그들의 세계관이고 가치관이며 철학입니다.

!

새로움의 창조

아름다움의 개념은 변화하고 있습니다. 순수미학적 의미의 미는 고전시대부터 건축적 아름다움의 중심에 서게 되었습니다.

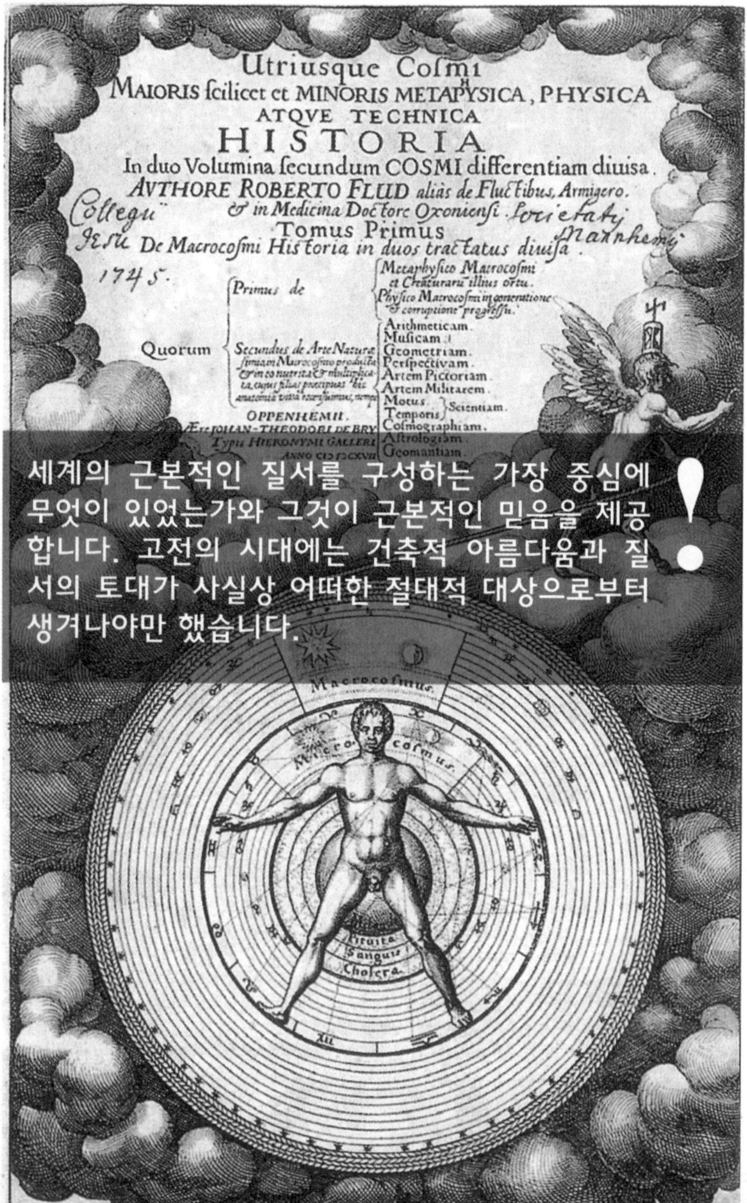

세계의 근본적인 질서를 구성하는 가장 중심에 무엇이 있었는가와 그것이 근본적인 믿음을 제공합니다. 고전의 시대에는 건축적 아름다움과 질서의 토대가 사실상 어떠한 절대적 대상으로부터 생겨나야만 했습니다.

그림은 프톨레마이오스적 우주를 보여줍니다. 그리고 그것은 인간의 신체를 중심으로 형성된 우주적 세계를 보여줍니다. 내부의 원은 인간의 기질을 나타내며 그것은 세계적 요소에 대응합니다. 그리고 염소다리를 한 것은 바로 흐르는 시간 크로노스를 의미합니다. Utriusque Cosmi, Oppenheim, 1617

사실상 이 세계의 미는 악기의 조화로운 음의 창조와 동일시 되었습니다. 현존하는 건축적 아름다움의 가장 상세한 설명은 바로 비트루비우스의 건축십서에 잘 나타나 있습니다. 그리고 이 책에서 비트루비우스는 한 건축물에서 그 모든 부분들이 높이와 너비 상호간의 적절한 비례를 이루고 전체적으로 모든 균제의 요구를 충족 시킬 때 미가 이룩된다고 하였습니다. 그의 주장에 의하면 조각과 회화 그리고 자연에서도 동일한 진실이 적용됩니다. 그것은 피타고라스 학파와 플라톤, 아리스토텔레스, 스토아 학파, 비트루비우스 모두는 비례를 가장 아름다운 것이라 보았습니다. 그리고 그와 같은 형태적 원리들은 세계 창조의 원리가 되었습니다. 이러한 미의 변화는 다양하게 확대되었습니다. 심오 창의성, 조형성, 숭고 개성, 영성, 고상함, 예민성, 취미, 적합성, 적절함, 효용성, 우미, 격식, 완결성, 풍부성, 온화함, 매력, 우아, 마력, 숙련, 영묘, 생동감, 미묘, 광채, 세련, 빛, 화려, 율동성, 조화, 순수, 정확성, 완전성, 웅장, 위엄, 확연, 호사, 시, 자연 이루 말할 수 없는 미적 성질이 존재합니다. 이 모든 의미들을 정립하고 알게 된다는 것은 사실 불가능합니다. 동시에 많은 것을 가늠해야만 하는 것도 사실입니다.

창조의 개념은 최근에 나타났습니다. 그리고 창조자와 새로움의 개념이 생겨난 것도 최근의 일입니다. 대부분의 창조는 모방의 개념과 법칙과 규칙에 따른 예술표현을 벗어나서야 가능했습니다. 사실상 고전의 세계에는 창조란 존재하지 않았습니다. 그러므로 당시에 건축은 창조의 대상이 아니라 기술 skill에 속하는 것이었습니다. 그러므로 그들은 모두 기술자이고 법칙과 원리를 체득한 사람들이었습니다. 고대인들에게 creator는 아버지라는 뜻을 가지고 있었습니다. 창조의 개념은 19세기까지 신학에서만 사용하였습니다. 창조라는 명칭이 예술에 도입된 것은 다른 배경을 가지고 있습니다. 인간은 무(無)로부터 창조할 수 없습니다. 그들의 창조는 바로 규칙과 원리의 창조이고 미적 감각과 분위기의 창조이며 새로운 인간 정신의 표현을 의미했습니다. 그 결과 창조가 예술가의 몫이 되었습니다. 이제 창조는 개념의 역할이 될 수 밖에 없이 된 것입니다. 인간의 의지와 사고는 그 질서와 원칙의 중심이 된 것입니다.

오늘날의 창조는 새로운 개념으로 확대되었습니다. 그리고 그 창조는 가장 중요한 개념의 하나로 집중되었고 모든 창조의 중심이 되었습니다. 그것은 새로움입니다. 그 새로움은 새로운 개념, 새로운 형상, 새로운 모형, 새로운 방법, 새로운 표현, 새로운 의지로 확대되었습니다. 그리고 그러한 새로움이 창조적 능력과 재능의 판단기준이 되었습니다. 이제 새로운 건축적 창조는 다양한 효과와 감각을 수반하였습니다. 그 새로움의 이면에는 정신적 에너지, 재능, 천재성 등이 존재한다고 할 수 있습니다.

Art or Architecture?

Land Art

Robert Smithson, Spiral Jetty, 1970

15. 삶의 영역과 존재의 장으로서 거주

인간이 건축을 시도하는 순간부터 사람들은 도시를 만들고 있었습니다. 인간은 지금까지 점점 더 많은 건축물로 주변을 채워왔습니다. 그러므로 이제는 우리 주변에서 더 이상 자연으로 돌아갈 수 없게 되었습니다. 도시화는 그 어떠한 경계도 남기지 않고 확장되고 있습니다. 그리고 마치 도시화가 가장 유용하고 합리적인 선택인 것으로 여겨지고 있습니다. 우리가 무엇인가를 생산하고 건축하고 거주한다는 것은 이미 인공적인 환경 속에서 삶을 유지한다는 것을 의미하게 되었습니다. 그러므로 오늘날 모든 곳에서 도시를 기준으로 하는 거대한 계획들이 생겨나고 있습니다. 그러한 건축은 인간이 거주한다는 것을 잃어버리게 만드는 이유가 되고 있습니다. 도시는 인간에게 많은 유용한 가능성과 가치를 제공하지만 동시에 많은 것을 잃게 하고 단절시키고 있습니다. 그 무엇보다도 살아가는 존재의 영역을 단속적으로 만든다는 것입니다. 그리고 흔히 말하는 노마디즘, 유목적 사고방식과 생활방식은 인간이 최초의 정착과 농경문화를 통하여 이룩한 사회를 변화시키고 있습니다. 어떠한 측면에서 현재의 상황은 여러가지 측면에서 급격한 변화를 유발시키고 있습니다. 그러므로 더 짧은 시간과 더 빠른 변화와 더 가벼운 관계와 의미가 우리 공간들을 채워나가고 있습니다. 그것은 오랜 역사와의 단절을 유도하고 의미있는 장소와의 거리를 만들어냈습니다.

도시화 : 도시에 특유한 생활양식의 누적과 강화. 도시주변이나 농촌으로 확대되어 가는 과정을 일컫습니다. 도시생활양식은 사회구조·생활구조·의식구조의 구조적 변화를 동반하고 있습니다. 도시화는 바로 사회변동을 일컫습니다. 우선 사회구조의 변화는 인구의 집중과 분산, 인구구성의 변화, 인구이동·유동의 증대, 토지이용의 변화(同心圓的 확대), 교외화(郊外化 ; 市街化), 계층·계급구조의 유동화·균질화, 기관·시설의 집중과 분산, 자주적인 집단의 속발(續發), 가족형태의 변화(핵가족화)를 의미합니다. 인구의 집중, 도시적 영역의 확대는 가장 큰 특징입니다.

거주(居住)와 주거(住居) 정착지 도시화

무엇이 살기에 좋은 공간입니까
과연 이상적인 도시는 무엇입니까
도시는 이상적일 수 있습니까

생활구조의 변화는 집단 참가의 다양화, 근린관계의 희박화·일면화, 가족관계의 단순화·개인화, 생활기능(예컨대 보육기능)의 파편화를 의미합니다. 공동체 관계와 근린관계의 소멸을 의미합니다. 도시화는 이처럼 부정적인 의미를 동시에 포함하고 있습니다. 그리고 의식구조의 변화를 유도합니다. 도시적 성격은 스테레오타입, 개인주의, 세계화, 표준화이며 시민의식의 형성, 개인해체, 정신장애, 자살·비행·범죄 증가 등을 수반합니다. 그러나 여전히 우리는 존재를 위한 정체성과 장소를 필요합니다. 그러므로 오래된 거주의 신화는 인간이 돌아가고자 하는 영원한 평안의 환상을 제공합니다.

최초의 정착지는 그들 삶의 터전이며 존재를 유지할 수 있는 영역을 형성했습니다

맨 처음 어떠한 지역을 **삶을 위한 터전**으로 자리잡았던 사람들이 있었습니다. 그들은 이곳 저곳을 떠돌며 더 나은 날씨와 먹이감을 찾아서 이주하고 있었습니다. 그들이 정착하기까지는 많은 시간이 필요했습니다. **거주(居住)한다**는 것은 살아가지 위한 공간과 장소를 갖는 것을 의미하고 **정착지(定着地)**를 얻었다는 것을 의미합니다. 삶의 터전은 정착문화로 인하여 생겨난 것입니다. 사실상 어떠한 생활의 범위로서 **수렵채집지**는 최소한의 생존을 위한 공간적인 범위를 의미합니다. 그러므로 그가 스스로 거주를 결심하고 농작물을 경작하고 열매를 따고 짐승들을 사냥하던 공간적인 범위였습니다. 그리고 물을 얻을 수 있는 강이 흐르고 나무를 얻을 수 있는 인근의 산까지, 그가 알고 자주 다니고 삶을 영위하는 공간적인 범위가 그 자신의 터전이며 그가 삶을 영위하는 한계였습니다. 그 영역안에서 **편안하고 안정적이고 지속적인 생활**을 유지하게 된 것입니다. 그들에게 인식 가능한 공간은 어떠한 지도를 형성합니다. 그것은 실질적인 척도를 지닌 지도가 아닌 심상의 지도입니다. **위치를 얻는다**는 것은 자신의 위치를 정하는 것과 무관하지 않습니다. 그리고 절대적인 좌표가 아닌 모든 존재물과의 **상대적인 관계**에서 위치가 설정됩니다. 이제 위-아래, 앞-뒤, 좌-우와 같은 상대적인 개념이 나의 존재를 정하고 또 거리감을 정하게 됩니다. 그러므로 나의 위치와 존재는 **세계의 위치와 존재**를 이해하고 설정하는 것과 동시에 이루어 졌습니다. 이 지도는 모두 상대적인 위치와 관계를 갖게 됩니다. 그들의 집은 그 자신이 살아가는 곳은 뒷산 바위아래 그 뒷산 오래 전 벼락을 맞아 죽어버린 커다란 나무를 볼 수 있고 강줄기를 내려다 보든 곳이며 커다란 바위터에서부터 마을 한가운데 커다란 나무까지가 그들의 논밭이 있는 곳입니다. 즉 이 **심상의 지도**는 상대적인 관계에서 위치를 얻고 자신의 중심을 얻게 됩니다. 그리고 은연중에 자신의 터전이 갖는 경계를 중요한 요소들 사이에서 얻게 됩니다. 불탄 나무, 뒷산 커다란 바위, 강줄기와 같은 두드러진 요소들로 **공간의 지도**를 형성합니다. 바로 모든 사건들과 자연적 형상 가운데 우리의 관심을 끄는 모든 것들이 마음의 지도를 형성하는데 **중요한 지점**을 형성한다는 것을 깨닫게 됩니다. 이것은 단순한 공간의 범위를 결정하는 것이 아니라 자신의 **존재적인 영역**을 만들어 줍니다.

그들이 생각하고 있는 공간은 그들 삶과 함께 존재하는 연속적인 행위의

마음의 지도, 나의 마을, 나의 존재 · · ·

안식처 shelter
수렵채집지

마음의 지도는 많은 영역이 인접한 커다란 이미지로 이루어집니다.

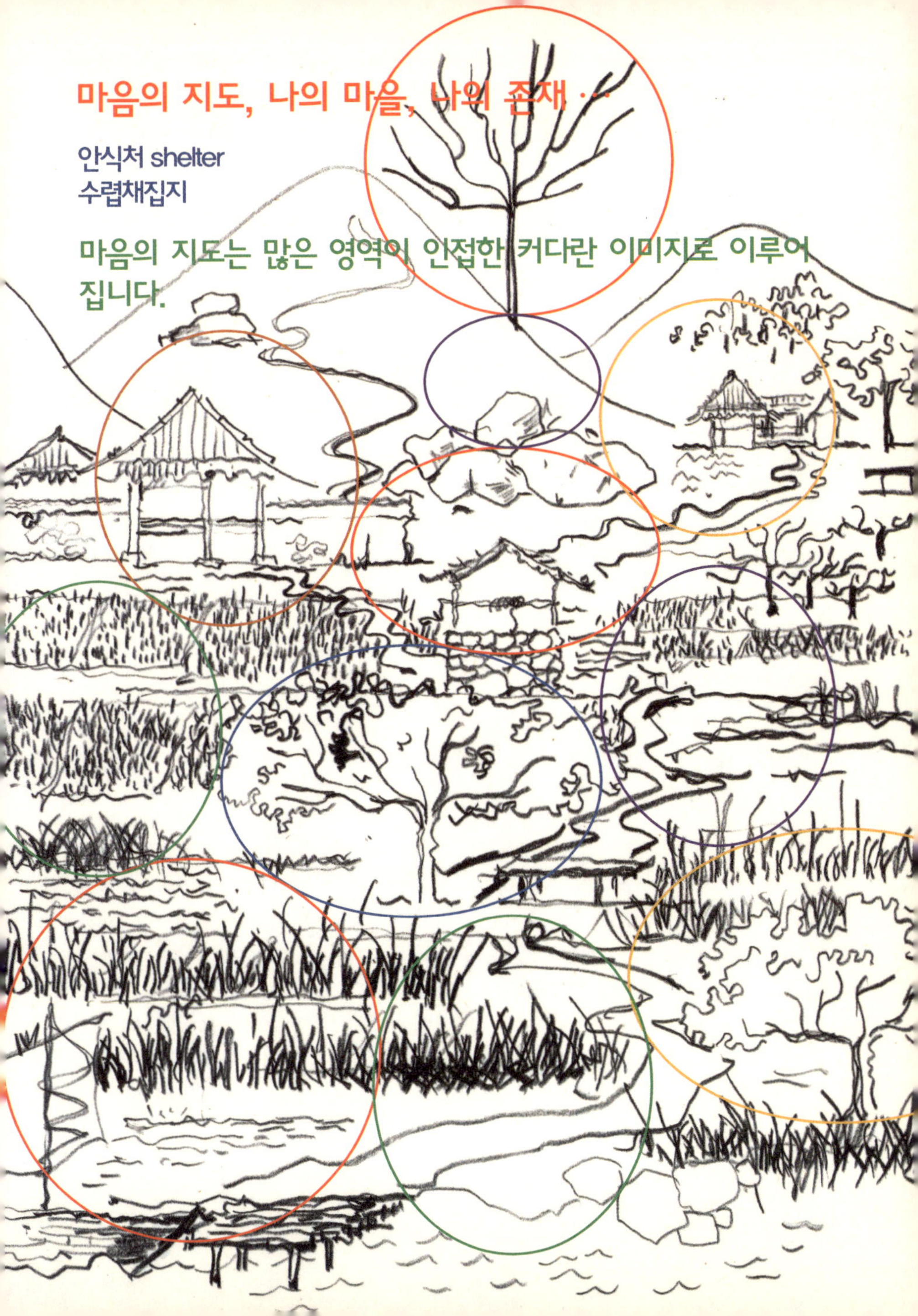

자신이 **삶을 유지하는 공간**에서 나와 세계의 관계를 설정하는 것으로 통하여 세계를 규정하고 동시에 그와의 **관계를 설정함**으로써 자신을 존재하는 실체의 세계 속에 위치시키는 것입니다. 슐츠는 이것을 **정위 orientation** 이라고 하였습니다. 그러므로 이 곳에서 살아가는 그의 삶이 세계의 조화로운 관계 속에서 위치하게 된 것이고 그는 그 공간 속에서 **자신의 존재감**을 확인합니다. **건축적인 창조**가 되기 이전에 **생활의 터전**은 존재의 장을 형성합니다. 단순한 영역은 어떠한 **활동과 가능성을 가진 장(場)**으로 나타납니다. 스스로 독자적으로 세계에 존재할 수 있는 사람을 없습니다. 이 관계만이 개개인의 **정체성**을 유지시켜줍니다. 이 정착지에 여러 가족들이 주거를 마련하였습니다. 그들은 **장소를 공유**하고 있었습니다. 이제 공통의 존재감을 유지하는 삶의 영역이 형성되었으며 그 공간을 유지시키고 지속적인 안정을 꾀하게 됩니다. 그 결과 어떠한 공통의 개념이 생겨나고 지역 내에서 공유해야 하는 가치가 생겨납니다. 삶의 터전은 이제 그들 모두에게 너무나 중요한 존재의 영역입니다. 오늘날과 같이 단순히 자신의 공간, 휴식하고, 잠을 자고, 가족과 함께 본질적인 수준의 존재를 유지하는 것 뿐 아니라 모든 삶의 가능성을 담는 공간입니다. 수렵채집지는 **생존의 영역**으로부터 **존재의 영역**을 형성하게 되었습니다. 그러므로 **개별적인 구성원**들은 스스로 그 영역내에서 자신이 자연과 설정한 관계를 통하여 존재감을 얻고 있었습니다. 그러나 공동체가 형성된 이후에는 **공동체**의 존재가 자신이 자연과 얻었던 관계만큼이나 중요해졌습니다. 공동체의 존재와 공동체의 가치 유지는 개인의 사회적 공간을 형성하고 지속할 수 있게 해 주었습니다. 또 공통적으로 유지하고 있던 물리적 공간의 유지에도 영향을 미쳤습니다. 이들은 모두 함께 생산하고 보호하고 보호받았으며 개인이 할 수 없는 강력한 힘을 지니게 되었습니다. 정착에 의한 이러한 마을의 형성은 필연적으로 그 지역의 **장소적 특징**에 의하여 그 마을이 어떠한 성격을 지니는 가를 결정되었습니다. 그 지명조차 **~골, ~포, ~나루**와 같은 이름을 얻게 된 것입니다. 이와 같이 형성된 정체성과 소속감은 개인의 또 다른 가치를 확립하고 존재하는 과정을 심화시켰습니다. 그러므로 이러한 장소의 해체는 단순한 공간적인 변화가 아닌 것은 분명합니다. 그것은 **존재방식과 삶의 방식**을 변화시키는 것이고 실질적인 가치를 변화시킵니다. 이제 그 주변의 구성원들이 서로 인정하고 확인하는 가운데 일정한 영역이 형성됩니다. 그러한 영역이 바로 그 구성원이 인정하는 **정신적인 지도**의 정확한 경계가 됩니다.

그들이 그러한 자신들의 마을에 산다는 것은 그 마을의 역사와 함께 하는 것이고 모든 이들과 공간을 **나누고 함께 산다**는 뜻이 됩니다. 은연중에 이 기점들은 모두에게 공통적인 대상이면서 중요한 거점으로 가치를 얻게 됩니다. **자신의 터전이 갖는 경계**를 중요한 요소들 사이에서 얻게 됩니다. 바로 그러한 것을 모르는 사람들은 그 지역의 공통적인 공간에 대하여 **이방인**이 되었습니다. 그리고 외부의 이방인들은 단순한 **공간적인 영역**에 들어선 것 뿐 아니라 그들의 **정신적 사회적 공간의 지도** 내에 한 구성원으로 참여하여야 했습니다. 이 작은 사회는 거대한 국가적 조직으로 발전하기 위한 시작입니다. 그러므로 지속적인 정착을 얻지 못하는 **유목사회**가 항구적 국가의 형성을 꾀하기 어렵고 오늘날 유목적 사회구조가 공동체적 의식을 발휘하기 어렵다는 것을 보여줍니다. **연속적인 공간, 지속적인 공간, 다양한 선택과 활동이 가능한 공간, 구성원의 정체성과 소속감**을 마련할 수 있는 공간은 그 어느 때보다도 더욱 **중요한 의미**를 얻고 있습니다. 그렇다면 언제부터 장소와 공간의 근본적 의미들이 사라지기 시작했을까요? 즉 인간이 그 삶의 영역을 명확하게 인식 가능한 심상의 지도 밖으로 넓혀 갔던 그 순간부터 필연적으로 모든 공간은 **해체**되어 갔습니다. 단순하게 생각하자면 **인위적인 경계**가 생겨나고 그 사이에 통로를 기하학적으로 설정해야만 했던 순간 건축적인 발전은 가속화되고 더욱 많은 것을 생산하게 되었으나 반대로 심상의 **존재적 공간**은 사실상 그 연속적인 공간의 결합성을 잃게 된 것입니다. **이제 공간, 장소, 영역, 건축**은 시간을 통하여 인간의 행위와 의식으로부터 결정되는 것이 아니라 일순간에 단 하나의 계획을 통하여 **강제적으로 할당**되는 것이 당연한 것이 되었습니다. 이제 공간은 두 개의 서로 다른 시간 속에 해체될 수 밖에 없는 상황에 직면하였습니다. 물리적인 존재와 정신적인 의식 사이에서 두 영역의 일치는 시간적으로나 공간적으로 좀처럼 일어나기 힘든 상황에 되었습니다. 그러므로 오늘날의 개개인의 존재적인 장은 사실상 거의 사라져가고 있으며 개개인은 지속적인 안정화를 얻기 힘들어집니다. 현대의 여러 현상들이 정체성을 위협하고 인간소외를 유도하기 이전에 이미 현대를 만들어 내고 있는 문화 자체가 우리 모두를 해체시켜가고 있다고 할 수 있습니다. 여기에는 더 많은 문제들이 내재하고 있습니다. 결론적으로 도시화 자체는 존재적인 차원에서 매우 좋지 못한 결과를 이미 안고 있다는 것을 의미하기도 합니다. 그러나 그 해체의 정도와 파괴를 제한할 수 있는 여지는 남아 있습니다.

우리 도시는 단절된 공간과 공간의 연속이며 끊임없는 영역들의 연장입니다. 무엇이 이 단절과 영역을 연결합니까?

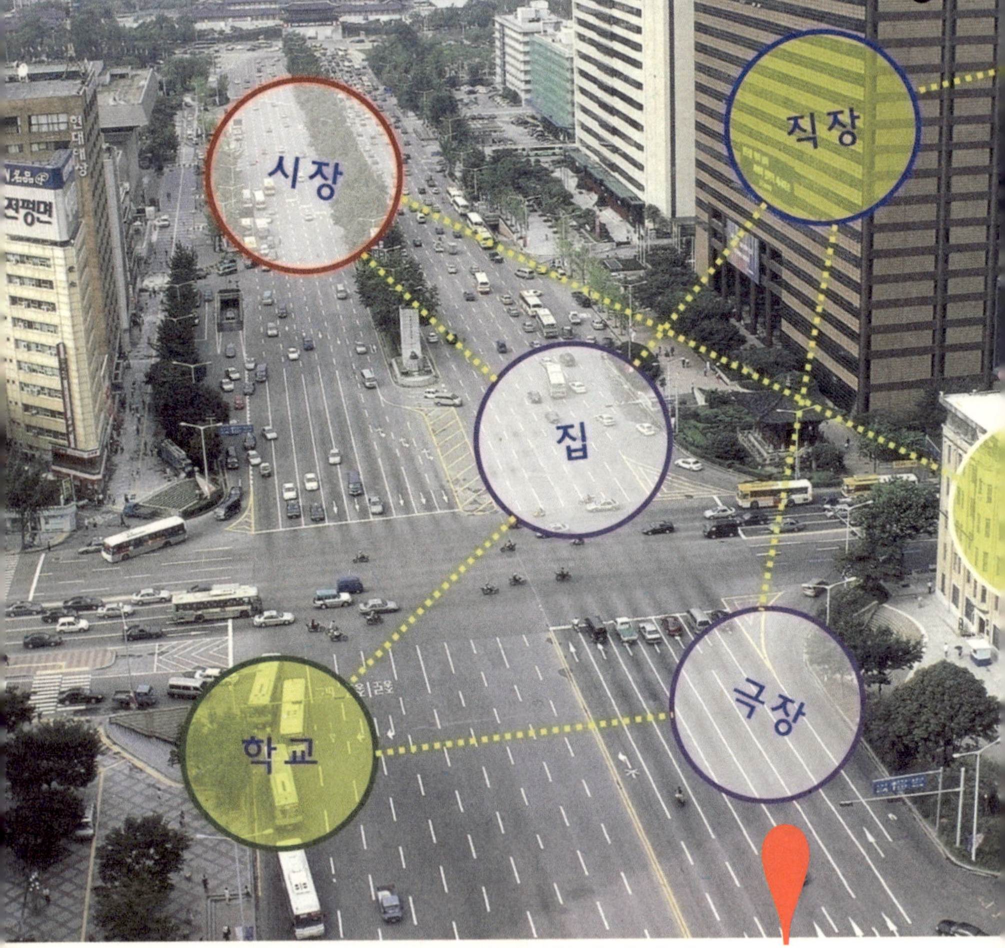

이 많은 거점들은 도시에서 무한히 확장됩니다.
이들 거점들은 오로지 통로에 의해서 연결됩니다.!

통로, 고속도로, 간선도로, 지선도로, 지하철……. 더 나아가 오늘날은 그 간격을 공간적으로 시간적으로 축소하여 놓았습니다. 정보통신 기술은 공간을 시간과 거리를 넘어서 새로운 관계를 정립하였습니다.

우리의 도시는 과연 인간의 존재를 위하여 무엇을 제시합니까? 인간은 근본적으로 도시를 통하여 자신의 삶을 이끌어 가게 되지만 궁극적으로 이 환경이 인간의 존재와 정체성을 확립하는데 무엇을 제공합니까? 도시화는 그 모든 공간을 확대하고 도시적 요소들로 상상할 수 없는 밀도를 창조했습니다. 그러나 인간은 스스로 존재의 물리적 영역의 유형을 바꾸어 놓았습니다. 그것은 기술과 문화가 바꾸어 놓은 놀라운 성과이며 동시에 파괴입니다. 오늘날 우리는 스스로 건축할 수 없으며 대부분 이미 지어져 있는 주택, 연립주택, 아파트로 거주지를 옮겨 갑니다. 그러나 그 거주지의 개념은 삶의 터전과 존재적 안정, 정체성과는 다른 것입니다. 사실은 인간이 거주한다는 것이 가진 실존적인 의미를 잃어버리게 만들었습니다. 우리는 매우 불연속적인 공간적 거점을 매우 밀도 높은 도시의 몇몇 거점만을 마음의 지도에 그려 넣습니다. 도시는 우리들에게 대부분 소극적인 한계를 그려줍니다. 나의 집, 자주 다니는 산책로, 매일 가야 하는 학교, 친구와 영화를 보는 극장이 있는 어느 곳, 직장이 있는 어느 곳, 장을 보는 어느 곳, 서점, 노래방, 고궁, 까페, 연인과 자주 가는 곳 등을 단속적으로 만들어 내고 연결시킵니다. 그러한 공간도 잦은 이사에 따라서 우리는 매번 새로이 만들어내고 새로운 공간과 장소에 익숙해져야만 합니다. 그래서 어느 지역, 어느 정류장, 어느 전철역을 그려내고 그로부터 새로운 통로를 만들어 내야 합니다. 그리고 다시 익숙해지고 그 영역안에서 새로운 지도를 만들거나 수정해야 합니다. 이제 여러분, 어떠한 도시에 사는 여러분은 그 도시의 몇몇 지역에서 일부분의 영역을 생활의 무대로 삼고 그 무대들을 통로를 통하여 묶고 있습니다. 그 공간이 단속적이라는 것은 그들 장소 사이에는 단지 통로로서 연결만이 있을 뿐 공간적인 연관성은 존재하지 않습니다.

우리는 그러므로 어떠한 본질적인 공간의 연결과 시간적인 연장을 얻기가 쉽지 않습니다. 도시는 그러므로 항상 새로운 공간을 만들어 냅니다. 그리고 우리자신이 익숙해지고 우리의 존재를 안정화 시키고자 합니다. 이제 존재를 받치는 공간적인 영역은 사라지고 없습니다. 그 경계는 무한한 연결로 무의미해지고 있습니다. 우리는 새로운 공간을 얻었습니다. 그 공간을 가늠하는 것은 시간도, 거리도 아닙니다. 바로 마음의 지도이며 그것이 우리의 새로운 무대입니다.

이제 건축적인 장소들은 새로운 모습을 얻게 되었습니다. 도시는 우선적으로 특별한 거점들을 중심으로 마음의 지도를 형성합니다. 그것은 주요 건축물, 공원, 전철역, 기념물과 같은 누구나 알 수 있고 쉽게 인지할 수 있는 랜드마크들입니다. 그러므로 대부분의 경우 우리가 의사소통할 수 있는 거점이 됩니다. 그와 같은 중요한 거점들은 통로에 의하여 연결됩니다. 모든 지역들은 거점들 사이의 통로와 관계에 의하여 상대적인 관계와 위치를 지니고 있습니다. 이 관계가 내적인 경계를 만들어 냅니다. 그러한 경계는 거점을 중심으로 일정한 지역들을 포함하는 주변영역을 설정합니다. 그 영역 내에서 즉 권역, 장(場)을 형성합니다. 흔히 말하는 지명들이 영역을 설정합니다. 전후 좌우와 구분된 영역의 특성들로 생겨나는 거리를 얻을 수도 있습니다. 이와 같은 경계와 영역은 수 많은 통로들로 연결됩니다. 이들 통로 가운데 많은 경계와 통로를 지닌 곳을 흔히 노드라고 부릅니다. 그러한 지도는 개인이 형성하는 것이지만 동시에 사회적인 관계에 의하여 생겨납니다. 우리 도시는 그러한 거점들로 이루어져 있습니다. 이 거점들을 더 교통수단들이 묶고 있습니다. 이와 같은 연구는 케빈린치의 도시 이미지에 관한 연구에서 확인할 수 있습니다.

우리의 도시는 어떠한 영역을 만들어냅니까 그리고 어떠한 공간적 지도를 구축합니까 우리 서울을 어떻게 영조되었습니까

조선왕조는 풍수지리 사상과 성리학을 토대로 수도를 계획하였습니다. 당시 성리학은 우주의 근본원리와 인간의 심성문제를 다루는 철학입니다. 조선 왕조의 건축을 주도한 사대부는 정치, 경제 문제에 관심을 가지고 경세에 주력하며 합당한 윤리질서를 갖춘 도성을 계획하였습니다. 태조는 실제로 터의 형세를 살피면서 도읍지의 입지를 판단하고 도성계획 및 시설물을 배치하였습니다. 한양(漢陽)이라는 말은 한강의 북쪽 그리고 산의 남쪽이라는 뜻입니다. 서울의 도시경관은 1394년 8월 태조가 도읍지를 정하고 이후 도성계획을 하고 시설물을 배치하면서 시작되었습니다. 같은 해 9월 종묘, 궁궐, 시장, 도로 터를 정하고 권중화를 중심으로 한 신하들이 한양 도성 건설계획을 그린 설계도를 바쳤습니다. 이후 도성의 경관은 천천히 건설되었습니다. 정도전은 경복궁, 근정전을 차례로 건축하였습니다. 종묘는 궁궐 왼쪽에 사직은 오른쪽에 두고 궁궐 앞에는 외조를 두어야 한다는 규범에 따라 배치하였습니다. 경복궁 앞 대로에는 의정부, 육조 등의 주요 관아를 배치하였습니다. 또한 도성에는 예제의 입장에서 볼 때, 나라를 지켜주는 각종 신령을 위한 제사시설을 갖추었습니다. 종묘와 사직, 공자의 신위를 모신 문묘, 농사를 주관하는 선농신, 양잠을 주관하는 선잠산등이 한양 내에 자리를 잡았습니다. 한양의 도시 경관은 유교적 질서에 의하여 예제가 실천되는 장소로 지어졌습니다. 그러나 조선초기만 하더라도 한양 도성 안에는 불교사찰도 건설되어 있었습니다.

한양도성도 1770년도

16. 형태와 이미지의 통제

스케치, 건축도면, 투시도, 모형, 다이어그램……

건축적 형태 그리고 이미지는 어떻게 구축됩니까 구축을 위한 수단과 방법은 어떻게 변화했습니까

우리가 얻고자 하는 형태는 무엇을 바탕으로 구축됩니까? 그리고 건축 디자인을 위하여 건축가가 의도하는 바를 어떻게 가시화시키는가에 대한 문제에 접하게 됩니다. 건축가는 스케치, 도면, 투시도, 모형, 다이어그램, 프로그램 등으로 자신의 의도를 구체화합니다. 또한 구축된 실체를 모델링 합니다. 지금까지 모든 건축적 작업은 이러한 수단을 통하여 이루어졌습니다. 이와 같은 수단은 건축적 실체가 어떻게 보여지고 어떻게 작동하는가를 미리 확인할 수 있도록 합니다. 그리고 실제로 어떻게 구축되고 구조적으로 어떻게 해석되고 무엇이 건축물의 중요한 테마이고 작가의 개념은 무엇이며 왜 건축하는가와 같은 것을 표현합니다.

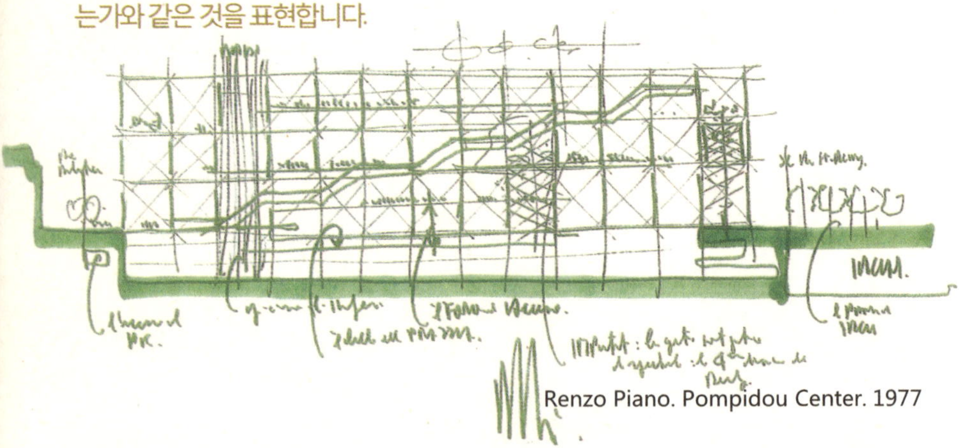

Renzo Piano. Pompidou Center. 1977

스케치들은 건축 디자인을 돕거나 건축디자인 자체를 표현합니다. 건축물은 스케치와 도면 내에서 천천히 발전됩니다. 천천히 발전시키는 방법이기도 하지만 사실상 건축물을 구축하는 통로를 만들어 줍니다. 아주 간단하지만 이 모든 표현은 누군가 다른 사람이 확인할 수 있는 수단이 되어야 합니다. 그것은 대화의 수단이기 때문입니다. 그러므로 명확하고 정확하게 표현하여야 합니다.

Bolles & willson. Luxor theater . 2001

그리고 건축디자인은 여러분이 표현하고 있는 스케치이고 모델링이고 도면 작업하는 대상을 완성하는 것입니다.

건축디자인은 여러분이 표현하고 있는 스케치이고 모델링이고 도면작업 자체입니다.

Bolles & willson. Biblioteca de munster. 1987

?

여러분이 건축 표현과 도면 그리는 것 그리고 스케치, 모형 제작을 배우는 이유는 무엇입니까 그리고 왜 그것은 건축디자인의 수단으로 여겨집니까 또 왜 여러분은 건축물을 표현하는데 다이어그램을 사용하고 프로그램을 만들어 냅니까 이 모든 것은 바로 건축 디자인의 통제방법입니다. 그리고 건축디자인 작업 자체입니다. 또 최종적으로 건축물을 제시하고 건설할 수 있는 방법을 표현하는 것입니다.

건축적 형태 그리고 이미지는 어떻게 구축됩니까 구축을 위한 수단과 방법은 어떻게 변화했습니까

스케치는 가장 필요한 부분만을 기본 선을 가지고 혹은 필요에 따라서 간략한 색상과 도구를 사용하여 표현하는 그래픽의 초기과정입니다.

건축적 표현을 위한 초기의 드로잉은 물체와 공간의 개념전달을 우선하는 도구입니다. 그 자체로 예술적 표현이 될 수도 있고 다양한 정보의 전달을 목적으로 하기도 합니다. 그러나 스케치의 가장 우선하는 것은 사각적으로 사고하고 건축적 대상을 관리하는 과정입니다. 우리가 흔히 말하는 아이디어의 표현은 사실상 개인적 기록으로 사라지지 않는 한, 다른 타인과의 정보와 감각을 전달하기 위한 커뮤니케이션의 수단이 됩니다. 적어도 이러한 스케치 혹은 드로잉이라고 부르는 것은 우리가 살고 있는 세계에 대한 사고를 담고 있습니다. 시각적으로 세부상항을 다루기도 하고 글이 전달하지 못하는 것을 쉽게 보여줄 수 있는 훌륭한 수단입니다. 절대적인 사고의 전달 정도를 어떻게 판단하는가는 또 다른 문제입니다. 그 정도에 따라서 물체 자체의 특징을 표현하고 디자인의 문제점을 표현하고 해결하게 됩니다. 다음은 다양한도법의 종류를 보여줍니다.

<table>
<tr><td>정투상법</td><td>평면 plan
입면 elevation
단면 section</td><td colspan="2">다면법도면
multiview drawing</td></tr>
<tr><td>축측
투상도법</td><td>등각투상도 isometric
2등각투상도dimetric
3등각투상도 trimetric</td><td rowspan="2">평행투상도
paraline
drawing</td><td rowspan="3">단면법도면
Singleview
drawing</td></tr>
<tr><td>사투상도법</td><td>입면사투상도 elevation oblique
평면사투상도 plan oblique</td></tr>
<tr><td>투시도법</td><td>1점 투시도 1point perspective
2점 투시도 2point perspective
3정 투시도 3point perspective</td><td>투시도
perspective
drawing</td></tr>
</table>

그러므로 훌륭한 스케치는 표현과 의사전달의 수단이지만, 동시에 표현과 사고를 창조하기도 합니다. 개념과 스케치는 멀지 않은 관계를 유지합니다. 즉 시각적인 도구로서 스케치와 드로잉은 건축가의 능력을 배양시키고 발견하는 수단입니다.

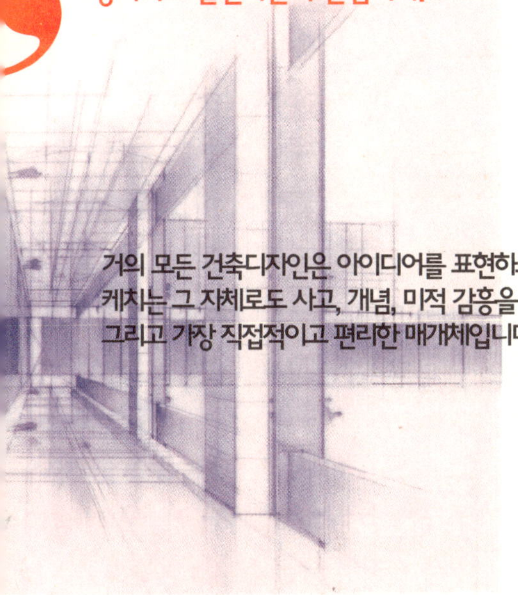

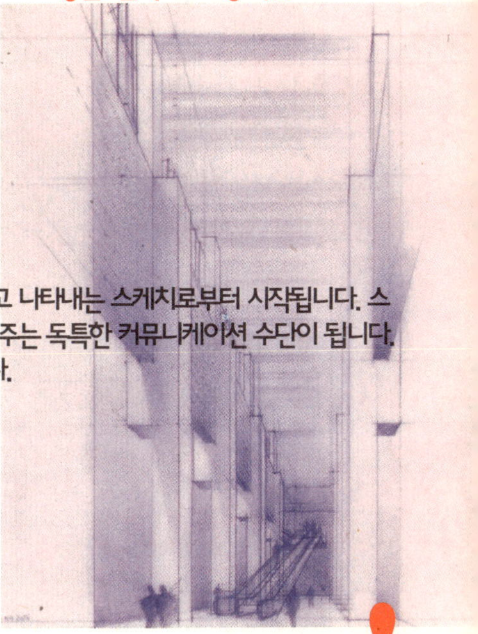

거의 모든 건축디자인은 아이디어를 표현하고 나타내는 스케치로부터 시작됩니다. 스케치는 그 자체로도 사고, 개념, 미적 감흥을 주는 독특한 커뮤니케이션 수단이 됩니다. 그리고 가장 직접적이고 편리한 매개체입니다.

투시도는 실제의 공간이 구축되는 상황을 짐작할 수 있게 하며 동시에 미리 조절할 수 있는 방법입니다.

Dominique Perrault. Perspective Drawings

정투상도

평면도

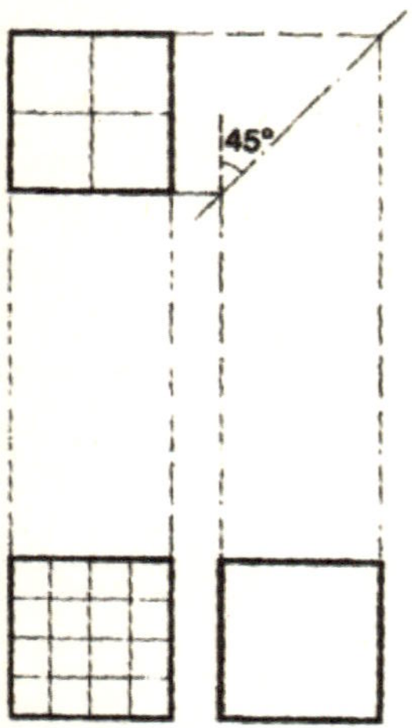

평면도

평면도와 입면도는 물체의 한 면만을 그리는 입체도입니다. 그면은 입체도와 평행으로 놓이며 물체의 치수는 정확히 비례합니다.

축측투상도

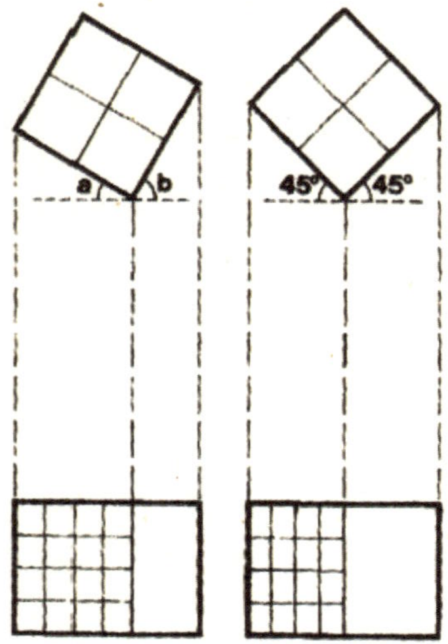

등투상도

정투상도의 두 면만을 그립니다. a&b의 각 0°<a<90° 0°<b<90° a+b =90°(직면체)

부등각투상도

a&b : 0°<a<90°
0°<b<90°
a+b=90°(직면체)
p&q : 0°<p<a
0°<q<b
p+q<90° 정면, 측면, 입면이 다른 비율로 축소됨

2등각투상도

a&b : 0°<a<90°
0°<b<90°
a+b=90°(직면체)
p&q : 0°<p<a
0°<q<b p+q<90°
정면, 측면, 입면이 다른 비율로 축소됨
x:y:z=1:1:3/4

등각투상도

a&b : a=b=45°
p&q : p=q=30°
정면, 측면, 입면이 같은 비율로 축소됨
x:y:z=1:1:1

사투상도

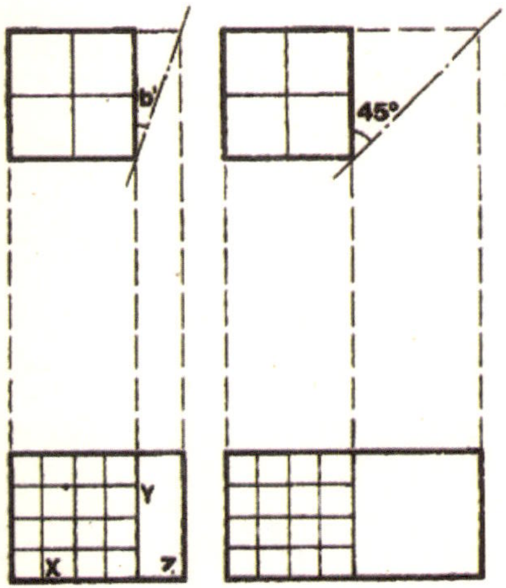

등각 사투상도

정투상도의 두 면만을 그립니다.
b' : 0°<b' ≤45°
수직축 Y와 수평축 X: 비율유지
수평축 Z : 변수비율, 축소비율

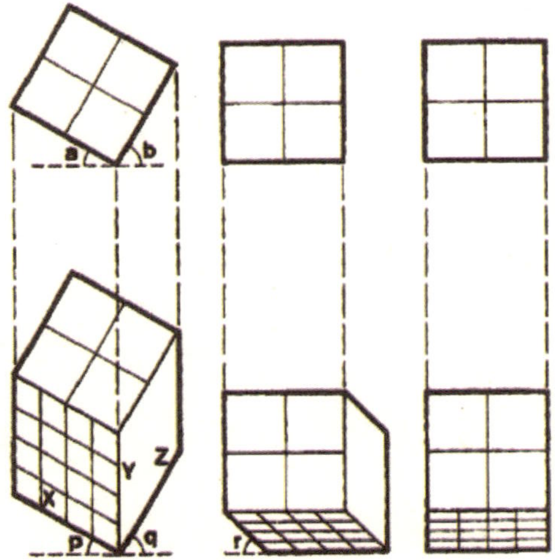

평면 사투상도

평면도는 모양과 크기를 유지합니다.
0°<a<90° 0°<b<90° a+b=90°(직면체)
a=p, b=q
각 r(Y축방향) 0°≤r≤360°
(r이 0°,90°,180°,270°,360°일 때 등각투상도가 된다)
수직축 Y: 변수비율, 축소비율
수평축 X & Z : 비율유지

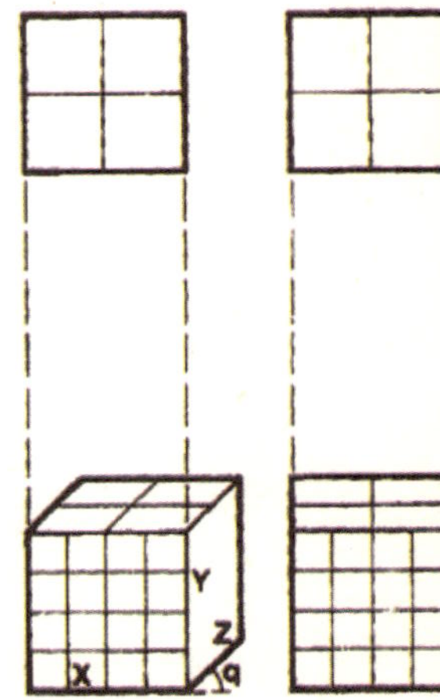

입면 사투상도

입면도는 모양과 크기를 유지합니다.
0°<q<360°
수직축 Y & 수평축 X : 비율유지
수평축 Z : 변수비율, 축소비율

투시도

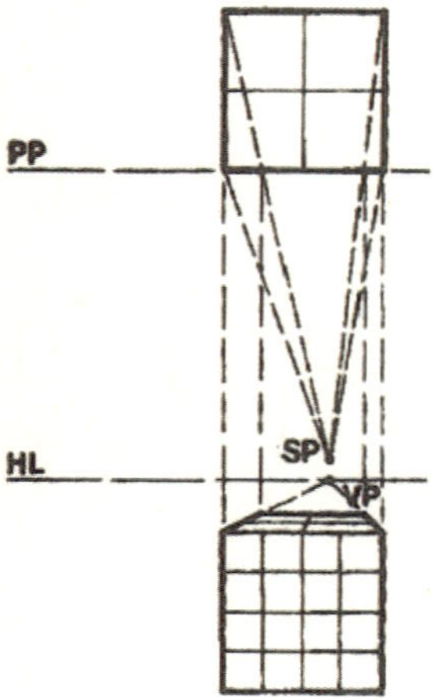

1점 투시도

물체의 한 편이 그림과 평행을 이룹니다. 정점(SP), 화면(PP), 지선(HL)의 위치는 변화합니다.
수직선은 수직을 유지합니다.
수평선은 소실점(VP)에 모입니다.
사라지는 축의 비율은 원근으로 축소됩니다.

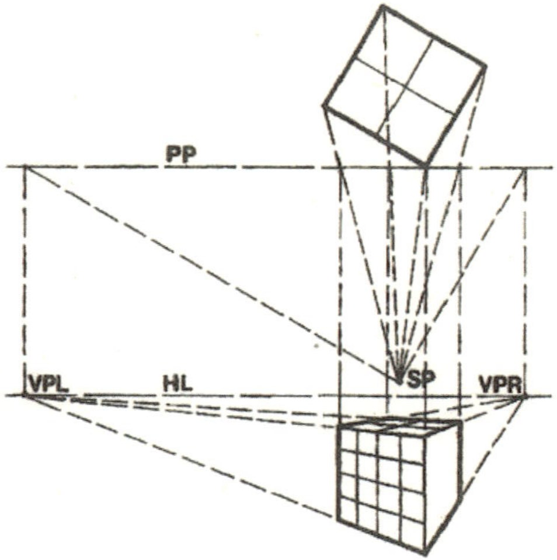

2점 투시도

직육면체의 평형각 한 세트는 화면과 평행하고 다른 화면은 화면과 평행하지 않습니다. 정점(SP), 화면(PP), 지선(HL)의 위치는 변화합니다.
수직선은 수직을 유지합니다.
수평선은 SP, PP, HL에 따라서 결정되나 우측이나 좌측 소실점(VPL/VPR)에 모입니다.
수평축의 비율은 원근으로 축소됩니다.

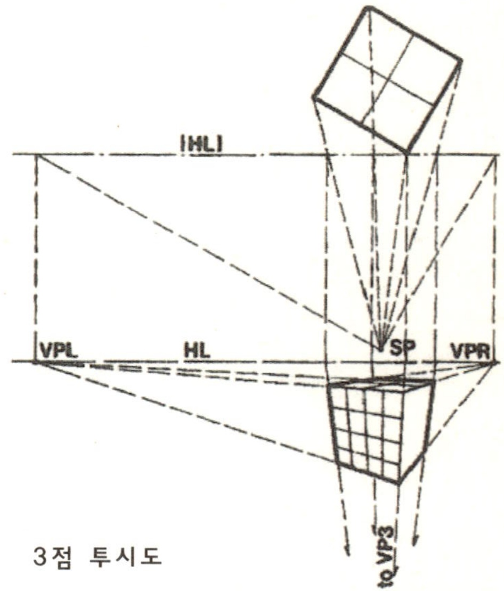

3점 투시도

직육면체의 각이나 면이 화면과 평행간 것은 없습니다. 즉 화면이 일정각도로 기울여져 있다는 것입니다. 정점(SP), 화면(PP), 지선(HL)의 위치는 변화합니다. 수직선은 소실점 3(VPL)에 모입니다. 수평선은 소실점(VPL/VPR)에 모입니다.
수평축의 비율은 원근으로 축소됩니다.

시각적 통제와 새로운 세계의 탄생

투시도는 새로운 패러다임을 만들어 냈습니다. 그리고 새롭게 볼 수 있는 형태적 공간적 대상을 만들어 냈습니다. 본다는 것은 볼 수 있다는 것은 그것을 정립하도록 하는 계기를 만들어 냈습니다.

투시도법은 르네상스시대 이탈리아에서 확립된 것입니다. 투시도법은 건축가이자 문인이기도 한 L. B. Alberti 에 의해 이론으로 체계화되고 화가 P. D. Francesca의 회화활동을 통해서 완성되었습니다.

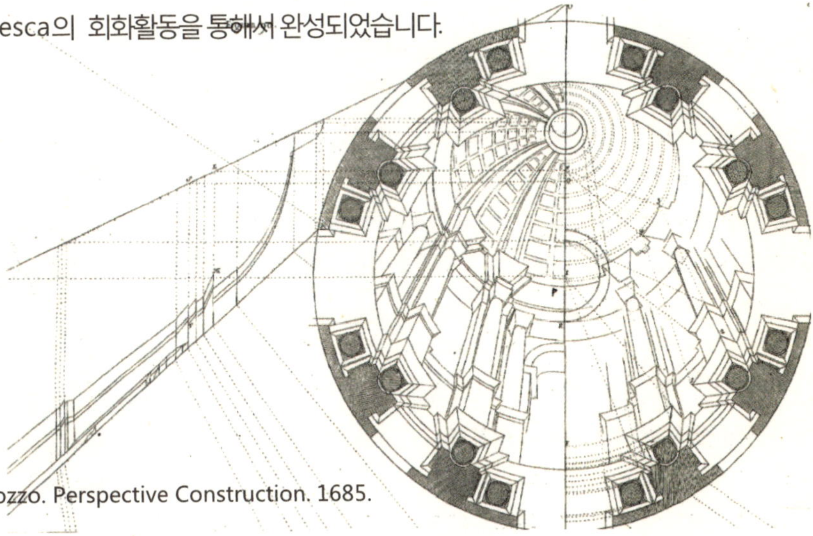

Andrea Pozzo. Perspective Construction. 1685.

건축가 F. Brunelleschi에 의한 투시도법은 건축물의 표현에 사용되었습니다. 공간의 이 같은 분리에 의해 철학에서 말하는 주체와 객체의 분리라고 할 수 있는 일련의 개념적인 진전이 일어났습니다. 주체와 객체의 분리가 일어나게 되었습니다. 이제 인간이 관찰하면서 확인할 수 있는 세계의 형태와 공간을 임의적인 방법으로 표현할 수 있게 되었습니다. 시각적인 변화는 세계를 바라보는 방식의 변화이고 투시도를 통하여 새로운 공간의 질서를 바꾸는 것입니다. 이제 가늠할 수 없었던 공간의 폭과 깊이를 시각적으로 표현하고 조율할 수 있게 되었습니다. 이전에는 개개인의 공간감과 능력에 따라서 짐작할 수 밖에 없었던 공간은 통제할 수 있는 대상이 되었습니다.

공간의 통제는 공간내의 상황의 통제를 가져왔습니다. 보이는 대상이 입체적이 된다는 것은 세계의 차원을 변화시켰습니다.

그렇게 되자마자 상상할 수 없는 변화가 일어났습니다. 이제 공간의 깊이를 얻지 못한 모든 원칙들은 사실상 절대적인 권위를 잃고 말았습니다. 차츰 형태적 구축은 공간의 구축이 되고, 형태의 통제는 공간을 제외하고는 불가능한 것이 되었습니다. 형태의 구성과 공간의 구성은 인간의 시각적 변화와 움직임을 낳았습니다. 그리고 나서 진정으로 건축은 공간을 담는 그릇이 될 수 있었습니다. 공간이 인간을 담는 순간 인간은 처음으로 건축의 주체가 되었습니다. 세계를 바라보고 세계의 질서와 관계를 정립하는 개인이 스스로와 그를 둘러싼 공간과 공간의 형태들 사이에 관계를 정립할 수 있게 만들어준 것이 공간입니다. 즉 공간은 그 안에 존재하는 개인이 바라보는 대상으로서 존재할 수 있고 개인은 그 공간을 정립하는 주체입니다. 공간이 정립되면 될 수록 공간을 기술하고 감각하고 관계를 인식하는 인간 역시 마찬가지로 정립되었습니다. 공간 안에서 넓이와 높이, 깊이와 같은 시각, 촉각, 운동감, 공간과 공간의 연결, 색채, 빛, 그림자, 질감과 같은 모든 대상들이 세련되게 정립되었습니다. 그러면 그럴수록 공간과 마찬가지로 그 감각을 지닌 인간자신의 정체성도 함께 탐구되었습니다. 공간을 한정하고 공간을 구분하고 공간을 연결하고 점유하는 물리적인 대상들을 통제할 수 있게 된 것입니다. 우리가 통제할 수 있는 방법은 바닥, 벽, 지붕, 기둥, 천장, 담과 같은 요소들입니다. 그러므로 인간의 의식과 인식 그리고 움직임이 공간의 테마가 되는 것은 당연했습니다. 그리고 시간과 거리를 포함하는 것은 당연하였습니다. 공간을 깨닫게 되자 인간의 모든 몸을 통하여 얻게 되는 것이 공간이 되었고 그러므로 더욱 많은 것을 가능하게 만들었습니다. 춤추고, 부딪치고, 감각하고 눈감아 팔을 휘두르고 뛰어다니고 점프하고 구르고 하는 공간을 얻는 것이 당연했습니다. 그리고 그렇게 해서 공간이 생겨났습니다. 그러자 공간을 바라볼 수 있는 역량에 따라 조율하는 대상이 생길 수 있었고, 공간을 느끼고 행위할 수 있는 그릇이 공간이 되는 것도 당연하였습니다. 몸으로 감각하고 체화하는 공간이 생기는 것도 당연하고, 인간의 의식 속에 심화되어 장소가 되는 것도 당연하였습니다. 그 안에서 자신의 육체와 정신을 정립하게 되는 것도 당연한 것이 되었습니다.

공간은 진정한 존재의 무대이고 삶의 무대입니다. 그리고 시간의 무대가 되었습니다. 그리고 형태와 공간을 표현하는 도구는 동시에 발전하였습니다. 과거의 2차원적 도면들은 이제 새로운 차원으로 중첩되고 콜라주 되었습니다.

Morphosis. California. Art Park Performing

공간의 탐구 이후.....

거의 모든 것은 다이어그램이 가진 또 다른 의미들로 확장되고 다의적인 연결점을 확보하고 있습니다.

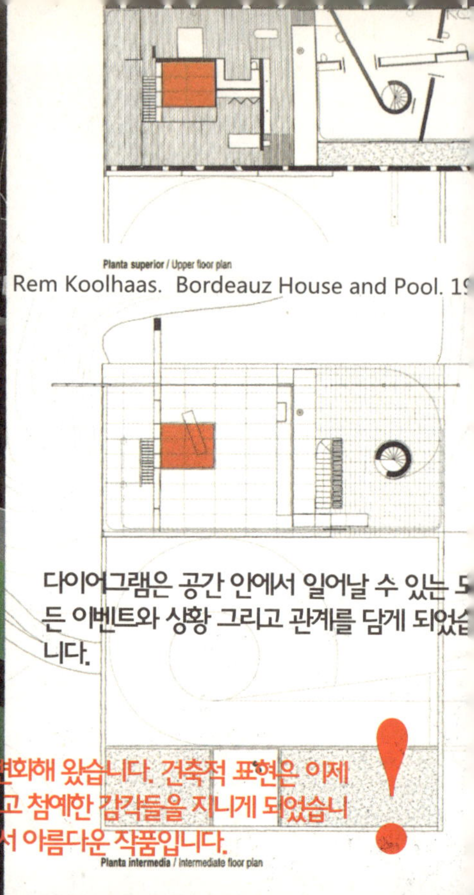

Planta superior / Upper floor plan

Rem Koolhaas. Bordeauz House and Pool. 19

다이어그램은 공간 안에서 일어날 수 있는 모든 이벤트와 상황 그리고 관계를 담게 되었습니다.

건축적 표현을 위한 모든 방법들은 지속적으로 변화해 왔습니다. 건축적 표현은 이제 예술적 디자인이 되었으며 도면들은 더욱 세련되고 첨예한 감각들을 지니게 되었습니다. 모형은 더욱 정교하고 사실적인 표현을 넘어서 아름다운 작품입니다.

Planta intermedia / Intermediate floor plan

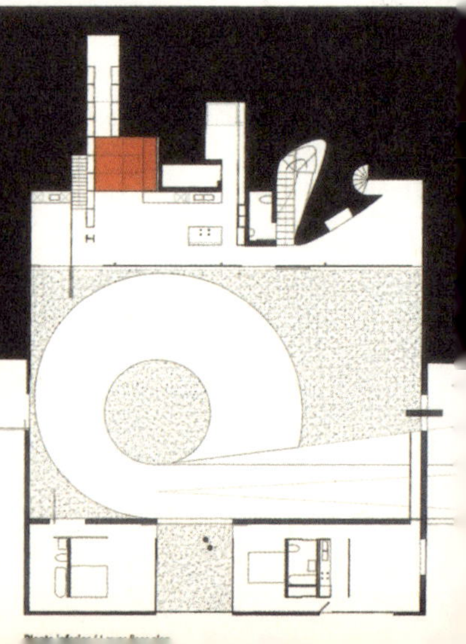

모든 건축디자인의 표현수단은 가능한 방법들을 찾아내고 다면적인 의미를 수렴하였습니다. 그러므로 모든 정보는 함축적인 개념을 포함하게 되었습니다. 다이어그램은 사실상 필요라기보다는 그 가치에 의하여 고안된 것일 수 있습니다.

Diagram

이제 다이어그램은 사실상 개념화된 정보를 담는 대상으로 디자인의 중심이 되었습니다. 다이어그램은 새로운 사고와 표현 그리고 의도적인 창조의 논의에 있어서 중요한 도구가 되었습니다. 다이어그램은 내부적 기능관계를 나타내는 동선의 흐름과 버블다이어그램에 의하여 새로운 표현을 시도함으로써 건축설계에 자연스럽게 도입되었습니다. 다이어그램은 다양한 사실들을 설명하는 도구이며 표현의 도구입니다. 다이어그램은 형태와 구조, 그리고 다양한 관계를 정립하고 제시하고 조직화의 새로운 모형을 추상적으로 생산합니다. 또 형식과 프로그램적인 구성을 보장합니다. 공간, 이벤트, 힘, 저항, 밀도, 분배, 방향 그리고 다른 모든 것을 정립합니다.

훌륭한 표현은 많은 정보의 의미를 전달하는 수단이 될 수 있습니다. 처음부터 문자와 디자인은 나만의 것이 아니라 다른 사람과 의사소통을 전제로 하고 있습니다. 그러므로 가장 적절한 표현이 되어야 하는 것은 당연합니다.

공간, 이벤트, 힘, 저항, 밀도, 분배, 방향, 기능, 형태, 구조……

거대한 건축물은 이제 다이어그램에 의한 형태화의 과정을 겉게 됩니다. 다이어그램과 다양한 표현방식들은 그 의미와 효과의 결합을 통하여 새로운 양상을 낳았습니다. 결과적으로 이러한 훌륭한 도구는 건축적 양상과 표현의 방식들을 바꾸어 놓았습니다.

!

건축적인 문맥에서 조직화는 공간에서 프로그램을 설정하고 배치하는 것이 되었습니다. 다수의 기능과 행위는 프로그램 안에서 명확한 결론을 얻게 됩니다. 다이어그램은 그래픽적인 총합으로 드러냅니다, 그 조직적인 유기적 총체를 보여줍니다. 기능, 형태, 동선, 배치 그 밖의 요소들이 함께 나타납니다. 이 그래픽은 근본적인 매커니즘을 전달합니다. 다이어그램은 사실상 지도는 아닙니다. 이미 존재하는 대상이나 시스템도 아니며 모방도 아닙니다. 그것은 새로운 복합체로 제시됩니다.

Rem Koolhaas Quartier Des Halls. 2004

오늘날 건축은 정보와 개념 그리고 다층적 의미의 표현으로부터 벗어날 수 없습니다. 그러므로 모든 건축은 다이어그램적 표현을 외면할 수 없습니다.

다이어그램은 그 내용물을 하나로 조직화하는 역동적인 관계와 흐름의 질서를 가시화합니다. 동시에 많은 의미와 내용들을 담게 되고 더 가능한한 많은 해석과 의미와 정보의 프로세스를 보여주게 됩니다. 들뢰즈는 다이어그램을 추상적인 기계 abstract machine라고 불렀습니다. 그리고 과정과 행위를 위한 길을 제시합니다. 푸코는 권력을 위한 기율 discipline로 여겼습니다. 구조주의적 입장에서 다이어그램은 요소, 계열 그리고 장(다이어그램)이라는 방식의 사고유형으로 부터 강화되었습니다. 많은 가능성과 가정의 종합으로서 행위의 논리를 설명하고 시스템의 원리를 보여줍니다.

오늘날 다이어그램은 제안된 효율적인 시스템 자체이며 그것의 총체이고 요약이 될 수 있습니다. 동시에 메타 시스템 meta-system을 구성합니다. 그로므로 다이어그램은 수많은 관계의 프로그램을 대변합니다. 프로그램을 축약한 것이 다이어그램이고 다이어그램을 설명하고 해석한 시뮬레이션과 해석이 프로그램이라고 할 수 있습니다. 둘 사이에는 밀접한 관계와 상호보완적인 균형이 존재합니다. 오늘날 형태와 공간의 장, 위상적 표면과 한정 사이에는 유기적인 관계가 존재합니다. 건축에 있어서 다이어그램은 건축적 표현의 수단으로서, 작가의 의지적 표현으로서, 정보데이터의 종합과 기준으로서, 프로그램의 해석으로서, 사용자의 행위체계로서, 사용자와 건축사이의 관계로서 유기적 체계를 보여줍니다.

건축적 표현은 단순한 선에 의한 표현으로부터 스케치, 모형, 도면, 투시도, 다이어그램에 이르기까지 빠르게 발전해왔습니다. 이들 도구들이 변화하면서 시대의 건축적 양상이 급격히 변화하게 되었습니다. 각각의 시대는 서로 다른 공간과 형태를 확인하고 의미를 부여하며 새로운 질서를 제시하였습니다. 그것은 또 새로운 건축 디자인 방법에 의하여 통제 받았습니다.

그러므로 모든 건축가들은 자신만의 건축적 개념과 통제의 수단으로서의 디자인 방법론을 강구하게 되었습니다. 현대 건축에서 디자인의 경향과 통제의 방법은 지나치게 자유롭습니다. 또한 이러한 통제의 원리는 개별적인 새로움에 의하여 가치를 인정받게 되었습니다. 이제 우리 주변에는 너무나 많은 건축디자인의 접근방식이 존재합니다. 건축디자인의 규범과 원리가 한 시대의 양식을 결정하였던 것과는 너무나 다른 양상입니다. 우리는 무엇을 기대할 수 있고 이 세계에서 어떠한 결과를 얻을 수 있습니까? 적어도 한 가지는 변화하지 않고 확실하게 남아 있습니다. 그것은 바로 건축 형태와 공간을 통제하는 방법은 아직도 스케치와 다이어그램, 모형 그리고 최종적으로 건축도면이라는 것입니다.

그리고 새로운 도구; 컴퓨터와 가상의 공간이 탄생하였습니다.

17 환상, 그 아름다움

우리가 알고 있는 아름다움은 수많은 미(美)의 역사와 범주의 결과입니다. 그 결과는 지금부터 100년에 지나지 않는 최근에 생겨난 것입니다. 이 아름다움은 어떻게 생겨났습니까

미적인 대상, 미적 감흥, 미의 범주, 미의 판단 …., 미에 관련된 이해를 얻는 것은 쉽지 않습니다. 우리가 건축적 아름다움이라고 이야기하는 데에는 은연중에 인정하는 무엇인가가 존재합니다. 그 몇 가지에 대하여 우리가 잃어버렸거나 혹은 당연하다고 하는 것은 실제로는 다른 모습일 수 있습니다. 미의 개념은 다양한 측면을 포함하고 있습니다. '미'는 예술작품이나 건축미에 관해 이야기 할 때처럼 속성을 나타내는 용어로 사용할 수 있으며 더 넓게 아름다운 사물, 즉 미의 속성을 지닌 대상을 가리키는 뜻으로도 그 말을 사용하기도 합니다. 그리고 그 아름다움을 인지하고 감흥을 얻는 것을 우리는 '미적 경험'이라고 합니다. 미적 경험은 그러므로 심리적 기능을 나타내는 용어입니다. 우리는 이러한 미적인 대상이 가진 혹은 미 자체의 속성이 어떠한 배열과 상호관계를 가지고 있으며 구조를 형성한다고 생각합니다. 그러한 구조를 대부분 미적 형식이라고 불러왔습니다. 형식이라는 말은 그러므로 실체의 구성을 의미하기도 하고 내재된 관계를 의미하기도 합니다. 이러한 미를 인지하는 능력은 사람마다 다르고 그 정도와 결과도 다른 것이 사실입니다. 즉 미적인 감성은 또 다른 미적인 문제입니다. 미적인 판단에 있어서 스타일, 양식이라는 말을 쓰기도 합니다. 바로크 양식 혹은 스타일에 속해있다거나 혹은 어떠한 작품의 특색을 스타일이라고도 합니다. 그러한 명칭들은 이미 우리 일상생활에서 많이 발견할 수 있습니다. 옷 입는 스타일, 혹은 머리 스타일, 70년대 스타일, 친구의 스타일 …..

우리가 보는 것과 믿는 것, 상상하는 것, 지각하는 것 그리고 모든 경험은 매우 복잡한 하나로 녹아 들어 있으며 어느 것을 떼어내어 이해할 수 없을 만큼 엉겨붙어 있습니다.

우리가 이해 못한다는 것과 감각을 못한다는 것은 사실상 해석의 불가능이고 형식적인 구성의 부분들을 찾아내지 못한다는 뜻입니다. 그러므로 우리는 어떠한 구성형식을 찾아보고 싶어합니다.

! 그러므로 우리는 건축을 구성요소와 관계로서 이해하고 학습하며 디자인하여왔습니다. 그러한 관계는 형태원리, 비례, 미적 요소 등 수많은 이름으로 정리되어 왔습니다. 그러나 그것은 아름다움 자체는 아닙니다. 또한 아름다운 건축물 자체는 아니라는 것을 명심해야만 합니다. 그것은 인간의 인식적 과정일 뿐입니다.

아름다움의 경험을 위한 통로 : 가늠자

인 식(認識) 인식이란 우리가 지각을 통해서 얻는 것입니다. 그러므로 내가 지금 건축물을 보고 그 형태와 색, 공간, 질감 등을 얻고 있는 것, 이것이 바로 인식입니다. 우리가 인식이 가능한 이유는 인식을 가능하게 하는 최초의 능력 때문입니다. 감각과 지각, 상상력, 기억, 오성과 이성, 조작력 구조적 사고 등을 들 수 있으나 가장 근본적인 것은 감각이라고 할 수 있습니다.

감 각(感覺) 감각을 뜻하는 그리스어 aisthesis는 오늘날 athlete(운동선수), aesthetics(감성론, 미학) 같은 말들에 남아 있습니다. 즉 몸에 의한 체화와 세계 인식이라는 의미가 존재합니다. 이 말의 라틴어 번역어가 sensus 이며 오늘날의 sense가 되었습니다. aisthesis는 감수성을 뜻하기도 하며 감성작용 혹은 감각작용을 뜻하기도 한다. 우리에게 감각, 감성, 감수성은 적어도 감각이라는 근본적인 능력으로부터 시작된 것은 틀림이 없습니다.

지 각(知覺) 감각과 지각의 차이는 미묘합니다. 감각은 단적으로 하나의 감각기관이 그에 상응하는 하나의 감각되는 것을 포착하는 것을 의미합니다. 그러나 지각은 감각들의 종합적 작용을 뜻하며 그 종합적 작용을 통해서 하나의 대상이 포착되는 과정 전체를 의미합니다. 그러므로 지각은 감각보다 고차원적인 인식이라 할 수 있습니다. 지각은 감각과 개념적 수준의 인식 사이에 위치한다고 할 수 있습니다. 감각이라는 것이 원초적 생리적 느낌 차원이고, 인식이 개념적 수준의 포착이라면, 지각은 감각과 인식 사이의 과정이라고 볼 수 있습니다. 대상이라는 것을 구체적으로 형성시키는 것이 바로 지각입니다.

이 성(理性) 우리가 어떠한 것을 감각하고 인간의 오감을 넘어 다른 차원을 인식하고 접촉하는 것은, 감각적 존재들을 변형시키고 의미를 부여하는 것은 바로 다름 아닌 이성입니다. 인간을 신체를 통해 세계를 지각하고 또 도구들을 통해 신체적 지각 차원 이상을 지각 하지만 그것으로 인식을 이루어낸 것은 아닙니다. 결국 그렇게 얻어낸 자료를 분석하고 개념화하고 법칙화해야 인식이 되는 것인데, 이 때 인식이란 단순한 차원 이상의 것을 함축하는 것입니다. 즉 인간은 감각을 통해서 포착되지 않는 차원을 포착할 수 있는 이성을 갖추고 있기 때문에 가능한 것입니다.

감성(理性) or 감수성(感受性) 감성은 수동적입니다. 외부로부터, 건축으로부터 자극을 직관적으로 받아들이는 능력입니다. 그 감각적 작용을 받아들이는 수용성의 뜻을 지니고 있습니다. 그리고 인간과 세계를 잇는 원초적 유대로서 인간 생활의 기본적 영역을 열어 주는 역할을 합니다. 이성적 사고를 위한 감각적 소재를 제공합니다. 실천적과 도덕적 생활에서는 이성의 지배와 통제의 감정적 소지(素地)를 마련합니다. 미적(美的) 인식에서는 자신의 순수한 모습을 나타냄으로써 인간적 생의 상징적 징표(徵表)가 될 수도 있습니다. 우리는 감각적 대상들을 감성을 통하여 미적으로 인식하고 받아들이며 이성을 통하여 인식하고 종합합니다.

미의식(美意識) 미를 창작하거나 감상할 때 나타나는 정신적 의식을 일컫습니다. A.G. 바움가르텐이 미학(美學)을 감성적 인식의 학문이라고 정의한 뒤로 감성 가운데 미의식은 미학의 가장 중심적 주제가 되었습니다. 그 이유는 고전미학에서는 초감각적인 미의 이념이 추구되었습니다 그와는 다르게 근대미학에서는 인간의 의식에 직접적으로 나타나는 미의 주제로 되었기 때문에 미의식은 더욱 중요한 것이 되었습니다. 예술작품 또는 자연미를 향수(享受)함에 있어 인간의 의식은 일상적 장면에서처럼 사물에 대한 이해관심에 의해 움직이는 것이 아니라 자유로운 상태에 놓이게 되었습니다. 그러나 미의식은 도덕적 판단의 경우와 같이 일정한 목적관념에 의해 좌우되지 않음에도 불구하고 어떤 합목적성(合目的性)의 실현을 추구한다고 알려져 있습니다. 즉 어떠한 아름다움을 보고자하는 의도와 찾아가려는 은연 중의 구체화의 과정을 거치게 됩니다. 예술작품의 창조에 있어 인간의 정신은 어떤 목적의식에 지배되는 동시에 존재에 대한 관심에도 구속되어 나타나기 때문입니다. 그것은 미의식이 감각, 감성, 이성, 인식, 지각의 차원과 결코 멀리 있지 않기 때문입니다. 미의식은 예술작품의 미를 향수할 경우 뿐만 아니라 미적인 것을 창조할 경우에도 적극적으로 작용한다고 볼 수 있습니다.

우리가 얻고자 하는 건축적 아름다움은 그러므로 인간의 감각과 의식, 인식, 지각, 이성, 감성, 미의식과 같은 수많은 정신적 작업들의 분석과 원칙들에 의하여 구축될 수 있다고 믿어져 왔습니다. 그것이 옳은가 그렇지 않은가에 대한 판단은 중요하지 않습니다. 왜냐하면 인간은 적어도 그러한 과정과 단계를 통하여 미를 알게 되고 아름다움을 인지하고 감흥을 얻는다는 것은 당연하기 때문입니다. 그리고 미적 대상으로부터 미적 경험을 얻는 가운데 어떠한 이성적인 판단이 이루어지고 그 판단의 대상과 내용을 확인 할 수 있다는 것은 분명하기 때문입니다.

우리가 미적 경험을 한다는 것은 매우 다양한 지적 활동과 감성적인 에너지에 의하여 이루어집니다. 그러므로 건축적 아름다움을 논하는 것은 사실 광범위한 논의와 주장으로 들어차 있습니다.

아름다운 건축물로부터 무엇을 발견하였습니까 그것이 가장 중요한 아름다움의 대상이고 형식이며 미적 경험의 근거가 될 수 있다고 느낍니까 바로 그것은 무엇입니까

우리는 여전히 질문을 계속하고 그 답을 찾아 가고 있습니다. 그러나 앞으로도 더 많은 질문들이 계속 될 것임에 틀림이 없습니다. 그 해답은 항상 맨 처음의 결론으로 돌아가게 될 것임에 틀림이 없습니다. 미적 대상으로부터 얻어지는 아름다움의 근거는 바로 즐거움을 주는 대상이며 그 대상들은 건축을 정의하고 통제하고 건축작업의 원칙이 되었습니다. 이 결론과 다른 것이 있다면 아마도 조금 변화한 것이거나 그와는 반대되는 것임에 틀림이 없습니다. 그러나 그 모두는 즐거움과 건축 정의와 통제, 원칙들로부터 나타난 것임에는 분명합니다.

건축적 아름다움은 다양하다는 것을 인정합니다. 수많은 비의 개념과 특성들을 열거할 수 있지만 그들의 특성을 모두 포함하는 총체적 개념은 존재하지 않습니다.

그러므로 나름의 건축, 나름의 아름다움, 나름의 미적 개념이 인정받고 있습니다. 그 대신 우리는 어떠한 범주의 개념을 완성하는 해답은 항상 맨 처음의 결론으로 돌아가게 될 것임에 틀림이 없습니다. 미적 대상으로부터 얻어지는 아름다움의 근거는 바로 즐거움을 주는 대상이며 그 대상들은 건축을 정의하고 통제하고 건축작업의 원칙이 되었다는 사실입니다. 이 결론과 다른 것이 있다면 아마도 조금 변화한 것이거나 그와는 반대되는 것임에 틀림이 없습니다. 그러나 그 모두는 즐거움과 건축 정의와 통제, 원칙들로부터 나타난 것임에는 분명합니다. 미의 기본적인 범주는 고대로부터 결정되어왔습니다. 그것은 미를 담고 있거나 미를 표현하는 요소들의 관계를 지목하고 있습니다.

건축적 형태가 존재합니다. 그리고 그 형태는 요소들의 구축으로 이루어져있습니다. 그리고 그 요소는 특성을 가지고 있습니다. 미의 원칙들은 그 요소의 특성들이 어떠한 경우 아름다운가를 규정하고 있습니다. 또한 그 요소들이 어떠한 관계를 가지고 있는가 시각적으로 어떻게 보이는가에 관심을 가지고 있습니다. 어떠한 관계에서 시각적 특징을 가질 때 아름다운가 하는 것입니다.

1.건축 형태는 어떠한 구성요소를 가집니까
2.미적 요소들이 보여주는 시각적 특성은 무엇입니까
3.미는 무엇이며 우리는 어떠한 감정을 느낍니까

건축 형태는 어떠한 구성요소를 가집니까

형태를 구축하는 것은 바로 점, 선, 면이라는 최초의 형태 요소입니다.

점은 공간 내에서 우리가 만들 수 있는 모든 형태의 근본입니다. 이러한 의미에서 점은 모든 조형예술의 "최초의 요소"라 할 수 입습니다. 기하학적 정의의 점은 비물질적 존재이므로 상하좌우의 연결 지향성도 없으며, 면적이나 체적이 없는 형태로서 위치만을 나타냅니다. 같은 공간 속에 두 개의 점이 있으면, 두 점 사이에는 인장력이 작용합니다. 이러한 인장력은 두 개의 점 중 하나가 클 경우 그 주의력은 큰 점으로부터 작은 점으로 이동하게 됩니다. 인장력은 점들의 연속을 어떠한 선으로 인지하게 합니다.. 연결된 점들은 시선을 유도하는 능력을 가지고 있다; 또한, 이러한 점들의 연결은 방향을 가지고 움직이게 됩니다. 건축물의 창들은 관찰자가 바라보는 위치에 따라서 근거리에서는 면으로 원거리에서는 점으로 느껴집니다.

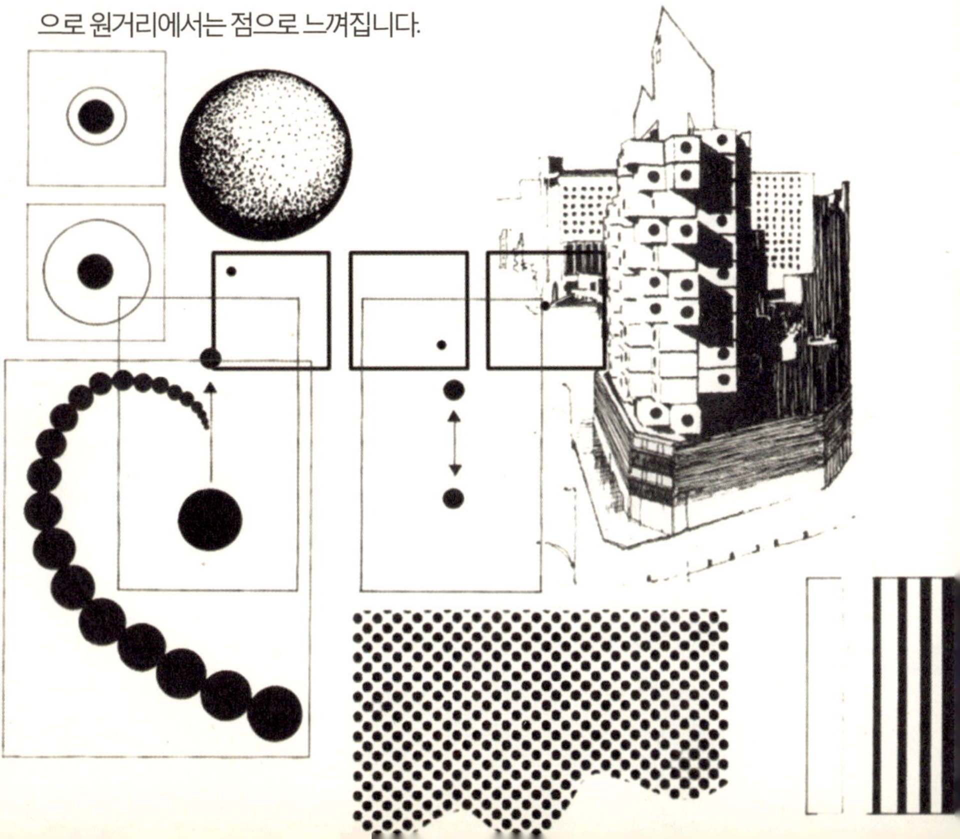

선은 점이 이동한 궤적으로 보여집니다. 점이 움직임으로 인하여 점이 가지고 있던 고유의 정지하고 있는 힘은 움직임의 시작에서 끝으로의 이동으로 확장됩니다. 움직임은 방향과 힘을 만들고 공간의 장(場)으로 확장됩니다. 그러므로 선은 심리적으로 점보다 훨씬 강한 효과를 가지며, 조형의 요소로서는 구체적으로 활용되는 최초의 요소입니다. 점의 연결과 확정 그리고 방향과 공간의 의미로서, 선은 크기가 없는 점과 마찬가지로 기하학적으로 그 치수를 갖지 않습니다. 그러나 시각적으로 인지가 가능한 선들은 점의 움직임에 따라서 방향성을 가지며, 디자인, 조형에서는 시각적 요소가 됩니다.

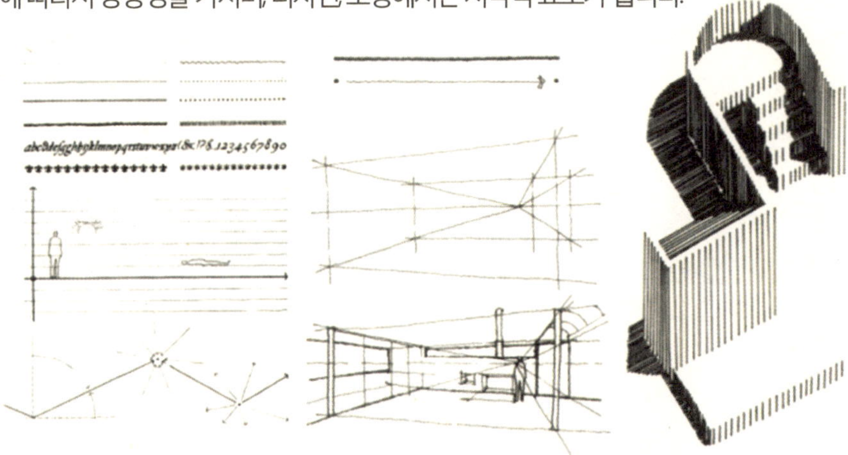

선이 점의 확장된 결과인 것과 같이, 면은 선의 중첩과 반복으로 이루어지는 선의 확장입니다. 즉, 선이 일정한 방향으로 확장된 결과로 볼 수 있습니다. 차원이 없는 점에서 발전된 선을 1차원으로 할 때, 면적을 가지고 있는 2 차원의 면은 부피를 가지고 있는 3차원의 공간내에서 공간을 분할하는 기본요소로 사용됩니다. 면은 길이와 폭의 치수를 가지고 있으며 깊이가 없습니다. 기초 평면은 2개의 수평선과 2개의 수직선으로 한정되며, 그로 인하여 주변의 공간으로부터 분리됩니다. 면의 형태 중 가장 객관적인 기초 형태는 정사각형입니다. 건축공간에서의 면은 바닥면, 벽면, 천장면, 곡면 등입니다. 점, 선, 면을 통하여 3차원적으로 입체가 만들어 집니다.

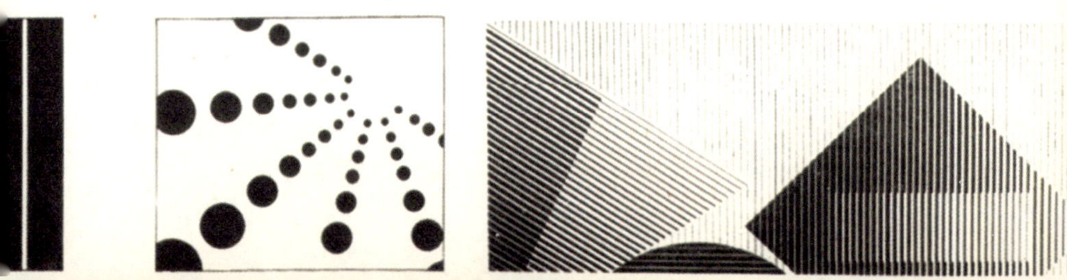

미적 요소들이 보여주는 시각적 특성은 무엇입니까 무엇을 전달합니까

명암, 톤, 색채, 질감, 치수, 길이, 방향, 폭 등을 확인할 수 있습니다. 나아가 이들 요소가 가진 원리와 관계를 모두 시각적 특성으로 여길 수 있습니다.

시지각에 의하여 발견할 수 있는 특성은 형태들이 가진 혹은 형태와 배경이 가진 관계에 의하여 나타나는 원리입니다. 이 원리들은 자연과 인공물의 시각적 특성에 대한 이해를 돕고 관찰자가 건축물, 내부공간, 외구공간, 공간구조, 시각정보를 해석하고 인지하도록 도와줍니다. 그 내용을 모두 확인하는 것은 사실상 불가능합니다. 건축가들은 이와 같은 특성들을 2차원 혹은 3차원적으로 구성하여 건축합니다. **톤과 명암**은 시각의 영역에서 밝음과 어두움의 단계를 설명하는데 종종 같은 뜻으로 쓰이기도 합니다. 일반적으로 흰색에서 검정색까지의 연속적인 계열과 채도를 지닌 색채의 단계를 뜻하기도 합니다. 이러한 톤은 공간의 깊이와 거리감, 시각적 질감, 패턴을 감각하게 돕습니다. **질감**은 표면의 재질을 통하여 지각할 수 있고 관찰자가 확인할 수 있는 사물의 형상, 깊이, 윤곽, 색상등을 파악할 수 있게 합니다. 일반적으로 거칠다/부드럽다/흐릿하다/빛난다와 같은 단어로 설명할 수 있으며 대부분은 촉각적 질감이거나 시각적 질감을 형성합니다. **크기**는 상대적인 용어입니다. 크기를 결정한다는 것은 어떠한 기준이 필요하거나 서로 비교되는 형 혹은 형태가 존재해야 합니다. 크기는 건축가에게 있어 스케일, 깊이, 거리를 결정하게 할 뿐만 아니라 시각적 형태와 구성의 근본적인 윤곽을 결정하게 합니다. **스케일**은 특정한 측정 단위를 가진 크기와 치수를 일컫는 개념입니다. 사실 어떠한 구체적 실체의 적정한 크기와 기능적 미적 관계를 설정하는 기준이 되기도 하고 인간의 감각적인 크기의 기준을 구성하기도 합니다. 그러므로 **치수**는 형과 형태를 일정한 스케일에 맞게 측정하거나 제시하는 크기를 말합니다. 우리는 그 치수의 단위를 미터, 인치, 척, 자와 같이 결정할수 있습니다. **비례**는 어떠한 물리적 형태의 전체 크기와 양에 관계하여 비교되어 나타나는 정도의 관계입니다. 그러므로 상수적으로 제시되거나 혹은 기하학적, 산술적, 조화적 비례를 얻게 됩니다. 사실 건축 역사에서 비례는 많은 체계를 만들어 냈습니다. 루트 사각형을 근거로 조직화하거나 황금분할을 사용하였습니다. **황금분할**은 오늘날 가장 널리 사용되는 비례 체계중 하나이며 고대인들의 신전과 예술품에서 아름다움과 시각적 질서를 얻기 위한 수단으로 사용되었습니다. 황금분할은 $a/b=b/a+b+1.618$의 방정식에 근거한 기하학적 비례입니다.

인체의 비례는 꼬르뷔제의 **모듈러** 그리고 **인간공학**과 **인체 치수**의 발전을 가져왔습니다. 측정값과 치수에 대한 역사적 이론을 검토하므로써 인간이 어떻게 자신이 창조한 물리적 형태 사이의 관계를 탐구 해 왔는지를 알게 되었습니다. **색채**는 형태가 가진 특성과 시각적 메시지 그리고 환경에 대한 수용자에 대한 태도와 반응에 영향을 미칩니다. 색은 또한 흥분, 즐거움, 안락과 같은 감정을 전달시키고 혹은 감소시킬 수 있는 수단입니다. 그러므로 색이 가진 특성과 차원을 이해하는 것은 인간이 형태와 공간에 대한 지각의 개념을 정립하는데 도움이 됩니다. 색채의 이해와 원리는 많은 광학적 지식과 시각적 이해 그리고 철학의 영역과 교차하고 있습니다. 3차원적 형태는 공간을 형성하고 거리를 만들어 냅니다. 이들 거리는 사실 단순한 정량적인 크기를 제시하는 수치가 아니라 2차원적 예술과 표현을 넘어서 3차원적 단서를 제공합니다. 3차원적 공간에서 관찰자의 경험은 **깊이와 거리**를 지각하도록 만듭니다. **3차원적 공간**은 건축 디자인을 가능하게 하는 경계가 없는 시각적 영역을 보여줍니다. 이러한 시각적 기계나 장치들은 안경이나 두 눈이 물체를 확인하는 원리로서 **시각과 안차**에 기초를 두고 있습니다. **위치**는 일반적으로 다른 요소나 이미지의 상대적 위치 혹은 다른 형태들의 상대적인 위치를 참조하여 결정되는 관계에서 깊이나 거리를 가진 방향성을 포함하게 됩니다. 즉 멀다/가깝다, 깊다/얕다, 앞/뒤, 전/후, 좌/우와 같은 관계에 의하여 형태들은 위치를 얻고 관계에 의한 연상들을 얻게 됩니다. **중첩**은 어떠한 다른 요소들 사이에 시각적 영역에서 서로 덮이거나 아래/위. 앞/뒤와 같은 관계에서 서로 공간적인 위치를 가질때 일컫습니다. 따라서 중첩은 다양한 층위의 관계를 만들어내는 시작이 됩니다. 특정한 측정 단위를 가진 크기와 치수를 일컫는 개념입니다. **경사**는 물리적 환경 속에서는 존재하지 않는 깊이의 단서입니다. 동시에 공간의 역동성과 우연한 아름다움을 만들어 냅니다. 사실상 모든 투시도는 이와 같은 소실점으로의 경사선을 따라 이루어지는 깊이감을 근거로 합니다. **게슈탈트이론**은 시지각의 실험과 연구들이 경험을 구성하는 부분적인 요소들을 다루기 보다는 더욱 넓은 관점에서 지각을 다루고 있습니다. 그 연구의 결과는 대칭과 규칙성의 유지, 폐쇄성의 법칙, 형태적 유사성의 인식과 같은 것을 발견하게 합니다. **3차원적 형의 인식**은 화면에 놓인 물체의 차원이나 깊이감 안정감이 가져오는 시각적 단서나 요인들이 제공하는 단서들에 의존합니다. **형태**는 그 바탕과 구별을 통하여 형태의 윤곽을 얻게 됩니다. 그러므로 **형태와 배경**을 식별하는 것은 가장 먼저 일어나는 형태 지각의 하나 입니다.

패턴은 바탕이나 형태가 가진 시각적 특성이 확장되거나 변화되면서 일정한 전체적으로 관계를 지닌 시각적 이미지를 형성할 때 생겨납니다. 대체로 패턴은 중첩, 대칭, 반복, 무아레와 같은 일정한 형식을 갖게 됩니다. 여러 요소들은 종종 대칭적인 정렬에서 그 중앙에 놓이는 실제 또는 가상의 선을 인식하게 되는데 이것을 **축**이라고 부릅니다. 이 전체와 그룹안에서 서로 요소들이 균등함이나 평형을 이루는 상태를 **균형**이라고 합니다. 건축물이나 혹은 건축물이 형성하는 공간이 보는 사람에게 마치 닫힌 것처럼 보이거나 외적인 관계가 부족한 경우 우리는 그러한 상태는 **닫힌상태**라고하거나 **폐쇄성**을 갖고 있다고 합니다. 하나 또는 그 이상의 요소가 서로 상반되게 배치되거나 상반적 특성을 띄고 인접한 경우 이것을 **대비**라고 합니다. 한정적 공간에서 형태들의 위치가 일정한 질서를 이루거나 혹은 정렬에 의하여 나타나는 경우 그리고 여러 요소들이 일정한 방향으로 시각적인 동세를 만들어 낼 때 **방향성**을 가지고 있다고 말합니다. 대부분은 하나의 혹은 그 이상의 구성요소와 원칙들이 시각적으로 가장 강조되거나 현저하게 보이는 상태를 **지배**적이라고 합니다. 디자인, 시각적 메시지, 예술적 형태감, 환경이 창조되는 2차원 혹은 3차원적 영역이나 공간, 길이와 폭을 갖는 2차원적 형식, 길이와 폭, 깊이를 갖는 형식 상대적인 용어입니다. 크기를 결정한다는 것은 어떠한 기준이 필요하거나 서로 비교되는 형식을 우리는 **포맷**이라고 합니다. 구성이나 포맷에서 시각적 요소들의 관련성을 지각하기 위해 움직이는 시선의 방향이 중단되지 않고 끊임없이 이어질 수 있는 조건을 **연속성**이라고 일컫습니다. 우리는 평면과 입체구성이나 형, 구조에서 시각적 요소들이 심미적으로 조화롭고 질서 있게 보이는 상태를 **균형**을 갖고 있다거나 균형적이라고 합니다. 어떠한 물리적 형태나 형식이 어느 하나나 그 이상의 요소로서 계속적으로 되풀이 되는 것을 **반복**이라고 합니다. 그러한 반복 가운데 어느 한 요소가 규칙적이며 조화롭게 반복되어 되풀이 될 경우 우리는 **리듬**을 가진다거나 혹은 **율동**적이라고 합니다. 형태나 모양이 시각적으로 균형을 이루고 안정된 것으로 보이며 무게감이나 분산이 일정하다고 보여지는 것을 **평형**이라고 합니다. 한 형태에서 어느 중심축을 중심으로 좌우 상하가 서로 마주보듯이 일치하는 상태를 **대칭**이라고 합니다. **프래그낸즈의 법칙**은 지각 공간을 분해하여 이미지를 좀더 쉽게 파악할 수 있도록 여러 개의 부분들로 나누는 법칙입니다. 게슈탈트 심리학자들은 형의 우수성을 설명하는 몇 가지 자질을 단순성, 규칙성, 대칭성 그리고 기억의 용이성입니다.

메시지는 의도된 진술, 아이디어 또는 교류된 감정입니다. 메시지를 의미하는 부호는 물리적 형이나 형태로 나타나며 이것들이 독립적으로 또는 복합적으로 사용됩니다. 즉 기호, 상징, 용어, 구문, 시각언어 등이 그 사례입니다. 그리는 시각적 메시지가 일관성 있게 표현될 수 있도록 사용됩니다. **그리드**는 활자와 이미지의 영역과 범위, 여백을 보여주며 공간의 일정한 넓이를 정의하는데 사용됩니다. 그리드 안에서 구성요소들은 논리적인 방법으로 구성될 수 있습니다. **좋은 형태**는 단순한 형태와 윤곽을 지니고 있으며 인식하기 쉽고 기억하기 쉽고 규칙을 지니며 익숙한 형태로부터 유추되며 균형, 대칭 비례를 지닌 것이라고 믿어왔습니다. 이와 같은 형태의 시각적 메시지의 시각적 질은 형태요소와 원리에 의하여 평가하게 되었습니다. 그 대상으로 크기, 중량, 양감, 수량, 형, 단순성, 규칙성, 색채, 명암, 질감, 방향, 방위, 연속성, 반복과 같은 특성들의 우수함입니다. 이와 같은 형태가 가진 특성과 시각적 메시지 그리고 환경에 대한 수용자에 대한 태도와 반응에 영향을 미칩니다. 그 가운데 각 요소들은 시각적인 계층을 형성하고 이 요소들은 연대순, 일반적인 것으로부터 특별한 것으로, 세부적인 것으로부터 전체적인 것으로, 두드러지는 것으로부터 미약한 것까지 어떠한 단계를 형성합니다. 이 가운데 가장 두드러진 것을 우리는 **지배**적인 요소로 **강조**라고 합니다. 사용된 요소들과 조화를 이루는 시각적인 특성을 **통일성**이라고 합니다. 이 모든 연속적인 시각적 특성은 그 반대개념과 단절된 것이 아닙니다. 정도의 차이를 지니고 **연속적인 가치**를 지닙니다. 즉 하늘과 땅의 극적 대립이 아니라 단계적인 고저의 변화를 유지합니다. 모든 개념들은 그러므로 그 가능한 최고의 대립 혹은 대조의 개념을 가집니다. 수직/수평, 앞/뒤, 좌/우, 직선/곡선, 오목한/볼록한, 마른/젖은, 팽창하는/축소하는, 하나의/여럿의, 모아진/흩어진, 작은/큰, 단순한/복잡한, 증가하는/감소하는, 우월한/열등한, 단단한/유연한…… 요소들 사이에 존재하는 **대립성**과 단계적인 변화는 디자인에 있어서 중요한 요소를 형성합니다. 건축적 작업은 관찰자가 개인적으로 습득한 학습이나 경험을 통하여 어느 하나의 형으로부터 많은 것을 연상하며 언어적 해석을 달리하는 것을 **자유로운 연상**이라고 합니다. 형이나 형태 그리고 수량이 일치하는 것, 일치하는 형들은 명암이나 질감, 색채, 크기, 형 등을 포함한 모든 특성이 완전히 같을 경우 우리는 **일치**라고 합니다. 우리가 구성하는 형태는 **공간적 조직**을 가지고 있습니다. 중앙집중적이거나 직선적, 방사적, 환상형, 군생적, 그리드형을 가지게 됩니다. 모든 형태는 어떠한 운동의 감각을 가지고 있습니다. 그것은 이동, 회전, 반사, 엇갈리기, 대칭, 팽창 등 입니다.

모든 원리들을 더 거대한 구축 내에서 통합되고 요소들은 일부가 되어 드러나지 않은 것으로 보입니다. 그러나 세밀한 구성과 배려가 전체를 부드럽고 아름답게 만들고 더욱 자연스럽게 만들어 냅니다. 즉 모든 미적인 원리는 가장 훌륭한 하나의 주제에 통합됩니다. 적합성, 장식, 우미, 우아, 섬세, 숭고, 이중적, 광의적, 양식적, 고전적, 절대적, 규범적, 지적, 표준적 미는 오늘날 변화하였습니다.

오늘날에는 시적인, 정신적인, 형식보다 정신이 우월한, 기존에 대한 반항으로, 사회적 대립으로서, 개인주의적, 주관주의적, 신기한 , 상대적, 새로운 미에 관심을 돌리게 만들었습니다. 무엇보다도 건축적 아름다움은 총체적 분위기이고 모든 대상들의 관계적 아름다움으로 여기게 되었습니다. 그래서 많은 건축적 요소들은 전체의 부분이 될 수 있었습니다.

그리고 우리는 어떠한 감정을 느낍니까 ?

다양한 요소들은 건축적 원리 속에서 구성되고 그 조직들은 건축물이 되고 건축공간이 됩니다. 그 관계에서 관찰자가 느끼게 되는 과정을 건축적 경험이라고 합니다. 그 경험의 결과 우리가 느끼는 것은 미적 감흥입니다. 우리가 보고 느끼는 것은 건축적 대상이며 건축적 대상이 가진 원리이고 구성방식입니다. 또한 건축물은 주변 공간과 함께 어울리는 전체입니다. 일단 구축되고 나면 건축물과 공간은 그 자체가 아닌 인간이 참여하는 공간과 건축으로 변화합니다. 그리고 전체로서 경험되고 동화되는 것입니다.

현대 건축에서 즐거움을 거의 발견할 수 없는 사람들은 종종 우리 사회에서 공감할 수 있는 요소가 부족하다는 것을 깨닫습니다. 그 점은 건축가가 목적으로 해야 하는 것에 관한 것이며, 건축적인 아름다움을 구성하는 것에 대한 것입니다. 위대한 그리스 건축가의 대다수는 미(美)를 그들이 슘메드리아 summetria라고 불리는 것을 언급하였습니다. 슘메트리아는 비례 proportion로 번역될 수도 있을 것입니다. 그러므로, 부분들이 그리고 전체와 서로 단순한 정수적인 비례를 가지고 있다면 건축물은 성공적인 것이 되었습니다. 그리고 특별히 하나의 크기가 있다면, 열주의 기초부분이 가진 너비의 반을 의미하는 것이었습니다. 모든 다른 부재의 치수는 단순히 그 배수였습니다. 이러한 개념은 비트루비우스 Vitruvius에 의하여 발전하였습니다. 그리고 적어도 초기 비잔틴 시기에까지는 모든 전문가들 사이에 지배적인 것으로 남아있었습니다. 고전적인 미는 플라톤 Plato(Hippias Major 295) 그리고 크세노폰 Xenophon (Memorabilia III. X)의 미학적 이론에서 정립되었습니다. 크세노폰은 '예술에서의 미는 정확한 묘사에 있다'고 언급하였으며 플라톤은 건축에 기예를 적용하였습니다. 플로티누스 Plotinus는 건축에 생명과 빛을 미의 요소로서 도입하였습니다. 이시도르 Isidore of Seville (c.570-636)는, 건축에서「베누스타스 venustas, 즉 기쁨 혹은 매력」은 장식을 위하여 그리고 미(decor)를 위하여 건축물에 부과되는 것이라고 언급하였다. 그와 같은 것으로 격자천장, 값비싼 대리석 판넬 그리고 채색된 그림들을 제시하였습니다. 생 드니의 쉬제르 Suger of St Denis (1081-1151)는 그의 교회에서 발견하는 보석의 다채색된 아름다움을 칭송하였습니다. 중세의 사고에서, 금, 보석, 밝은 색채는 건축적 아름다움의 단순한 구성요소가 아니었습니다. 많은 건축가들은 수학적인 비례, 특별히 디자인은 √2 와 3 그리고 황금비의 사각형에 근거하는 디자인을 그 자체로 가치 있게 여겼으며 3, 7, 9, 365 등의 숫자를 상징적인 의미에서 사용하였습니다. 어휘 '비례 proportion'는 사실상 다소 혼합적으로 사용되었습니다. 그것은 수학적인 비례를 위하여 사용되었을 뿐만 아니라 또한 '기능을 위한 부분' 혹은 '목적을 위한 수단'의 균형으로서 사용되었습니다. 르네상스 건축가들은 미(美)는 주로 수학적인 비례에 존재한다고 생각하였습니다. 알베르티 Alberti에 의하면, 디자인의 전체 힘과 규칙은 건축물의 면을 형성하는 선과 각의 올바르고 정확한 적용과 결합에 있었습니다. 알베르티는 가치를 장식에 부여하였습니다. 그는 장식을 그와 같이 정의된 미(美)로부터 분명하게 드러난 그 무엇으로 여겼습니다. 장식은 어떠한 종류의 보조적인 빛 그리고 미에 대한 증대로 여겼습니다. 팔라디오는 황금비의 잠재성을 훌륭하게 개척하였으며 또한 기하학적 형태를 상징적으로 여겼습니다. 원은 통일성과 무한성, 신의 한결같음과 정의를 보여주기에 가장 적절한 형태였습니다. 건축적 미학에 있어서 수학적인 비례의 뛰어남은 오직 18세기에 붕괴되었습니다. 그것은 대부분 철학자들에 의한 것입니다. 그들은 관찰자의 응답이라는 측면에서 미를 정의하였습니다. 만약 오브제가 관찰의 과정에서 기쁨의 감정을 유발한다면, 오브제는 아름다운 것이 되었습니다. 그렇지 않다면, 오브제를 심사숙고하는 사람들에게 가장 차별적인 대상이 되는 것입니다. 이것은 혁명적인 개념이었습니다. 예전에는, 그 대상들은 아름답기때문에 아름다운 것은 기쁨을 준다고 제시되었으나 현재는 그 대상들이 즐거움을 주기 때문에 아름다운 것이라고 주장됩니다. 미(美)는 더 이상 즐거움을 위한 이유가 되지 않습니다. 미는 즐거움으로 구성됩니다. 1739년 흄Hume에 의하여 이러한 시점이 강조되었습니다. 기쁨과 고통은 미와 추함과 함께 동반되었으며 본질을 구성하였습니다. 오브제에서 속성들이 사실상 기쁨을 유발하는 것에 대하여 질문하는 것은 적절하지 않으나, 것은 틀림없이 미학적인 일이었습니다. 그러한 미학은 특성들과 즐거움 혹은 혐오 사이에 관계는 순수하게 임의적이고 상대적이라는 것을 보여줍니다. 마치 다양한 종류의 음식과 건강 그리고 질병 사이의 관계와 같은 것으로 제시되었습니다. 건축물의 어떠한 특성들이 기쁨을 유발하는 것인가에 대하여 많은 학자들은 건축가가 내재적으로 아름답다고 상상하는 것은 비례라고 생각하고 있었습니다. 볼프 Wolff는 건축물은 그 구축에 있어서 모든 대상들이 건축의 규칙들과 일치할 때 완전하다고 이야기 하였습니다. 흄은 대조적으로 기능적인 적용을 강조하였습니다. 러스킨 Ruskin은, 미(美)는 나뭇잎이나 조개껍질과 같은 자연적인 형상으로부터 모방된 것이라는 생각에도 불구하고, 강력한 감정 the powerful이 인간의 마음으로부터 발생한다고 보았습니다. 헤겔에 의하면, 건축은 절대적인 것 the Absolute 그 자체로 예술적으로 제공되는 첫 번째의 형태였습니다. 그리고 사실이 그러합니다. 또한 건축은 항상 근본적으로 상징적인 것으로 남아있어야만 했습니다. 절대적인 것을 상징화하는 것, 그렇지 않다면, 궁극적인 실체를 상징하는 것은 대부분의 건축가가 열망하였던 것이었습니다. 퓨진은 건축적인 아름다움의 위대한 평가는, 건축이 의도한 목적에 있어서 디자인의 적절함이라는 것을 주장하였습니다. 그는 그리스 사원과 고딕 성당의 모든 상세들의 목적은 신비주의적인 의미를 전달하는 것이며, 그 건축물들의 원인이 되는 국가의 철학과 신화의 상징으로서 제공되는 것이라고 주장하였습니다. 20세기의 미적 사고는 이전 시대의 다원주의를 보호하였습니다. 꼬르뷔제는 건축물은 경제성과 효율성을 명백히 드러내야 한다고 생각했습니다. 그러한 경제성과 효율성은 사용자의 요구를 만족시킬 수 있는 방식이라고 여겼습니다. 건축이론가들은 미(美)를 부피와 공간의 순수하게 형태적인 조직화로 보았습니다. 소수만이 현재 수학적인 공식을 성공의 지침으로 의지하고 있습니다. 이 시대의 미학자들은 대부분 흄을 따르고 있습니다. 미적 상태를 유발시킨 오브제의 어떠한 속성을 탐구하기 보다는 관찰자의 정신적 상태의 측면에서 더 가깝게 미(美)를 정의하고 있었습니다. 그들은 다양한 감정이 유지되고 조화로운 균형의 상태로 체계화되는 의식의 복합적인 상태에 기여하는 모든 것은 아름답다고 여겼습니다. 그리고 그러한 것은 형태 혹은 상징을 강조하는 대부분의 건축적 이론에 적합하다고 여겨졌습니다. 사회는, 강력한 전통이 존재해온 곳에서, 뛰어난 예술과 건축을 생산해왔습니다. 전통은, 어떠한 공격아래에서도 생명력을 지니기위하여, 사회의 근본적인 전제와 기준들을 지속적으로 고수할 필요는 없습니다. 더욱이, 우리가 건축적인 아름다움이라고 여겨왔던 중요한 긍정적인 개념들은 서로 배타적인 것은 아닙니다. 어떠한 건축물은 수학적인 비례를 지닐 수 있고 상징성 그리고 기능적인 구조를 가질 수 있습니다. 지적인 직관에 의하여 알려진 이상의 지각할 수 있는 복사물이라는 개념조차도, 비록 철학적으로 이러한 개념은 아주 먼 곳에서 가져와야 하겠지만, 다른 모든 개념들과 함께 지속됩니다.

과거 오랫동안 아름다운 이상은 수학적으로 최상의 비례를 가진 것이며 최상의 적합성을 가진 것이었습니다. 충돌은 오직 어떠한 수학적인 비례가 저절로 미를 보충한다고 주장하는 사람들과 부정하는 사람들 사이에서만 일어났습니다. 마리 마더실 Mary Mothersill (1984)은, 그녀의 차고가 황금비를 가지고 있으나 여전히 미학적으로 즐겁지 않다고 언급하였습니다. 이러한 부분에 근거하는 가정은, 오직 비례가 스스로 속해있는 대상을 미학적인 성공으로 만드는데 충분할 때에만, 비례는 미학적인 장점을 구성할 수 있다는 것입니다. 그러나 미학적으로 분명한 윤리적 기준에 의하여 어떠한 작용의 과정을 판단할 때, 우리는 환경이 특별한 방식으로 대상을 옳거나 그렇지 못한 것으로 만든다고 생각합니다. 그러한 방식은 이웃들에게 용기 있는 것이거나 혹은 부드러운 그렇지 않다면, 올바르지 않거나 해로운 방식일 수 있습니다. 건축물에서 어떠한 성공과 실패를 결정함이 없이, 어떠한 대상이 진정 장점인지 혹은 실패인지 결정될 수도 있습니다. 중세의 혹은 르네상스의 건축가들이 비례에 관하여 주장하고자 한 것은 비례들이 건축물을 그 정도까지는 즐겁게 만들어준다는 것입니다. 오스본이 주장한 감각적 이론은 우리 감각이 물질적인 대상에 관한 접근이 아니라, 인상 혹은 외적 표현에 대한 접근을 유도한다는 것입니다. 이러한 사실은 그들의 존재와 특성이 지각하는 개인에 의존한다는 것입니다. 만약, 대부분의 철학자가 현재 동의하는 것과 마찬가지로, 지각 이론이 잘못된 것이라면 그리고 우리가 물질적인 대상들을 보고 있다면, 분명히 이러한 논의는 붕괴될 것입니다. 로저 스크루턴은 우리는 적절한 시각에서 볼 수 있는 입면의 비례에 의하여 즐거움을 얻을 수 있다고 생각했으나 우리가 3차원적인 내부공간의 비례를 확신할 수 있는지에 대하여서는 의문이 듭니다. 사람들은 어떠한 비례를 인식하지 않으나 사실상 황금비를 지니는 건축물로부터 기쁨을 얻습니다. 중요한 것은, 그가 우리의 시각적인 경험의 대부분은 무의식적입니다. 우리는 모든 사물을 항상 관찰의 상태에서 의식적으로 인식할 수는 없습니다. 우리는 무의식적으로 보고 느끼고 감각합니다. 우리에게 가장 중요한 것으로 나타나는 건축물은 우리가 생활하고 일하는 곳입니다. 간단히 말하자면, 건축물의 비례는 무의식적인 수준에서 우리의 미학적인 즐거움에 기여한다고 볼 수 있습니다. 그리고 아주 오래 동안 유지됩니다. 미학적인 즐거움의 중요성은 문학, 음악, 표현적인 회화 등, 다른 예술과 건축 사이의 심오한 차이에서부터 생겨납니다. 건축물은 우리의 행위와 마음의 상태 전체 범위에 걸쳐서 다소간 무의식적인 영향을 미치고 있습니다. 만약 성공적이라면, 그 영향력은 관련된 모두에게 미학적인 특성을 부여할 것입니다. 그것이 왜 우리가 다른 예술보다는 건축에서 아름다움의 다양한 개념을 발견하고자 노력하는가에 대한 이유라고 할 것입니다. 건축물은 많은 서로 다른 방식으로 복잡한 인간의 존재적인 삶과 작업을 밝혀줄 수 있어야만 합니다. 이러한 역할은 오직 많은 미(美)의 서로 다른 개념을 만족시킴으로써 가능한 것입니다. 개념들은 결코 완성될 수 있는 것이 아니라 오직 서로를 보충하는 것입니다. 그리고 대부분의 바람직한 경우에, 열정적이고 성숙한 전통에 의하여 조화로운 상태를 유지합니다.

결국 공간과 형태가 관찰자에게 보여주고 제시하는 모든 형태적 요소와 그 원칙들은 하나로 다가옵니다. 그 하나는 의미 있는 공간이며 장소가 될 수 밖에 없습니다.그 영역과 범위가 안고 있는 충실한 밀도가 감정을 가진 동적인 영역을 창조합니다.

이곳에서 무엇을 느낍니까 ? 무엇을 발견하고 어떠한 형태와 감정을 얻게 됩니까 ? 그 원리는 무엇이고 많은 형태구성의 원칙과 개념은 어떻게 조정되었습니까 ? 수많은 형태의 요소들을 무엇을 보여주고 동화시키고 있습니까 ?

I M Pei. Bank of China. Head Office Building. 2001

미적 경험에서 가장 중요한 것은 무엇입니까?

그 어떤 감정과 미적 판단 보다, 어떠한 경험과 의미 있는 원칙보다, 공간과 건축에 있어서 가장 중요한 것은 인간입니다. 그 어떤 기능보다도 그 어떤 장소보다도 더욱 중요한 것은 바로 인간입니다. 가장 훌륭한 건축물이나 공간이라도 단 한달 동안 아무도 사용하지 않는다면 폐허가 될 것입니다. 그러므로 건축적 완성도와 공간적인 아름다움은 인간이 느끼는 감정과 존재적인 가치와는 다른 차원의 것이라는 것을 알 수 있습니다.

건축이 남기는 것은 건축공간과 형태만이 아닙니다. 그것은 장소이며 시간이며 역사이고 바로 우리의 감각입니다. 건축적 공간이 기억이고 활동이고 존재를 위한 무대라는 것은 그와 같은 이유입니다.

18 유형의 늪과 환상 : Typology

기능주의 그리고 형태의 유형, 공간의 유형은 건축디자인과 사고 전반에 걸쳐서 가장 중요한 테마가 되었으며 그것은 아무도 모르게 다가왔습니다. 우리가 유형학을 통하여 그 유형에 대한 의식과 중요성을 알기 전부터 가치를 증가시켜왔습니다. 건축가는 매번 유형적인 사고를 하고 새로운 건축물을 만들 때마다 유형을 창조합니다. 새로운 형태는 모든 과거의 문화와 형태로부터 자유로울 수 없습니다. 그러므로 어떠한 유사한 경험, 형태, 비례, 공간, 의미, 재료, 구조 등을 생산하고 범주를 구성합니다. 우리는 특별히 건축에 있어서 구별된 유형의 개념을 사용합니다. 그 유형이 무엇인가는 유형학의 한자어를 구성하는 뜻을 살펴본다면 더욱 잘 알 수 있습니다.

유형학 類型學

類 무리 류
(1)무리. (2) 닮다. 비슷함. (3) 품별(品別). 비슷한 것들을 모아 종별로 나눈 것. (4) 견주다. 비교함. (5) 대개. 대략. 대체로. (6) 모양. 형상(形象). 부수 : 頁 〈머리 혈〉 部 | 총획 : 19획단어 예 : 유례(類例), 유별(類別), 유사(類似)

型 거푸집 형
(1)거푸집. (2) 본. 모범. 부수 : 土 〈흙 토〉 部 | 총획 : 9획단어 예 : 형랍(型蠟), 모형(模型), 원형(原型)

學 배울 학
(1)배우다. (2) 학문. (3) 학생. 학자. (4) 학교. (5) 학파. 가르침. 부수 : 子 〈아들 자〉 部 | 총획 : 16획단어 예 : 학계(學界), 학과(學科), 학관(學館)

유형학의 의미는 어떠한 형의 무리를 만들고 구분하고 그 특성과 관계를 연구하는 학문입니다. 그 유례, 구별, 유사한 형태, 모형, 원형과 같은 파생어들이 지시하는 바를 찾는 것입니다.

과연 유형은 무엇입니까 그리고 유형학은 무엇을 위한 것입니까?

建 築 類 型 學

어휘 '유형학 typology'은 유형의 연구를 의미합니다. 유형학은 인간의 생산적인 측면들과 관련이 있습니다. 이러한 생산은 유사한 본래적인 특성들 때문에 분류가 가능해집니다. 유형학의 이론은 그러므로 그러한 유형들을 개념화하는 학문입니다. 건축가가 생산하는 여러 종류의 건물형태, 기능별 형태특성, 배치, 외부공간, 실 공간, 개구부 형태, 계단, 출입구 등은 모두 그 나름의 유형을 지니고 있습니다. 그리고 그 유형 type 마다 이름을 가지고 있습니다. 우리는 건축에서 뿐만 아니라 모든 대상들을 정리하고 관계를 만들고 범주를 구성합니다. 그렇지 않다면 그 무엇도 존재적으로 남을 수 없고 개별적인 특성을 얻을 수 없습니다. 개별적 존재들이 스스로 존재적인 특성을 얻는 것은 독자적인 하나, 그 무엇과도 다른 하나, 상대적인 하나이기 때문입니다.

범주의 개념은 무엇입니까 유형은 무엇을 의미하고 범주의 체계와는 어떠한 차이가 있습니까?

존재를 이해하고 세계를 이해하고자 하는 우리 모두는 세계를 종합적으로 보려고 하며 넓게 보려고 합니다. 이와 같은 철학적 성격은 범주(範疇 category)에 의하여 구체적으로 나타납니다. 카테고리는 희랍어 kategoria 라는 말 '나는 단언한다'라는 뜻의 kategoreo에서 나왔습니다. 이 말은 '고발, 고소한다'는 뜻이며, 고발은 단언한다는 것이며 이 말은 '긍정한다, 판단한다'와 연관되어 있습니다. 이와 같은 범주는 그리스 철학에서 가짜-진짜를 둘러싼 가치론적 논의로서 존재와 무, 그리고 참된 실재(참된 존재)를 둘러싼 존재론적 논의와 한 덩어리를 이루고 있습니다. 따라서 범주의 논의는 존재론적인 성격을 띠고 있습니다. 모든 고대의 철학자들을 세계를 이해하기 위하여 범주를 구분하고 동일한 유(類)를 통하여 범주를 구분하였습니다. 이때 범주란 개별적인 존재들에서 시작해 보편적인 존재들로 올라갔을 때 더 이상은 환원되지 않는 최상위의 류라는 것을 뜻하였습니다. 즉 건축에 있어서 유형학은 사실 건축적 대상 전체를 어떠한 '최상위의 유'와 '하위의 유'로 구분하여 이해하고자 하는 것입니다. 건축유형학적 유형은 어떠한 것인 존재하고 가능한 것인가를 가능하도록 합니다.

유형을 연구한다는 것은 모든 분야와 시점에 따라 다르게 존재할 수 있습니다. 즉 언어 유형학, 행동유형학이 존재합니다. 건축에 있어서도 그 유형의 관점과 의도에 따라 다른 유형체계를 보이게 됩니다. 우리의 모든 사고는 유형과 관련됩니다.

철학적 유형의 종합

칸트의 범주구분은 우리가 세계를 볼 수 있는 방법의 실마리를 보여줍니다. 칸트는 정당한 인식은 오성에 의해 이루어지며, 오성은 판단을 통해 기능한다고 보았습니다. 칸트는 이성을 세가지로 즉 1 감성, 2 오성, 3. 사변이성을 나누었습니다. 감성은 인식질료를 만들어 내는 기능으로 보고, 듣고, 만지고 해서 얻어지는 감각 자료를 형성합니다. 감성의 프리아오리한 형식은 시간과 공간으로 보았습니다. 오성은 그렇게 해서 생겨난 감각질료들(인식질료들)을 종합해서 구성한다고 보았습니다. 종합은 잡다한 대상에 일정한 통일을 부여하고 일정한 인식의 수준으로 구성해 내는 작업입니다. 바로 오성의 틀이 범주인 것입니다. 사변이성은 오성의 한계를 넘어서 세계의 본질을 알려고 하는 인간의 경향을 대변합니다. 이러한 경향을 통하여 이루어지는 형이상학적 사변은 필연적으로 실패할 수 밖에 없다고 보았습니다. 결국 사변이성에 의존하는 것은 경험을 지니지 못하기 때문에 아무런 성과를 지닐 수 없기 때문이었습니다.

논리적 유형의 판단

칸트는 논리학에 기반한 범주를 다음과 같이 구분하였습니다. 그러한 구분은 S 를 건축 P 를 예술이라고 치환함으로써 간단하게 놀라운 범위와 가능성을 가늠할 수 있습니다.

1. 판단의 양(量)	전칭판단 : 모든 S 는 P 이다.
	특징판단 : 어떤 S 는 P 이다.
	단칭판단 : 이 S 는 P 이다.
2. 판단의 질(質)	긍정판단 : S 는 P 이다.
	부정판단 : S 는 P 가 아니다.
	미정판단 : S 는 비(非) P 이다.
3. 판단의 관계(關系)	정언판단 : p 는 q 이다.
	가언판단 : 만일 p 이면 q 이다.
	선언판단 : p 이거나 q 이다.
4. 판단의 양상(樣相)	개연판단 : S 는 P 일 수 있다.
	실연판단 : S 는 P 이다.
	필연판단 : S 는 P 이여야 한다.

Type or Style?

Order
Type
Style
Language
Gramar
Code
......

Claude Perrault. Five Orders of Columns.

그리스와 로마시대의 가장 두드러진 유형은 바로 이 오더의 구분이었습니다. 그러나 이러한 구분을 유형이라고 보지는 않았을 것입니다. 유형이란 더 많은 복수와 다양성 가운데에서 얻어지는 개념이기 때문입니다. 당시에는 절대적인 규범이고 문법으로 역할 하였습니다. 오늘날의 시각에서 보자면 분명 최초의 강력한 유형적 범주였습니다.

유형의 범주는 그 유형을 위한 종합과 판단에 대한 개개인의 의도에 따라 변화합니다.

결과적 유형의 범주

칸트는 이러한 네 가지 종류, 열 두 가지의 경우의 판단형식으로부터 다음과 같은 범주를 만들어 내게 됩니다.

1. 양(量)	총체성(總體性)
	다수성(多數性)
	단일성(單一性)
2. 질(質)	현실성(現實性)
	규정성(規定性)
	제한성(制限性)
3. 관계(關係)	실체(實體)와 우유(偶有)
	원인(原因)과 결과(結果)
	상호성(相互性)
4. 양상(樣相)	가능성(可能性)/불가능성(不可能性)
	현존(現存)/비현존(非現存)
	필연성(必然性)/우연성(偶然性)

총체성, 다수성, 단일성은 모두,여럿, 하나를 의미합니다. 현실성, 규정성, 제한성인데 각각 "~이다". "~이 아니다". "~은 아니다"입니다. 실체와 우유, 원인과 결과, 상호성은 두 존재가 맺는 관계에 의한 것이며, 마지막으로 양상에서 가지 구분은 "~일수 있다" "있다" " ~이어야 한다"에 해당됩니다. 칸트의 이러한 범주의 틀은 이후 상당한 부분 영향을 미치게 됩니다. 그러나 이러한 범주는 인식의 보편적 패턴입니다. 즉 우리는 어떠한 건축적 대상의 양, 질, 관계, 양상을 근본적으로 위의 12가지의 범주로 이해할 수 있게 됩니다.

그러므로 유형은 우리가 알고 있는 어떠한 대상의 범주를 구분하는 것과 그다지 멀지 않습니다. 그러나 가장 큰 차이는 건축적 유형은 동류의 유형이 가진 공통적인 특징이 보여주는 디자인적 요소와 가치에 관심이 있습니다. 이 물고기들은 어떻게 범주화됩니까. 이들 종의 구분은 건축유형학적 범주와 다른 무엇을 지니고 있습니다.

Categories

고대의 고전적인 건축물, 규범적이고 절대적인 원칙을 따른 건축물은 하나의 분명한 유형이고 유일한 유형이라고 할 수 있습니다.

유형이 중요해지게 된 것은 다양한 유형들이 생겨나고 그 관계를 설정할 필요가 있었기 때문이었습니다. 또한 새로운 유형의 요구 때문에 중요해지기도 하였습니다.

유형(類型) 원형(原形) 원형(原型) 전형(典型) 규범(規範)
기준(基準) 표준(標準) 규격(規格) 모형(模型) 변형(變形)
분류(分類) 유사(類似) 유별(類別) 유례(類例) 기원(基源)
규칙(規則) 형성(形成) 형상(形象) 형태(形態) 형질(形質)
모양(模樣) ……

그러므로 다양한 관련된 개념이 필요하고 정립되어야 하는 시기에 나타났고 그로부터 나타난 개념들이 많은 유형들의 질서를 규정하였습니다. 어떠한 건축적 유형을 연구하는 것은 위에서 제시한 개념들을 정립하는 것과 다르지 않습니다. 우리가 유형을 찾아볼 수 있는 것은 비단 건축뿐만이 아님은 알 수 있습니다. 유형 TYPE 이라는 어휘는 일상생활을 비롯하여 많은 부분에서 사용되고 있습니다. 그러므로 그 의미는 매우 복합적이고 다양하다는 것을 알아야만 합니다.

유형의 범주는 그 유형을 위한 종합과 판단에 대한 개개인의 의도에 따라 변화합니다.

결과적 유형의 범주

칸트는 이러한 네 가지 종류, 열 두 가지의 경우의 판단형식으로부터 다음과 같은 범주를 만들어 내게 됩니다.

1. 양(量)	총체성(總體性)
	다수성(多數性)
	단일성(單一性)
2. 질(質)	현실성(現實性)
	규정성(規定性)
	제한성(制限性)
3. 관계(關係)	실체(實體)와 우유(偶有)
	원인(原因)과 결과(結果)
	상호성(相互性)
4. 양상(樣相)	가능성(可能性)/불가능성(不可能性)
	현존(現存)/비현존(非現存)
	필연성(必然性)/우연성(偶然性)

총체성, 다수성, 단일성은 모두,여럿, 하나를 의미합니다. 현실성, 규정성, 제한성인데 각각 "~이다". "~이 아니다". "~은 아니다"입니다. 실체와 우유, 원인과 결과, 상호성은 두 존재가 맺는 관계에 의한 것이며, 마지막으로 양상에서 가지 구분은 "~일수 있다" "있다" " ~이어야 한다"에 해당됩니다. 칸트의 이러한 범주의 틀은 이후 상당한 부분 영향을 미치게 됩니다. 그러나 이러한 범주는 인식의 보편적 패턴입니다. 즉 우리는 어떠한 건축적 대상의 양, 질, 관계, 양상을 근본적으로 위의 12가지의 범주로 이해할 수 있게 됩니다.

그러므로 유형은 우리가 알고 있는 어떠한 대상의 범주를 구분하는 것과 그다지 멀지 않습니다. 그러나 가장 큰 차이는 건축적 유형은 동류의 유형이 가진 공통적인 특징이 보여주는 디자인적 요소와 가치에 관심이 있습니다. 이 물고기들은 어떻게 범주화됩니까. 이들 종의 구분은 건축유형학적 범주와 다른 무엇을 지니고 있습니다.

Categories

Types?

Façade. Temple of Poseidon.

고전적 건축들은 그 자체가 규범적인 유형이고 규범이며 전형이 되었습니다. 그리고 유형은 몇 가지 범주밖에는 구분되지 않았습니다.

고대의 고전적인 건축물, 규범적이고 절대적인 원칙을 따른 건축물은 하나의 분명한 유형이고 유일한 유형이라고 할 수 있습니다.

유형이 중요해지게 된 것은 다양한 유형들이 생겨나고 그 관계를 설정할 필요가 있었기 때문이었습니다. 또한 새로운 유형의 요구 때문에 중요해지기도 하였습니다.

유형(類型) 원형(原形) 원형(原型) 전형(典型) 규범(規範)
기준(基準) 표준(標準) 규격(規格) 모형(模型) 변형(變形)
분류(分類) 유사(類似) 유별(類別) 유례(類例) 기원(基源)
규칙(規則) 형성(形成) 형상(形象) 형태(形態) 형질(形質)
모양(模樣) ……

그러므로 다양한 관련된 개념이 필요하고 정립되어야 하는 시기에 나타났고 그로부터 나타난 개념들이 많은 유형들의 질서를 규정하였습니다. 어떠한 건축적 유형을 연구하는 것은 위에서 제시한 개념들을 정립하는 것과 다르지 않습니다. 우리가 유형을 찾아볼 수 있는 것은 비단 건축뿐만이 아님은 알 수 있습니다. 유형 TYPE 이라는 어휘는 일상생활을 비롯하여 많은 부분에서 사용되고 있습니다. 그러므로 그 의미는 매우 복합적이고 다양하다는 것을 알아야만 합니다.

우리는 많은 건축물과 공간으로부터 혹은 다양한 건축 구성요소의 **유형(類型)**들을 구분해냅니다. 이러한 유형들은 종종 그 원래의 형태로서 **원형(原形)**을 가지고 있습니다. 그리고 다른 건축물의 모태가 되고 스스로 하나의 유형에 있어서 **원형(原型)**이 됩니다. 우리는 돔 구조의 원형으로서 판테온을 지목할 수 있고 모든 동류의 피라미드의 원형으로 기제의 쿠프왕의 피라미드를 지목할 수 있습니다. 그렇게 판단할 수 있는 동일한 유형의 많은 건축물 가운데, 혹은 건축적 기능이 유사한 건축물 사이에서 원형(原型)적인 특성과 형태 그리고 동류의 건축요소들을 지님으로써 우리는 그 건축물을 **전형(典型)**적이라고 언급할 수 있습니다. 즉 수많은 동일한 유형으로 구분되는 건축물들이 공통적으로 지닌 특성과 형태적 요소를 적용함으로서 우리는 전형적인 대상을 디자인할 수 있습니다. 그 건물이 전형적인 초등학교 건축물이라든지 전형적인 4베이 아파트 스타일이라고 할 때에도 이 말은 유용하게 쓰입니다. 그리고 규범적인 건축물이 될 수 있습니다. 종종 규범적인 건축물은 어떠한 평균화와 **표준(標準)**화를 요구합니다. 또한 다른 건축물에게 **기준(基準)**을 제시합니다. 각각의 건축물들은 그러므로 하나의 기준이 되는 치수와 스케일의 **규격(規格)**을 가지게 됩니다. 우리는 그러한 건축물의 가상적인 작동 상태를 조정하고 건설후의 상태를 가늠하기 위하여 **모형(模型)**을 만들어 냅니다. 이 모형은 하나의 대상으로 존재하는 소모형일 수도 있고 필요한 조건과 요소 그리고 유형의 결합으로 만들어낸 가상적인 건축물일 수 있습니다. 즉 하나의 실험적 모형(模型)으로 제안적 모델이 되기도 합니다. 사실 유형이 변화한다는 것(變型)은 형태의 변화로서 **변형(變形)**과는 다른 것입니다. 그러나 형태적인 변형은 더 많은 범주를 만들어 내고 유형학적 연구를 돕습니다. 이와 같은 모든 유형적인 대상의 개념을 얻을 수 있고 건축적인 **분류(分類)**와 같은 작업들을 유형학은 요구합니다. 그리고 그 결과로 얻어낼 수 있는 **범주(範疇)**는 여러 가지 관계를 만들어 냅니다. 그것은 형태적인 특성이며 혹은 다른 분석적 요소에 의하여 생겨납니다. 우리는 그들 가운데 **유사(類似)**한 것을 찾을 수 있습니다. 모든 유형은 사실 창조에 의하여 생겨납니다. 아주 오래전일지라도 그 **유례(類例)**와 **기원(基源)**을 찾을 수 있습니다. 유형학은 매우 많은 개념적 대상들을 연구의 범위에 포함시킬 수 있었습니다. 유형은 그처럼 오랫동안 많은 내용들에 기본적으로 적용되어 왔던 개념입니다.

과연 유형학의 한계는 무엇입니까?

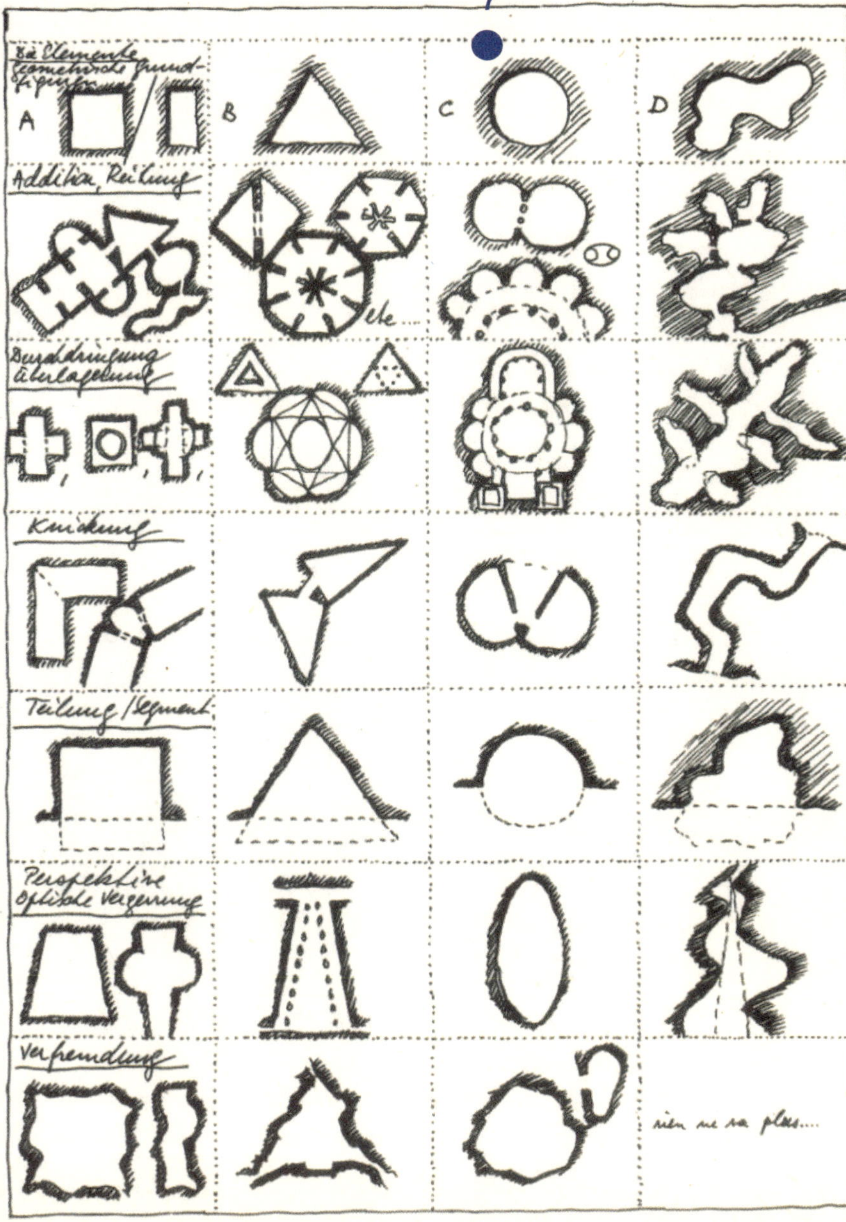

기하학적 평면형

첨가

관통

비틀림

분할

투시도적 기법

왜곡

Rob Krier. Typology of Inner Space.

넓게 보자면 유형은 매우 광범위한 곳에 퍼져 있는 근본적인 사고입니다.

우리는 건축 디자인을 위하여 사례조사를 할 때에도, 여러가지 계획의 대안들을 제시할 때에도, 건축 디자인을 해석하고 분석할 때에도 유형적 사고를 피할 수는 없습니다. 즉 많은 경우에 당연한 작업과 과정들을 유형적인 사고를 통하여 해결합니다. 이와 같은 유형학적 문제가 제시되고 문제시 되는 것은 유형에 대한 근본적인 사고에 의하여 접근할 때입니다. 즉 특별한 유형의 근원에 다가가고자 할 때, 다시 말하면 건축유형에 관한 역사적 연구가 필요할 때입니다. 혹은 그 유형적인 건축물에 둘러싸인 새로운 건축물을 계획할 때입니다.

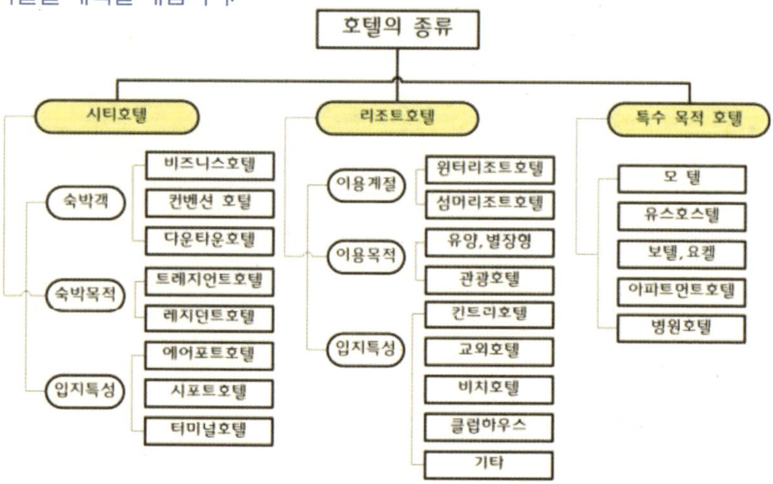

이제 건축적 형태와 그 구분은 유형적이라고 할 수 있습니다. 우리가 건축적으로 유형을 통하여 접근하게 되는 내용은 거의 무한하다고 할 수 있습니다.

그렇다면 왜 이토록 중요한 유형적인 사고는 뒤늦게 나타났고 정립되었습니까

고전적인 건축물과 그 절충적 형태가 중심을 이루던 건축양식에서는 유형을 발견하는 데 커다란 어려움이 없었습니다. 그 기능이나 요구되는 건축물의 형식이 오늘날처럼 다양하지 않았습니다. 시민혁명, 계몽주의, 산업혁명을 거치면서 과거에는 존재하지 않았던 많은 기능들을 가진 건축물이 필요했으며 그 건축물의 형태와 공간을 어떻게 계획할 것이며 그들 사이에 차이는 무엇인가가 중요해 졌기 때문에 나타났습니다.

근세 초기의 건축물은 성당, 교회, 저택, 공장, 창고, 철도역사, 오페라좌, 미술관 등이 모두 새로이 시도되는 형태를 가지고 있으며 실제로 그 외형은 유형학적으로 어떠한 차이를 가져야 하는가와 그 기능적인 구분을 확립하지 못하였습니다.

주변의 모든 건축적 대상은 유형을 포함하고 있습니다. 유형은 형태와 구조를 지닌 모든 것에 적용이 될 수 있습니다.

Typology [Origin: 1835~45; typo +logy]

1. the doctrine or study of types or prefigurative symbols, esp. in scriptural literature.
2. a systematic classification or study of types.
3. symbolism.
4. Linguistics. the study and classification of languages according to structural features, esp. patterns of phonology, morphology, and syntax, without reference to their histories.

또 가장 최근에 건축 유형학은 의미가 있습니까 이 건축물은 유형을 찾아 볼 수 있습니까 현재의 동시대 건축에서 유형학은 필요한 것입니까

Herzog & de Meuron. Beijing Olympic Stadium.

Type Archetype Prototype Code Rule Composition Formation Deformation Criterion Standard Classification Form Feature Shape Syntax Language ....

유형 또는 유형학은 형태적 측면 이상으로 우리가 생각하는 것 보다 훨씬 많은 것과 관계하고 또 근본적인 건축과 관련이 되어 있는 것은 분명합니다

건축에 있어서 유형학은 사실 건축사, 아방가르드, 창조, 모방, 일반화와 같은 문제들과 함께 해 왔습니다 유형학이 중요해진 시기는 과연 언제입니까 그리고 어떠한 문제에 직면합니까 우리는 무엇을 선택할 수 있습니까

When

예술가가 역사적인 선례들의 가치와 직면하는 때,

예술적인 창조에 직면하는 때,

인간의 문화적 창조물에 기여하는데 관심을 두고 있을 때

역사를 거부하는 아방가르드적 태도를 선택할 것인가

전통의 연속성을 받아들일 것인가

무엇인가 새로운 것을 시도할 것인가

In case !

유사하지만 서로 다른 건축적 오브제가 유사한 기능을 수용해야 할 때,
지배적 스타일에 관한 관습의 정당성이 도전 받을 때
문화적인 중요성에 근거한 결과를 얻기 위하여 유형학적 접근은 건축의 최전선에 나타났습니다.

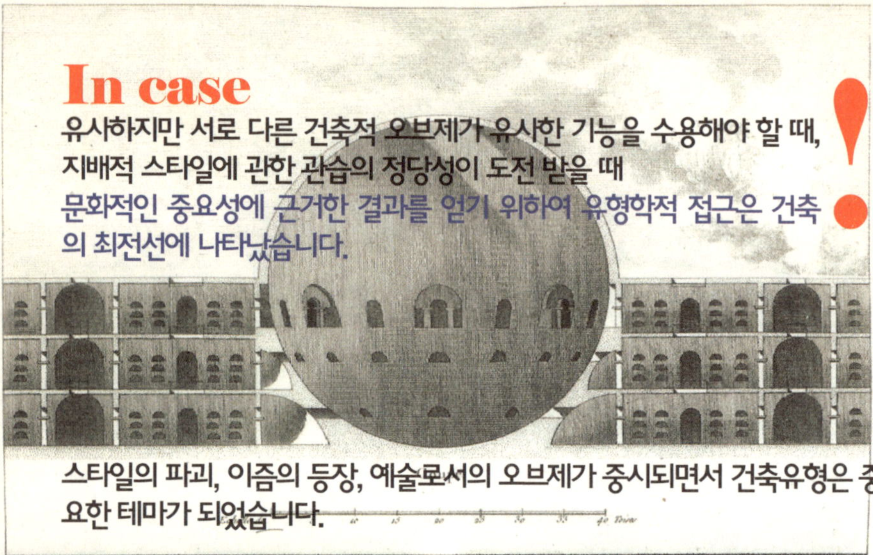

스타일의 파괴, 이즘의 등장, 예술로서의 오브제가 중시되면서 건축유형은 중요한 테마가 되었습니다.

Ledoux ; Chaux Cemetery Plan

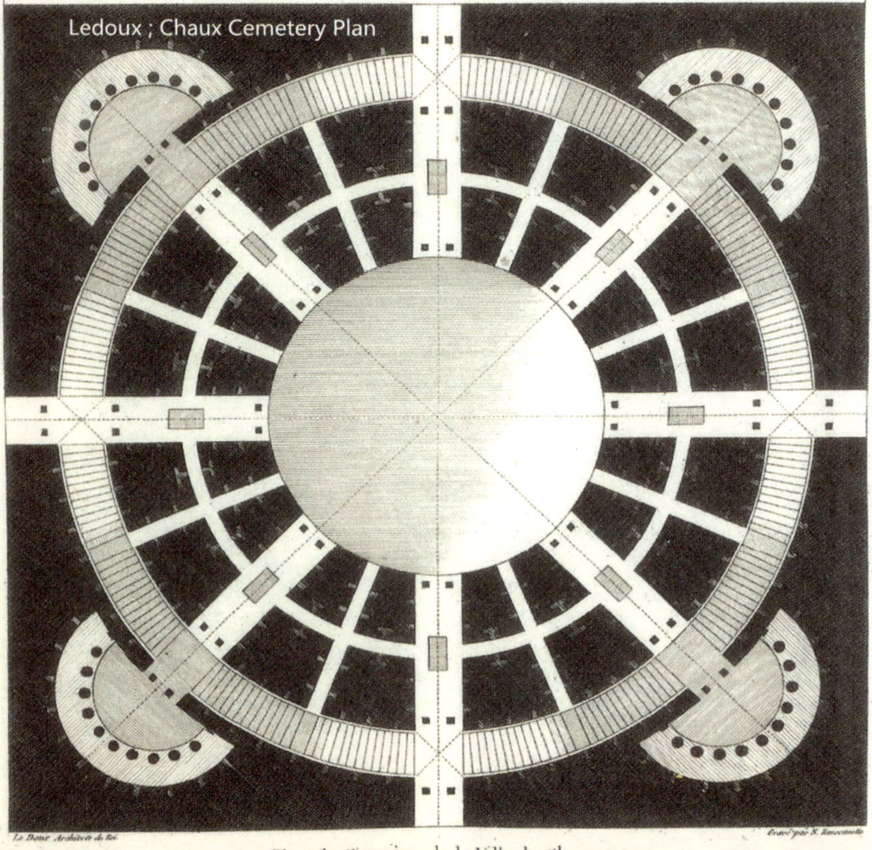

Plan du Cimetiere de la Ville de Chaux

유형학은 18세기 그리고 모더니즘과 포스트모더니즘이 등장하였을 때 중요한 테마가 되었습니다.

18 C 건축적 구성이 산업화된 사회요구에 직면하였을 때

1920s ~30s 인터내셔널리즘의 대두

근대건축운동이 예전에 없이 증가하는 건축적 요구에 대하여 대안적인 미학을 제공할 것이라고 기대하였을 때

1960s ~70s 포스트모더니즘의 대두

모더니스트의 미학과 그 해결방법의 정당성에 의문을 제기하기 시작한 때

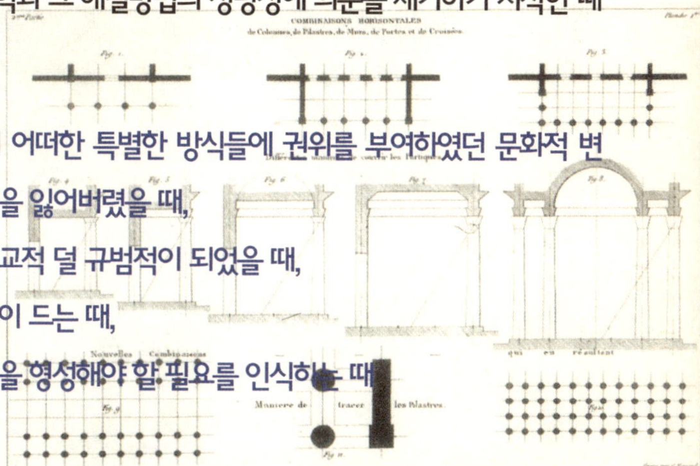

! 형태적 표현의 어떠한 특별한 방식들에 권위를 부여하였던 문화적 변수들이 신뢰성을 잃어버렸을 때,

그럼으로써 비교적 덜 규범적이 되었을 때,

양식적인 의문이 드는 때,

연속성의 부분을 형성해야 할 필요를 인식하는 때

∴ 유형학은 유형에 이상적인 역할을 할당하고 도식적 오브제 구성을 위한 도구로 사용되었습니다.

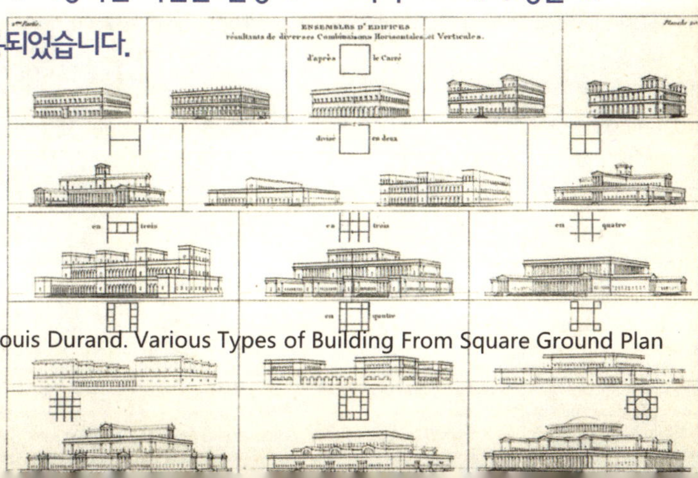

Jean Nicolas Louis Durand. Various Types of Building From Square Ground Plan

유형학적 사고의 토대는 어떻게 이루어 졌으며 그 목적은 무엇이었습니까

첫 번째로 유형학은 유형에 이상적인 역할을 할당하고 그 역할에 의하여 건축적 의미를 부여하려는 목적에서 이루어졌습니다. 콰트르메르 드 퀸시 Quatremère de Quincy는 유형 type을 디자이너에 의하여 상상력과 요구사항에 적합하게 더욱 변화시킬 수 있는 선험적인 것 a priori으로 그리고 요구사항으로 여겼습니다. 유형과 모델 사이의 명확한 구별을 만들었을 때, 그는 우연한 것보다 관념적인 것의 우월함을 재확인하였습니다. 또 고무적인 정신적 건축개념의 구축을 통하여 실무적인 건축가를 위한 실행 가능한 형태적 지표를 제공하여야 한다고 보았습니다. **두 번째로** 도식적 오브제 구성을 위한 도구로서 유형을 사용하고자 하였습니다. 듀랑 J.N.L. Durand은 자연과학에서의 분류학 taxonomy이 제시한 동시대 이론을 따랐습니다. 유형의 본질을 분류 가능한 형태의 본질로서 믿고 있었습니다. 그가 말하는 형태는 규범적인 기하학의 법칙들이 통합된 건축적 요소들로부터 구성된 것이었습니다. 여기에서 건축적 요소는 복사하여 생산되어질 수 있었으며 디자인적 요소가 되었습니다. **모더니즘 이후** 유형학은 그다지 특별하지 않은 개념으로 여겨졌습니다. 그러나 유형 type 자체로서의 어휘보다는 모델로서 사례로서 제안으로서 더 많은 이해되었습니다. 정작 유형이라는 의미는 건축디자인의 과정 속에 일부분이 되었습니다. **유형학적 사고의 발전은** 역사적 맥락 그리고 도시적 맥락에서 어떠한 건축적 조작이 필요해진 시기에 일어났습니다. 특히 그러한 역사적 배경을 가지고 있는 유럽의 전통적인 도시와 주거지에서 유형학적 기초를 둔 계획들이 요구 받았기 때문이었습니다. 기존의 도시와 적절한 새로운 계획이 필요했기 때문이었습니다. 그 중에서도 이태리의 많은 도시에서 더 중요해졌습니다. 국가가 그 직접적인 파시스트적 과거의 대변적인 모호함을 제거하기 위한 것일 뿐 아니라 특별한 문화적 지리적 환경 내에서 건축을 세우고자 연구하였던 젊은 디자이너들이 그 중심에 있었습니다. 그들은 근대건축운동의 국제성이 모든 맥락에서 유효하지 못한 것이라고 여겼습니다.

유형학적 논의는 어떠한 건축작업에도 존재합니다. 그리고 건축 디자인은 유형의 선택과 창조입니다. 새로운 유형을 제시하고 새로운 유형이 가진 가능성을 창조하는 것입니다.

유형학은 하나의 건축적 세계를 체계화하려는 시도입니다.

유형은 기본형태로부터 혹은 공동체적 도해로부터 연속적인 형태적 변형체의 분류 과정을 통하여 연역된 일련의 법칙으로서 특색을 지닌다. 만약 유형이 이러한 분류 과정의 산물이라면, 발견된 기본 형태는 오직 구조적 구성체계로서 이해될 수만은 없다. 그러나 독립된 예술적 평가 내에서 형태의 내부적인 구성체계로서 이해되어야 한다, 그렇지 않다면, 연역되어진 것으로부터 그 자체로 모든 형태적인 구성을 포함하는 원칙으로서 이해되어야 한다. 또한 더 많은 다양성의 가능성을 포함한 원리로 이해되어야 하며, 주어진 유형의 구조에 대하여 완전한 조정을 위한 원리로서 이해되어야 한다. (Argan 1958) 유형은 그러므로 필수적인 특성을 지닌 지속적이고 그 자체로 명확한 것이다. 그러나 유형이 미리 예정되어 있을 지라도, 유형은 건축적인 인공물의 집합으로 그리고 개별적인 요소로서는 물론 변증법적으로 기술, 기능 스타일과 함께 반응한다. (Rossi 1976) 건축의 원리로서 유형을 정의하는 것은 유일하게 명백한 이론적인 언급이다. 로시의 건축에서, 이 건축물은 바로 그 시작부터 즉시, 변형되지 않는 모델이다. 지나치게 개념적인 작품은 단순성과 지나친 단순화 사이에 모호한 자세를 취하고 있다. 모든 복사물들은 지나친 단순화의 대상에 속하였다. 그리고 다양한 변화가 모방자들에 의하여 생산되었다. (Scolari 1985) 우리는 유형학의 활용에 대하여 스스로 질문해보아야 한다. 그리고 우리자신에게 그러한 작업이 어떠한 특별한 측면에서, 디자인 과정에서의 어떠한 유용함을 가지고 있는가에 대하여 질문하여야 한다. 무엇보다도, 유형학은 그것을 사용하고자 하는 의도가 없다면 전혀 무용한 것이다. 만약 이러한 디자인 프로세스로 부터 시작된 가정이 백지상태로 시작하는 것이라면 혹은 막무가내로 진행하는 것이라면, 왜 도시의 부분들을 관찰하고, 조직의 구성 메커니즘을 이해하는데 시간을 소비하고자 하는가? 만약 분석을 위한 시간이 존재하고, 분석에 의하여 주어진 객관적인 데이터에 쉽게 논리적인 형태를 부여할 수 있는 프로젝트가 존재한다고 믿는다면, 분석과 프로젝트는 그 순간 도시에 관한 신뢰할 수 있는 동일한 태도의, 그리고 동일한 이론적인 반영의 다른 두 측면, 두 순간으로 이해될 것이다. 도시분석 그리고 여기에서 옹호하고자 하는 이론은 위협적으로 관여하는 비판들과 나란히 함께 존재 한다. 이 비판은 도시를 파괴하고자하고, 더럽히고, 소멸시키고자 하는 비판이다. 그러한 비판이 없이는 도시의 분석은 변명일 뿐이다. (Panerai 1979) 학생들에게 주어진 해결해야 하는 모든 실질적인 문제는 새로운 것과 독창적인 것에 근거한 주관성의 측면에서 보다는 도시적인 정량과 유형의 반복이라는 측면에서 고려되어야만 한다. 의무적으로 해야하는 유형학은 필수적인 시작이며 그 자체로 끝이 아니다. 왜냐하면 건축은 유형학 이상으로 나아가는 것으로 존재한다. (Huet 1978) 도시를 해석하는 다른 가능한 방식들 중에, 우리는 도시를 차이를 강조하기 위하여 지구적인 요소로 분할 할 수 있는 건축적인 인공물로서 여기는 것이다. 그러한 차이들은 의미의 다른 수준들을 언급한다. 그리고 차이들은 건축에 대한 외적인 증거의 조명으로 해석되어야만 한다. 특별히, 공간적인 조직과 사회적인 실제 사이의 관계를 언급하고 있는 것이다. 이러한 사실은 우리에게 가장 중요한 것이다. 그러한 해석을 위하여, 건축적인 견해의 시각으로부터, 그리고 문화적인 시각으로부터 얻어진 모델의 개념을 사용할 것이다. 이러한 간격으로부터, 우리 작업의 분명한 모호성은 새로운 가치를 얻는다. 그것은 형태적인 연구이지만 특별한 역사적인 문맥에 속해있는 사례에 대한 언급이다. 그것은 건축적인 연구이지만 도시적인 스케일에서 공간적이다, 그리고 사회적인 측면과 연관되어 있다. (Panerai 1980) 유형학은 오직 구성의 메커니즘으로서 이해되어야 한다. 흔히 말하는 유형학적인 연구는 오늘날 단지 이미지의 생산을 가져왔다. 그렇지 않다면 전통적인 유형학의 재구축을 가져왔다. 결국, 유형에 대한 향수가 이러한 작품들에 형태적인 지속성을 제공한다. (Moneo)

19. 또 다른 환상의 날개

건축적 환상 과연 무엇입니까? 건축적 환상이 이루어낸 것은 무엇입니까? 건축에서 환상의 역할은 무엇입니까? 건축이 만들어낸 그 무엇보다도 이 환상이 생산하는 것이 더 아름다울 수 있습니다. 환상은 우리가 즐거움을 느끼는 매력이고 건축이 창조이거나 새로움이거나 혹은 예술이거나 하는 것을 생명력 있게 만드는 것입니다.

미적 경험은 감성적 인식, 감성적 인식, 감각의 몰입, 정서의 경험, 주의 집중, 몰입, 환각, 마법, 쾌락, 이데아, 영혼의 감관(感官), 미적 복종, 수동적 복종, 광희(狂喜), 도취, 광기, 내적 감각, 공통감각, 표상, 응시, 관조, 인식, 의지적 환상, 유희, 자기향수, 나르시즘, 도취…… 등으로 불립니다.

많은 미학적 판단과 논의들은 미적 경험을 수많은 어휘들로 제시합니다. 모든 건축적 경험과 의미는 사실상 그 환상의 단계를 넘어 즐거움을 주기 때문입니다. 그 어떠한 논리와 감각도 그 자체로는 여러분에게 아무것도 전해주지 않습니다. 사실 환상입니다. 그리고 너무나 놀라운 기쁨입니다. 그것은 프랑켄슈타인을 살아 움직이게 하고 피그말리온의 연인을 탄생하게 하였습니다. 그것은 어떠한 논의나 이야기를 허용하지 않습니다. 그것은 모든 사람 개개인이 스스로 느끼는 환상이고 즐거움입니다. 그리고 즐거움이며 건축이 예술이 되고 건축과 관련된 모든 것을 아름답게 하고 미를 만들어 내는 것입니다.

유토피아의 환상, 구조적 완성의 환상, 새로운 기술의 환상, 재료의 환상, 디지털 건축의 환상, 거대함의 환상, 사이버스페이스와 미래 건축의 환상, 또 다른 절대적 이론의 환상, 고전의 환상, 생물학적 진화의 환상, 기호의 환상, 언어의 환상…… 모든 것은 스스로 만들어 놓은 환상입니다. 우리에게 환상은 실체를 보지 못하게 하는 것이 아니라 실체로부터 아름다움과 즐거움을 만들어내는 것입니다.

논리를 넘어서 환상은 아름다운 작품, 시정적 구성, 조화로운 음악을 가능하게 합니다. 누군가 실체와 논리로부터 얻어지는 즐거움을 의심하는 것은 환상을 얻지 못하기 때문이며 궁극적으로 스스로 미적 경험을 얻을 수 있는 개인적인 통로를 만들지 못했기 때문입니다.

여러분이 상상하는 구조물은 어떠한 건축이며 공간을 만들어 냅니까?

구조적 환상

인류가 얻고자 했던 장대한 구조물과 거대한 공간, 공간의 조율과 세장한 구조, 물결치는 공간, 춤추는 듯 날아오른 구조물, 유기체적 균형미, 다이나믹한 운동감, 중력을 벗어난 육중한 건축형태 그 모든 것은 구조적 환상입니다. 이 환상은 구조미학자들과 하이테크 건축물을 주도하는 일단의 건축가들에게 매력적인 환상입니다.

Santiago Calatrava. City of Arts And Sciences.

건축이 가능하게 할 수 있는 이상향은 무엇이며 어떠한 건축물과 도시를 만들어 냅니까 ?

유토피아의 환상

Bruno Taut. Snow, glaciers, glass.

이상향에 대항 몽상으로부터 꿈꾸는 곳에서 우리는 모든 조건을 넘어선 것을 기대합니다. 그것은 도시였으며 새로운 낙원이기도 하고 도시로부터 벗어난 것이기도 했습니다. 오늘날 이상향은 낙원이라기 보다는 완전한 조작과 통제가 가능한 공간으로 나타납니다. 그리고 그러한 건축과 도시를 꿈꾸고 있습니다.

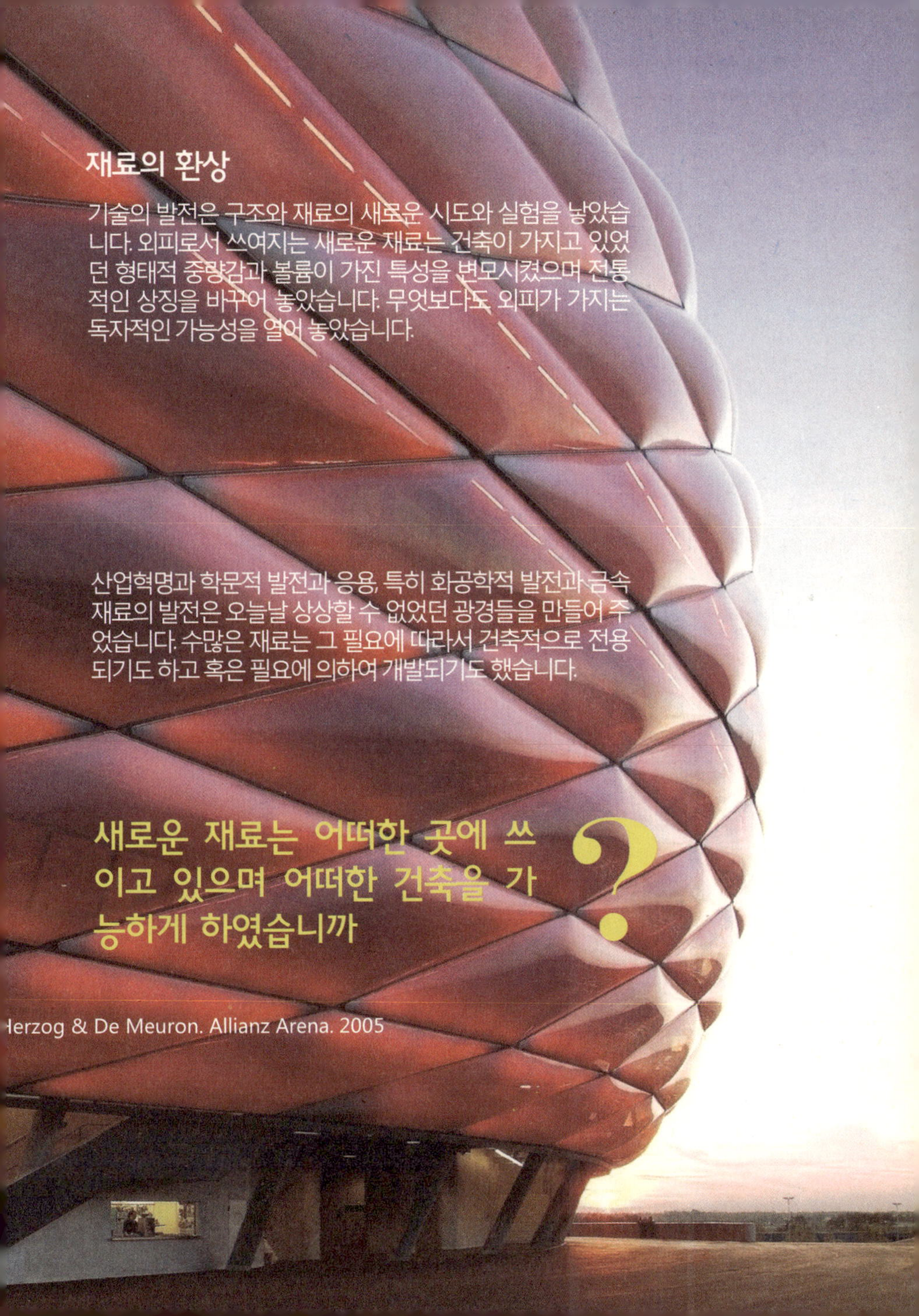

재료의 환상

기술의 발전은 구조와 재료의 새로운 시도와 실험을 낳았습니다. 외피로서 쓰여지는 새로운 재료는 건축이 가지고 있었던 형태적 중량감과 볼륨이 가진 특성을 변모시켰으며 전통적인 상징을 바꾸어 놓았습니다. 무엇보다도 외피가 가지는 독자적인 가능성을 열어 놓았습니다.

산업혁명과 학문적 발전과 응용, 특히 화공학적 발전과 금속재료의 발전은 오늘날 상상할 수 없었던 광경들을 만들어 주었습니다. 수많은 재료는 그 필요에 따라서 건축적으로 전용되기도 하고 혹은 필요에 의하여 개발되기도 했습니다.

새로운 재료는 어떠한 곳에 쓰이고 있으며 어떠한 건축을 가능하게 하였습니까 ?

Herzog & De Meuron. Allianz Arena. 2005

기존으로부터의 탈주, 자유를 향한 탈주……
끊임없는 새로움의 환상

Morphosis. Hypo Alpe Adria Bar

비정형 그리고 새로움에 더 나아간 새로움, 그것으로부터의 탈피 …… 현대의 건축은 그 근거로부터 벗어나기 위한 몸부림처럼 보입니다. 그러한 자유로움과 무한한 상상력이 기존의 고착된 특성들을 모두 벗어나고자 합니다. 포스트모던은 근본적으로 기존으로부터 벗어나고자 하는 몸부림입니다.

이 시대의 모든 건축물은 그러므로 새로운 것을 얻고자 하는 시도로부터 시작하고 자유로운 사고와 창조를 위한 노력을 바탕으로 하고 있습니다. 이제 모든 것이 가능해졌습니다. 건축물은 그 나름의 표현이며 그 건축물을 소유하는 사람과 사용하는 사람 그리고 건축주 사이에 암묵적인 동의가 존재합니다.

Coop Himmelbrau. Gasometers

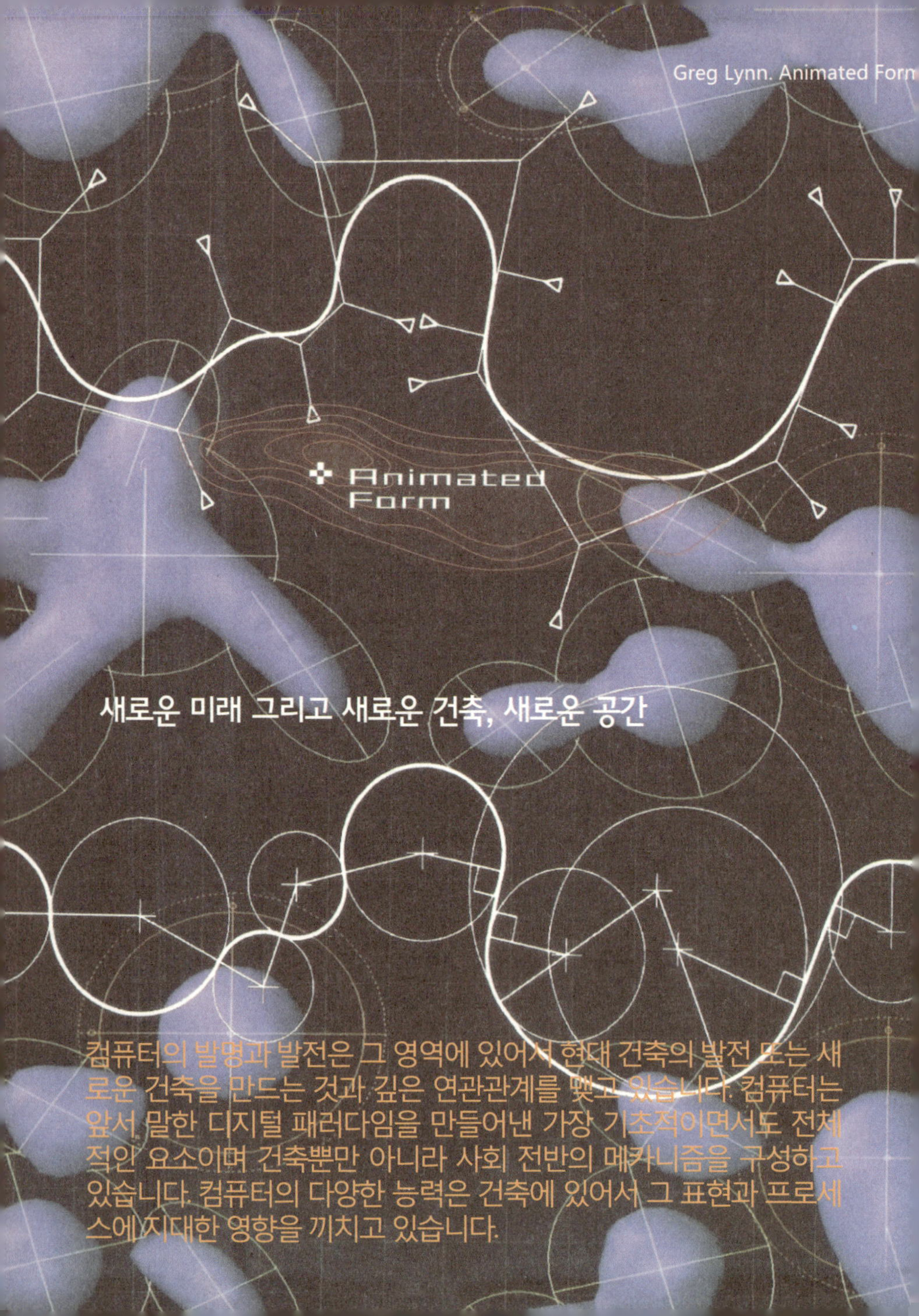

새로운 미래 그리고 새로운 건축, 새로운 공간

컴퓨터의 발명과 발전은 그 영역에 있어서 현대 건축의 발전 또는 새로운 건축을 만드는 것과 깊은 연관관계를 맺고 있습니다. 컴퓨터는 앞서 말한 디지털 패러다임을 만들어낸 가장 기초적이면서도 전체적인 요소이며 건축뿐만 아니라 사회 전반의 메카니즘을 구성하고 있습니다. 컴퓨터의 다양한 능력은 건축에 있어서 그 표현과 프로세스에 지대한 영향을 끼치고 있습니다.

가상적 미래, 자유로운 형태, 컴퓨터와 그래픽

Marcos Novak. Liquid Process

꿈틀이는 표피와 역동성. 새로운 재료와 구조

우리는 지금 놀라운 환상과 마주하고 있습니다. 우리주변에 일어나고 있는 일들은 이미 그 전체를 가늠하기에 벅찰 만큼 빠르게 변화하고 있습니다.

Frank O Gehry. Richard B Fisher Center. 20

우리시대의 건축과 그 진보는 무엇을 향해가고 있습니까 ?

키프니스는 「형식적 생동감과 정치적 관련성」을 지닌 새로운 건축에 적용할 수 있는 새로운 규준이 필요하다고 하면서 그 규준을 제시하였습니다. 그가 말하는 새로운 건축은 모더니즘이 지닌 말살과 대체의 기법을 재조합해야 하고 고정화된 분류로 정착되기를 거부하는 이질성을 만들어내야 하는 것입니다. 새로운 디자인 원칙을 제시하여야 하며 새로운 형태를 실험하고 추진하여야 합니다. 키프니스는 새로운 건축이 모더니즘과 포스트모더니즘이 제시한 이상주의적 프로젝트에서는 미처 생각하지 못했던 소위「모순 후의 실제」가 도래할 때에만 찾아온다고 이야기 하였습니다. 이러한 건축은 형식과 과거에 얽매이지 않은 건축을 말하는 것입니다.

그러므로 현대건축은 자유로운 건축입니다. 그 자유를 통하여 건축은 자유로운 우리 자신을 대변하고자 합니다. 그것이 바로 현대문화를 담는 건축이 되고 있습니다. !

이와 같은 건축적 환상은 오늘날의 건축 경향을 의미하며 건축적 테마이고 건축디자인의 방법론적 접근의 양상입니다. 이와 같은 건축은 우리가 보고 있는 도시를 구성합니다. 그리고 우리가 생활하는 공간을 구축합니다. 우리가 생활하는 공간은 우리의 터전일 뿐만 아니라 우리 존재의 배경이 됩니다. 그러므로 건축에 있어서 오늘날의 상황을 가늠하고 이해하는 것은 매우 중요한 것이며 그 내용이 우리 자신과 우리 자신의 문화를 결정하게 됩니다. 현대 건축을 가늠하는 것은 간단한 일은 아닙니다. 일단 동시대의 문화와 함께 지속적으로 변화하고 있고 그 결과와 판단은 현재의 우리시대를 넘어서야 정확하게 이루어질 수 있기 때문입니다. 그러나 그 건축가와 건축작품의 연관관계를 통하여 과거의 시대로부터 어떠한 관계를 유추할 수 있습니다. 그로부터 역사적인 전후관계와 상대적인 차이를 판단할 수 있게 됩니다. 오늘날의 이 모든 환상은 인간의 의지와 자유에서 기인합니다. 그러므로 진정한 환상을 구성하고 있으며 그것은 인간이 스스로 세계를 개척했던 이후로 꿈꾸었던 바로 그것입니다. 우리가 경탄하는 바는 바로 우리 자신이 만들어 냈던 도시이고 건축물입니다. 우리는 우리 스스로에게 경탄합니다.

?

여러분은 이제 개념으로부터 무언가 아름답고 즐거운 비전과 빛 줄기를 발견하였습니까

개념은 하나의 체계를 만들기 위한 시도입니다. 그 작은 개념의 단위들을 통하여 거대한 세계를 이해하고 구체화하는 것이며 궁극적으로 건축적 양상을 구조적으로 이해하는 것입니다.

이제 여러분은 개념이라는 것에 발을 들여 놓았습니다. 그러므로 곧 나름의 체계와 모습을 얻게 되기를 바랍니다. 건축가이든 비평가이든 혹은 학생이든지 간에 우리는 끊임없이 자신의 개념을 확립하여 결국에는 건축철학을 완성하고자 합니다. 여러분은 아주 작은 씨앗을 만들어낸 것입니다.

훌륭한 건축가 그리고 비평가는 예지력과 훌륭한 사회적 정치적 이해를 가진 자들입니다. 그들은 미래를 예견하여 건축디자인에 영향력을 미칠 수 있는 기회를 가지고 있습니다. 그리고 결코 나중에 평가하지 않았으며 항상 우리 동시대의 삶과 결과를 확인하여 왔습니다. 그 외의 건축가와 비평가들은 그 선지자들과 창조자들의 역할을 뒤늦게 의식적으로 깨닫고 나서야 현실에 뛰어들 수 있었습니다.

Richard Meier. Neugebauer House.1998.

지금까지 여러분과 제가 개념에 관하여 생각한 것은 모두 거대한 건축에 관한 것이고 대부분은 이미 훌륭한 건축가와 비평가들이 길을 열어 놓은 것입니다. 이 책은 그러한 생각을 좀 더 일반적이거나 중요한 이야기들을 중심으로 소개하고자 한 것입니다. 그러므로 더 자세한 내용을 이해하고 학습하고자 한다면 위대한 비평가들과 학자들의 책들을 직접 찾아 보고 건축가들의 작품을 직접 평가하는 것도 좋은 방법입니다. 흔히 우리는 건축잡지, 학술지, 이론서적, 작품집 등을 통하여 건축에 접근해 갈 수 있습니다. 오늘날 세계의 대부분 잡지와 이론서를 구입하거나 찾아 볼 수 있고 필요하다면 직접 답사를 하는 것도 어렵지 않게 되었습니다. 또 다른 현상은 인터넷에 의한 손쉽게 정보에 접근할 수도 있게 된 것입니다. 종종 인터넷이라는 지나친 손쉬움이 어떠한 이해의 차원과 수준 그리고 건축적 깊이를 경험하고 사고할 기회를 놓치게 하기도 합니다. 도서관과 대형 서점에서 접할 수 있는 잡지들은 오늘날 가장 최근의 중요한 건축적 결과와 정보를 접할 수 있는 길입니다. 또 어떠한 의미를 잘 이해하기 위해서는 사전류의 책으로부터 이해하는 것도 좋은 방법입니다. 일반적으로 사전들은 어떠한 비평서와 이론서와는 다르게 매우 객관적인 정보를 기록하기 때문입니다. 어떠한 개념을 강화하는 좋은 방법은 그 개념과 이론에 정통한 학자의 저서를 읽어보는 것입니다. 그리고 그것을 정리하여 자신의 것으로 만들어 내는 것입니다. 흥미 있고 관심 있는 내용도 중요하지만, 가장 정통하고 핵심적이며 중요한 내용이라고 여겨지는 주제를 확인할 수 있는 것은 매우 중요합니다. 흔히 쉽게 듣거나 요약된 글이나 보고서는 코끼리의 다리를 더욱 알 수 없게 만듭니다. 자칫 방대한 건축적 내용들을 산만하게 접근하는 것은 눈먼 장님이 코끼리 다리를 만지며 코끼리를 안다고 하는 것과 같습니다. 건축 역사에 있어서 중요한 이론가와 비평가의 서적을 읽고 건축가의 작품집과 그들의 비평을 접하는 것은 그것이 가장 직접적인 방법이고 건축이 무엇인가를 함께 생각할 수 있는 기회를 제공합니다. 개념은 단순한 정보와 기술의 단계에서 성립되지 않습니다. 그것은 해석과 평가를 통해서 가능하고 그것은 훌륭한 통찰력의 결과입니다. 우리가 얻고자 하는 통찰력은 위대한 정신과 교감함으로써 얻어집니다. 그러므로 그들이 어떠한 사실을 넓은 문화와 사회속에서 어떻게 파악하고 역사속에서 어떻게 판단하는가 또 어떻게 작품을 남기고 있는가를 함께 얻는 가운데 스스로 접하게 되는 것입니다.

찾아보기

참고문헌

이 책은 다음과 같은 훌륭한 작가와 그들의 서적을 통하여 주로 생각을 얻었습니다.

이정우. 개념-뿌리들. 철학아카데미. 2004.
Alan Chalmers. 신중섭 외 譯. 과학이란 무엇인가 ?. 서광사. 2003.
Ben Farmer. Hentle Louw. Companion to Contemporary Architecture. Routledge 1991.
Benister Fletcher. A history of Architecture. Achitectural Press. 1996.
Bernard Tschumi. Mathew Berman. Index Architecture. The Mit Press. 2003.
Bruno Zevi. 이해성 譯 The Modern Language of Architecture. 세진사. 1998.
Bruno Zevi. 최종현 譯 공간으로서의 건축. 세진사. 1998.
Bruce Goldstein. 정찬섭 외 譯. 감각과 지각. 시그마프레스. 2000.
Chales Jencks. The language of Post-Modern Architecture. Rizzoli. 1977.
Chales Jencks. The New Paradigm in Architecture. Yele Univ. 2002.
C .Norberg Schultz. 정영주 외 譯. 서양건축의 본질적 의미. 세진사.1994.
Christian Norberg Schulz. 민경호 외 譯. 장소의 혼. 태림문화사. 1998.
Christian Norberg Schulz. 진경돈 외 譯. 건축의 의미와 장소성. 1999.
Christian Norberg Schulz. 김광현 외 譯. 실존 공간 건축. 태림문화사. 1999.
David Watkin. 우동선 譯. 건축사학사. 시공사 1997.
Edmund Husserl. 이종훈 譯 유럽학문의 위기와 선험적 현상학. 한길사. 2003.
Edward T. Hall. 김광문 외 譯. The Hidden Dimention. 세진사. 1988.
Ernst H Gombrich. 차미예 譯. 예술과 환영. 동문선. 1997.
Erwin Panofsky. 이한순 譯. Studies in Iconology. 시공사. 2002.
George A Miller. 강범모 외 譯. 언어의 과학. 민음사. 1998.
Georges Nataf. 김정란 譯. 상징.기호.표지. 열화당. 1995.
Gilles Deleuze. 이정우 譯. 의미의 논리. 한길사. 1999.
Gilles Deleuze & Felix Guattari. 김재인 譯. Mille Plateaux. 새물결. 2001.
Hans Sedlmayr. 박래경 譯. Verlust Der Mitte. 중심의 상실. 문예출판사. 2002.
Heinrich Rombach. 전동진 譯. 살아있는 구조. 서광사. 2004.
Helmut Seiffert. 전영삼 譯. 학의 방법론 입문 I, II. 교보문고. 1992.
Henri Refebvre. 이종민 譯. 모더니티입문. 동문선. 2003.
Jean Baudrillard. 하태환 譯. 시뮬라시옹. 민음사. 2002..
James F. O.Gorman. 김은중 譯. 건축의 ABC 이경훈. 국제. 2004.
John Summerson. 최대 외 譯. 건축의 고전적 언어태림문화사. 1991.
Kenneth Frampton. Studies in Tectonic Culture. MIT Press 2004.
Monroe C. Beardsley. 이성훈 외 譯. 미학사. 이론과 실천. 1995.
Noam Chomsky 이선우 譯. 언어지식. 아르케. 2000.

Patrick Nuttgens. 윤길순 譯 The Story of Architecture. 동녘. 2001.
Paul Whitney. 이승복 외 譯. 언어심리학. 시그마프레스. 1999.
Phillip Johnson. 최종현 譯. 국제주의 양식의 건축. 세진사. 1994.
Pierre Bourdieu. 하태환 譯. 예술의 규칙. 동문선. 2002.
Pierre von Meiss. 정인하 외 譯 형태로부터 장소로. 시공사. 2000.
Ray Jackendoff. 김종복 외 譯. 언어의 본질. 박이정. 2004.
Roger Scruton. 김경수 譯 Aesthetic of Architecture. 기문당. 1992.
Rudolf Arnheim. 정용도 譯. The Power of Center. 눈빛. 1995.
Rudolf Arnheim. 이춘길 譯. 미술과 시지각. 미진사 1995.
Sasaki Ken-ichi. 민주식 譯. 미학사전. 동문선. 2002.
Stanley Abercrobie. 김종현 譯 Architecture as Art. 세진사 1994.
Steven Pinker. 김한영 외 譯. 언어본능. 그린비 1995.
Steven Pinker. 김한영 譯. The Blank Slate. 사이언스북스. 2005.
Udo Kulterman. 김문환 譯. 예술이론의 역사. 문예출판사. 2000.
Umberto Eco. 서우석 譯. 기호학의 이해. 문학과지성사. 1999.
Van de Van. 고 성룡 譯. 건축공간론. 기문당. 1994.
Andre Vergez. Denis Huisman. 이재형 譯. 철학강의. 청하. 1987.
Vitruvius. 오덕성 譯. 건축십서. 기문당. 1996.
Wayne Attoe. 이동건 외 譯. 건축과비평. 두영. 1997.
William Henry Werkmeister 최병환 譯. 가치론의 역사적 조명. 서광사. 1999.
Winand Klassen. 심우갑 譯. 서양건축사. 아키그램. 2005.
Wladyslaw Tatarkiewicz. 이용대 譯. 여섯가지개념의 역사. 이론과실천. 1990.
Wolfgang. Heineamann. 백설자 譯. 텍스트 언어학 입문. 역락. 2001.
Yuri M Lotman. 유재천 譯 . 문화기호학. 문예출판사. 1998.

Macmillan Encyclopedia of Architects. Macmillan 1993.
Manuel Gausa 외. Metapolis dictionary of advanced Architecture .Actor. 2004
Nicolaus Pevsner Dictionary of Architecture. The overlook Press. 1976.
Harold Osborne. 한국미술연구소 譯. 옥스퍼드 미술사전. 시공사 2002.
Harold Osborne. 한국미술연구소 譯. 옥스퍼드 20세기 미술사전. 시공사 2002.

장 정 제 (Jungjae Jang)

1970년 출생. 홍익대학교 건축학과 및 동대학원 박사 졸업. 건축가. 다수의 저서와 논문을 발표. 다수의 연구 및 설계 프로젝트에 참가하였으며 국민대, 한양대, 홍익대 등에 출강 하고있다.

연구논문

석사학위 논문 서울시 자치구청사 계획에 관한 연구 (199912)

박사학위 논문 건축언어에 의한 의미구조와 가치구조에 관한 연구 (200512)

건축언어의 의미와 연관에 관한 연구 대한건축학회논문집 (200508) 외 10여 편 발표

저술 및 번역

자유로운 건축 개념의구조로서의 건축. 시공문화사. 2007.

실내건축디자인. 구미서관. 2007.

현대건축의 사고. 시공문화사. 2008.

건축설계제도. 시공문화사. 2008.

개념의 구조로서의 건축 I 창조적 사고와 디자인의 도전. 시공문화사. 2008.

개념의 구조로서의 건축 II 건축과 도시의 상호작용. 시공문화사. 2008.

아름다운 건축. 인간이 꿈꾸는 건축 건축이 만드는 도시. 시공문화사. 2008.

알기 쉬운 건축. 건축을 모르는 내 아내와 학생들도 이해하는 건축이야기. 시공문화사. 2008.

건축디자인 실험매뉴얼. 시공문화사. 2008.

자유로운 건축, 개념의 구조로서 건축

2007년 7월 20일 1쇄 발행 | 2010년 3월 10일 2쇄 발행 | 장정제 저

발행인 김기현 | 발행처 **Spacetime** · 시공문화사

등록 1993.3.12 제1-1493 | 인쇄 예림인쇄사 | 제본 문종문화사 | 용지 대림지업(주)

서울시 서대문구 현저동 200번지 극동빌딩 5층 | 전화 02-3147-1212 | 팩스 02-3147-2626

e-mail spacetime@korea.com www.spacetime.co.kr

ISBN 978-89-5592-079-6

정가 9,500원